强天气精细化监测预警关键技术研究

周 慧 蔡荣辉 等 编著

内容简介

本书是基于作者的有关研究工作和国内外相关研究进展综合而成，目的在于介绍湖南省强天气精细化监测及预报预警关键技术的研究进展，有效地提高对短时强降水、雷暴大风、冰雹等不同类型的强对流天气的快速识别与预报预警能力。全书共分为5章，其中第1章介绍天气雷达精细化协同探测技术研究，第2章介绍强对流灾害天气自动识别算法和快速智能识别技术研究，第3章介绍强对流灾害天气的发生发展机理研究，第4章介绍强对流灾害天气的预报预警关键技术研究，第5章介绍强对流灾害天气联防机制。

本书作为强天气精细化监测预警关键技术研究的最新进展，不仅可作为广大气象业务和服务人员用书，而且对于从事大气科学研究和教学的人员也有重要的参考价值，还可供相关政府部门在防灾减灾决策与指挥工作中参考。

图书在版编目（CIP）数据

强天气精细化监测预警关键技术研究 ／ 周慧等编著. -- 北京：气象出版社，2023.5
ISBN 978-7-5029-7925-6

Ⅰ．①强… Ⅱ．①周… Ⅲ．①强对流天气－监测－研究②强对流天气－天气预报－预警系统－研究 Ⅳ．①P425.8

中国国家版本馆CIP数据核字(2023)第028570号

强天气精细化监测预警关键技术研究
QIANGTIANQI JINGXIHUA JIANCE YUJING GUANJIAN JISHU YANJIU

出版发行：气象出版社		
地　　址：北京市海淀区中关村南大街46号	邮　　编：100081
电　　话：010-68407112（总编室）　　010-68408042（发行部）	
网　　址：http://www.qxcbs.com	E-mail：qxcbs@cma.gov.cn
责任编辑：王　聪	终　　审：张　斌
责任校对：张硕杰	责任技编：赵相宁
封面设计：楠竹文化	
印　　刷：北京建宏印刷有限公司	
开　　本：787 mm×1092 mm　1/16	印　　张：13.5
字　　数：306千字	
版　　次：2023年5月第1版	印　　次：2023年5月第1次印刷
定　　价：198.00元	

本书如存在文字不清、漏印以及缺页、倒页、脱页等，请与本社发行部联系调换。

《强天气精细化监测预警关键技术研究》撰写人员

第 1 章：王国荣　石云江　蒋　理　周长青　刘金卿
　　　　曾腊梅　尹冬德　等

第 2 章：蔡荣辉　王胜春　陈静静　代建华　黄金贵　等

第 3 章：周　慧　唐明晖　黄骄文　罗　源　秦华锋
　　　　王　强　唐　佳　陈　龙　等

第 4 章：周　慧　周　莉　苏　涛　陈　鹤　蔡瑾婕
　　　　谌志鹏　潘显智　刘丹林　付　炜　等

第 5 章：蔡荣辉　唐　杰　兰明才　朱国强　尹忠海
　　　　徐静宇　王　璐　傅小霞　刘电英　等

统　稿：周　慧　蔡荣辉　黄骄文

1.1.2 相控阵雷达系统组成

相控阵阵列天气雷达是一种新型分布式相控阵天气雷达,由按三角形布局的若干个相控阵天气雷达的收发子阵作为数据采集子系统(以下简称子阵)、产品生成子系统和用户终端子系统(协同控制处理中心 CCDC),如图 1-2 所示。

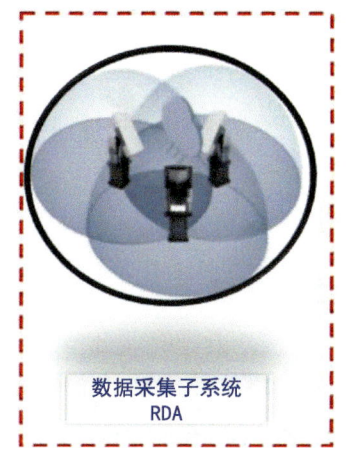
数据采集子系统 RDA

产品生成子系统 RPG

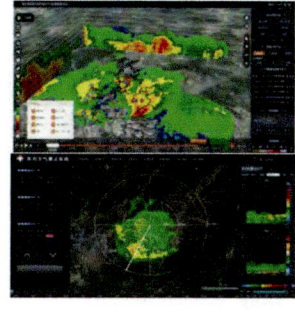
用户终端子系统 PUP

图 1-2 相控阵阵列天气雷达子系统构成图

每三个相邻子阵为一组,使用子阵间同步扫描技术和多波束同时扫描技术,破解了长期困扰天气雷达获取风场的数据时差过大的难题,从而实现了对强对流天气风场的有效探测,为短临预报客观化、自动化的发展以及建立基于天气雷达动力学和热力学探测的现代短临预报系统创造了新的条件,如图 1-3 所示。

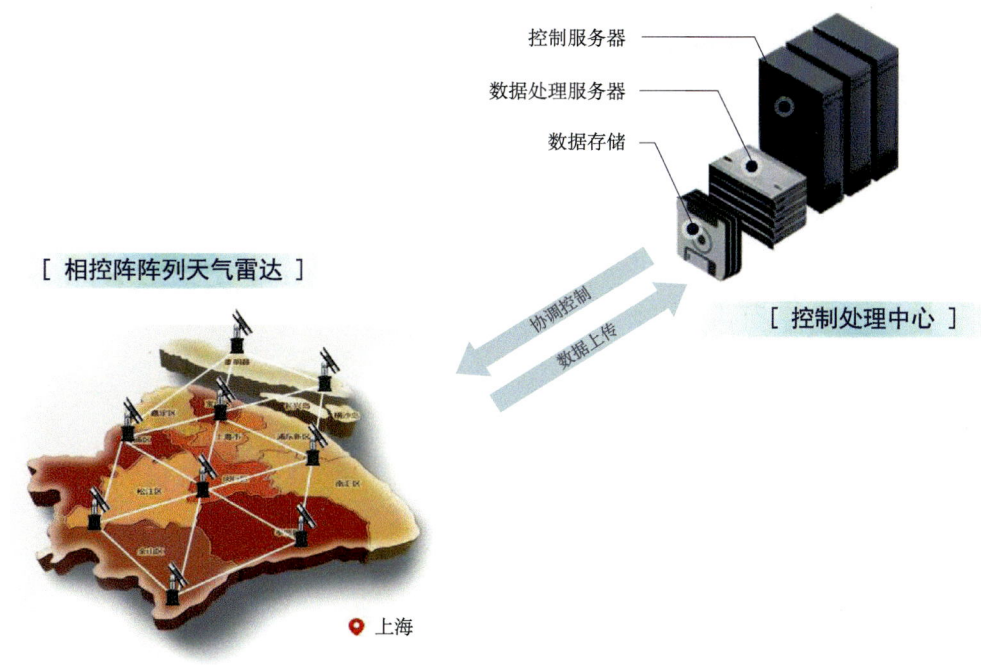

图 1-3 相控阵阵列天气雷达组成图

相控阵阵列天气雷达由相控阵收发子阵、终端软件系统、备品备件、仪器仪表、文档资料组成。相控阵收发子阵形成雷达前端，由天线阵列、TR 模块阵列、波束形成、信号处理器阵列、方位旋转机构、同步器、主控机以及通信模块等部分组成，主要负责数据采集，向控制处理中心传输探测数据，生成三维探测区的探测数据，包含三组强度数据 $Z_1(x,y,z)$、$Z_2(x,y,z)$、$Z_3(x,y,z)$ 和三组径向速度数据 $V_1(x,y,z)$、$V_2(x,y,z)$、$V_3(x,y,z)$。

协同控制处理中心主要由控制和监测单元、数据处理平台、通信模块和数据存储阵列等部分组成，主要负责雷达的同步和控制，数据的处理、存储和分发，并完成与子阵列的通信，将三组径向速度数据合成速度矢量场 $u(x,y,z)$、$v(x,y,z)$、$w(x,y,z)$，将三组强度数据融合为一个反射率因子场 $Z(x,y,z)$。

相控阵阵列天气雷达的完整结构组成如图 1-4 所示。

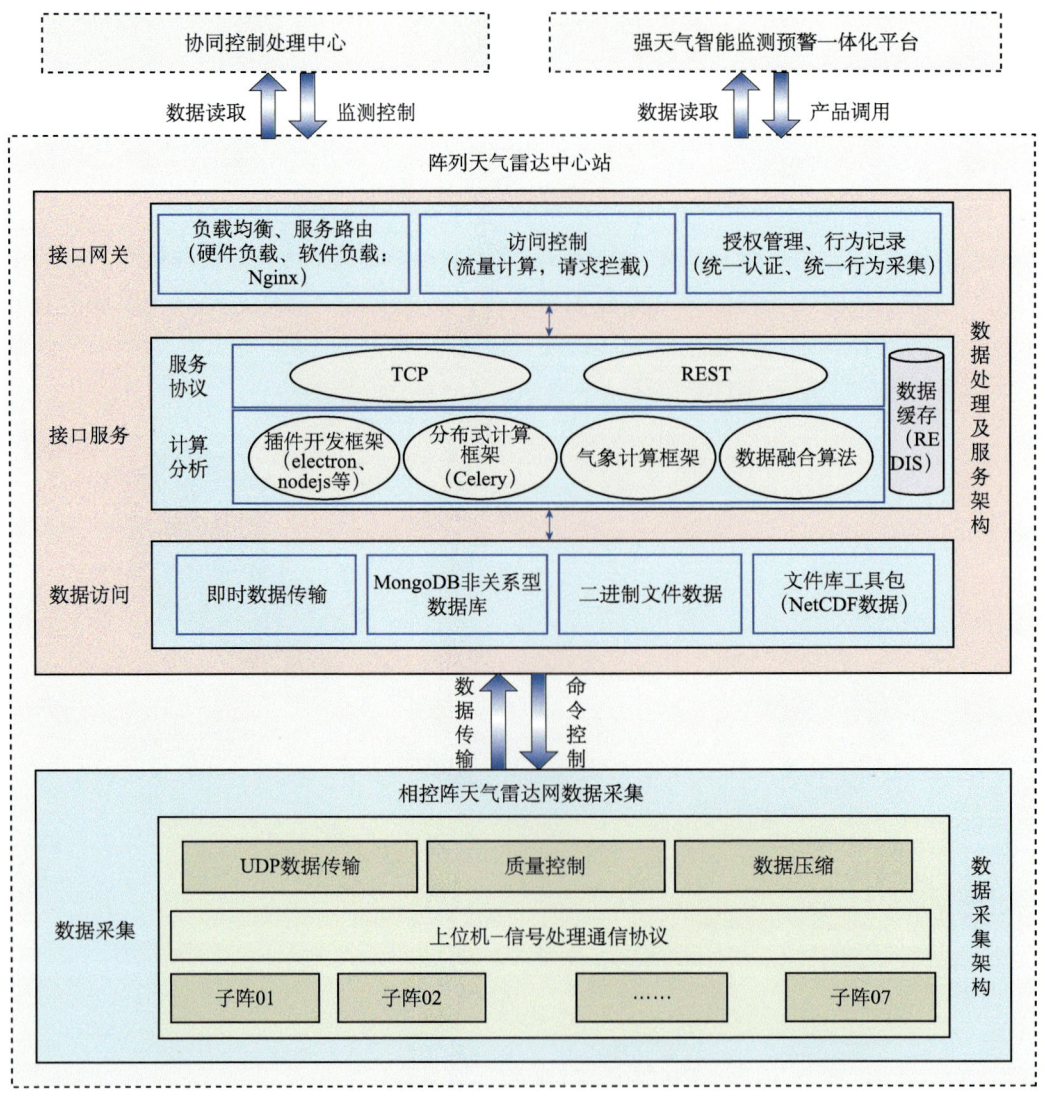

图 1-4　相控阵阵列天气雷达系统的结构组成

1.1.3 性能指标（表 1-2 和表 1-3）

表 1-2 相控阵阵列天气雷达系统主要性能指标

指标		内容
体制		有源多波束相控阵
探测范围		≥45 km
同步观测	雷达时间同步误差	≤10 ms
	雷达探测资料时间偏差	≤5 s
	体扫时间	30 s（方位 0°~360°、俯仰 0°~90°）
分辨率	时间分辨率	30 s
	空间分辨率	100 m（水平：100 m、垂直：100 m）

表 1-3 中心站主要性能指标

名称	指标		内容
中心站同步数据处理指标	子阵数据到达中心站时间滞后		≤30 s
	数据融合分析（三维强度+三维流场）时间		≤40 s
	从数据采集到产品到达用户桌面时间滞后		≤90 s
	相控阵阵列天气雷达基数据及产品更新时间频率		≤30 s
强天气智能监测预警服务系统指标	资料融合分析	融合分析时间	≤5 min
		融合格点空间分辨率	300 m
		融合分析更新频率	10 min
强天气智能监测预警服务系统指标	对流风暴识别、分类、预警	风暴识别准确率	≥98%
		识别、分类、预警产品时间更新频率	30 s

1.1.4 关键技术及主要特点

1.1.4.1 方位同步扫描技术

相控阵阵列天气雷达采用"进入角"分组同步扫描方法，减小数据时差。进入角是：进入三维探测区的雷达波束的指向角度。如图 1-5 所示，定义以 A 为端点，AB 射线指向为 0°，即每三个相邻的雷达前端为一组，雷达前端的波束到达指定角度的时间相同。

如图 1-6 所示，雷达后端监控服务器下达同步扫描指令，检查每个雷达前端扫描同步状况。GPS 授时模块为不在一个地方的雷达前端、后端提供时间基准，使整个雷达各部分时间差小于 10^{-3} s。雷

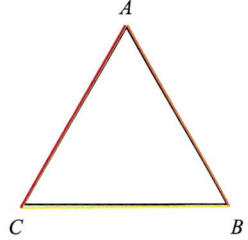

图 1-5 "进入角"分组同步扫描示意图

达前端的伺服控制单元，控制伺服电机运行，向监控服务器报告伺服状态和天线波束指向。伺服电机驱动雷达天线旋转，方位传感器给出天线方位指向。

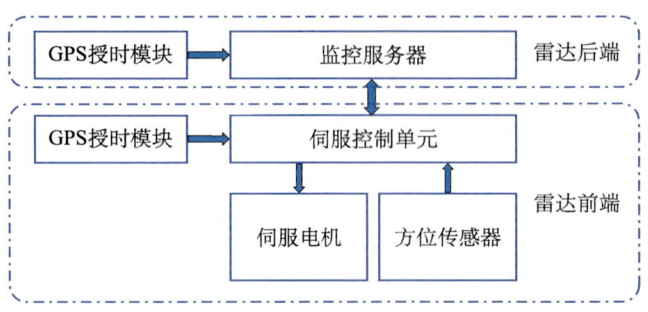

图 1-6　相控阵阵列天气雷达同步控制原理框图

雷达后端给雷达前端下达扫描指令，指令包括天线波束转速 ω、进入角 φ 和雷达波束到达进入角时间。当每个雷达前端中的伺服控制单元收到雷达后端的扫描指令后，根据进入角、到达进入角的时间和方位传感器给出的波束当前指向，计算出伺服电机开始旋转的时间。伺服开始旋转后，在旋转过程中，控制旋转速度，使得到达进入角的时间误差不大于 0.05 s。

3 个雷达前端扫描时差计算。

下面分别讨论 3 个雷达前端和 7 个雷达前端的扫描情况。如图 1-7 所示，假设 3 个雷达前端 A、B、C 分别布设在等边三角形的顶点。雷达后端下达给各雷达前端的同步参数为：

A 雷达前端天线转速 ω、进入角 $\varphi A=0$ 和到达进入角时间 $t_0+n\times 360/\omega$（$n=0$，1，…）；
B 雷达前端天线转速 ω、进入角 $\varphi B=120$ 和到达进入角时间 $t_0+n\times 360/\omega$（$n=0$，1，…）；
C 雷达前端天线转速 ω、进入角 $\varphi C=240$ 和到达进入角时间 $t_0+n\times 360/\omega$（$n=0$，1，…）。

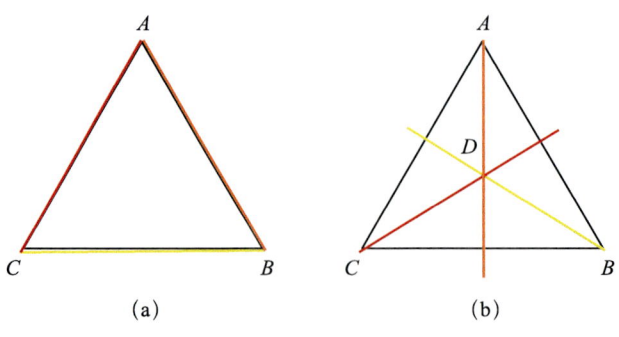

图 1-7　3 个雷达前端扫描示意图

t_0 是 3 个雷达天线第一次到达进入角时刻；天线转速 ω；进入角 φ。如以上 3 个公式，对于 A、B、C 雷达前端，转速和到达进入角时间 t_0 是相同的，假设进入角不同。各雷达前端的伺服带动天线波束按照雷达后端指令旋转。A、B、C 雷达前端天线波束分别在 t_0 时刻到达三角形 ABC 的 AB（$\varphi A=0$）、BC（$\varphi B=120$）、CA（$\varphi C=240$）边，同时以 ω 转速进入三角形 ABC（精细观测区），在 t_0+60/ω 完成对三角形 ABC 扫描。在 t_0+360/ω，A、B、C 三个 AWR 前端天线波束再次分别到达三角形 ABC 的 AB、BC、CA 边，在 $t_0+n\times 360/$

ω（n=2，3，…），A、B、C 三个 AWR 天线波束第 n 次分别到达三角形 ABC 的 AB、BC、CA 边。

这种扫描方式下，在3个波束相交点数据时差为0。最大数据时差在 ABC 的三条边上，等于天线波束扫过三角形 ABC 的时间。以 AB 边为例，雷达前端 A 天线波束在进入三角形 ABC 时，就获得了这条边上的数据，对于雷达前端 B，是在完成对三角形 ABC 扫描时，才获得 AB 边上的数据。因此，相对雷达前端 A，雷达前端 B 在 AB 上的数据时差等于天线波束扫过三角形 ABC 的时间 a。雷达前端 C 获取 AB 边上的数据时，相对雷达前端 A 的数据时差是雷达前端 C 波束进入三角形 ABC 的时间 b，$a>b>0$。

对于 AB 边上的雷达前端 A、B、C 的径向速度，可以表示为：

$$VrA(x,y,z,t)$$
$$VrB(x,y,z,t+a)$$
$$VrC(x,y,z,t+b)$$

假设天线旋转速度为 30°/s，天线旋转一圈的时间是 12 s，天线扫过等边三角形 ABC 的时间 a 为 2 s（等边三角形夹角为 60°），那么在三角形 ABC 内最大数据时差就是 2 s。

1.1.4.2 超高分辨率融合技术

通过高分辨率融合技术，结合相控阵阵列天气雷达，利用多个收发子阵之间径向高分辨率数据，补偿随距离逐渐变差的方位向分辨率。如图 1-8 所示，灰色区域表示子阵 1 探测到的一个距离库，则子阵 1 在这个面积区域只会有一个值输出。现在同时从另一个方向对子阵 2 进行探测，灰色区域被子阵 2 的多个距离库覆盖，灰色区域因此被分割成了 7 个部分，从而可以认为获得了更详细和完整的天气回波结构。在不同的探测距离下，相比单个收发子阵扫描，高分辨率强度场数据融合后的结果都更加接近原始资料，并且较大程度地还原了原始回波的特点。

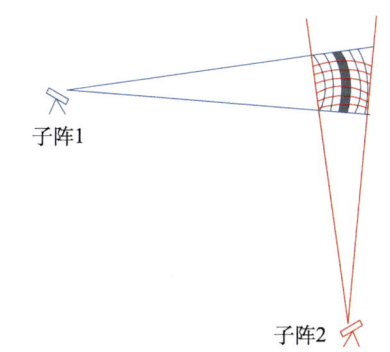

图 1-8 相控阵阵列天气雷达高分辨率融合原理

1.1.4.3 阵列全区域覆盖风场获取技术

1. 相控阵阵列天气雷达三维探测区风场合成技术

相控阵阵列天气雷达解决了准确探测（而不是反演）云雨粒子运动速度，必须满足的两个条件是：①有 3 个不共面的径向速度，即满足空间矢量合成原理；②测量 3 个径向速度时间差（称之为数据时差）要足够小，从而能够探测到绝大多数降水的完整风场，为强天气监测预警提供动力学探测资料，实现动力学与热力学的完整探测，如图 1-9 所示。

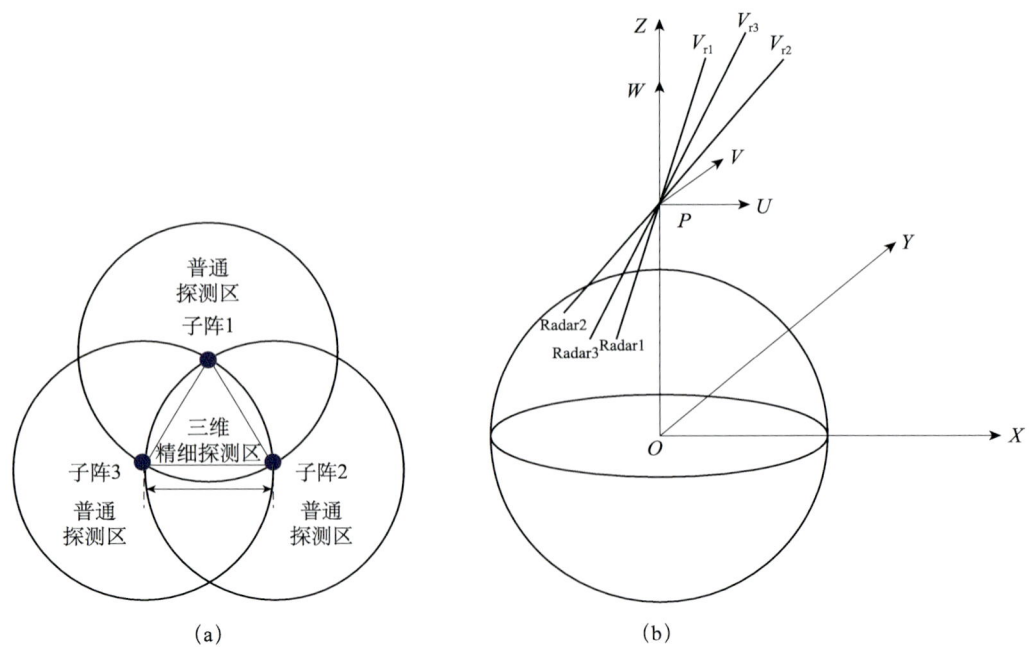

(a)   (b)

图 1-9　相控阵阵列天气雷达速度融合原理图

2. 相控阵阵列天气雷达三维探测区外风场合成技术

运用三维变分数据同化算法，两部或一部子阵的径向速度为基础，经过多重约束迭代，实现阵列全区域覆盖风场。相控阵阵列天气雷达覆盖区域风场产品显示，如图 1-10 所示。

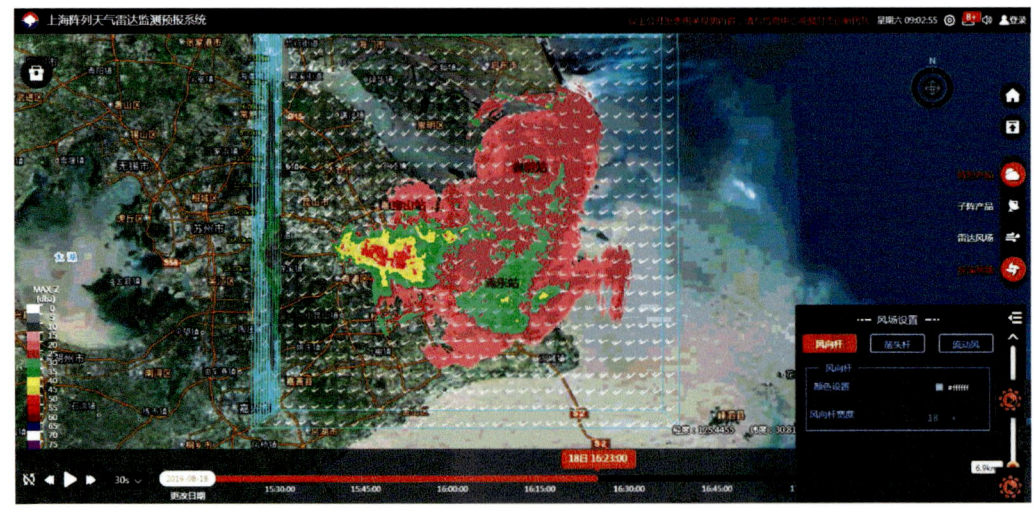

图 1-10　相控阵阵列天气雷达 8 月 18 日组合回波和反演风场的叠加显示

1.1.4.4　高效并行处理技术

基于 GPU 的高效并行计算特性，实现业务的快速处理，即使是在相控阵阵列天气雷达获取的全覆盖高时空分辨率的海量探测资料情况下，也能快速满足业务需求，快速更新显示气象产品。

1.1.4.5 三维显示技术

利用相控阵阵列天气雷达俯仰 0°~90°、方位 0°~360° 全覆盖的探测数据，基于快速图形处理技术，在相控阵阵列天气雷达探测范围内发生的强天气过程，可生成三维立体风暴体产品，并结合三维显示框架，可以更好地看到回波的立体结构，进行更直观的分析研究，如图 1-11 所示。

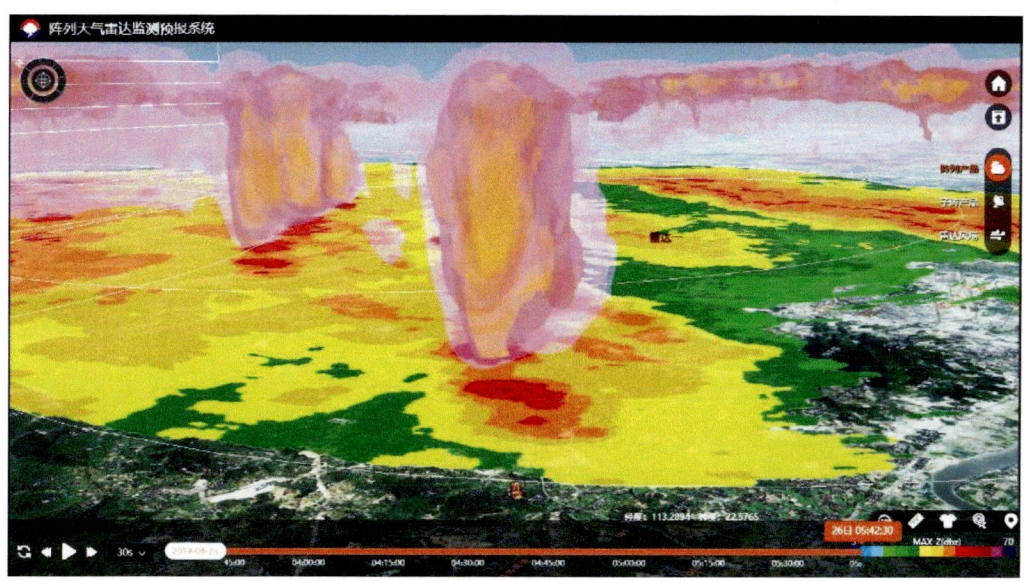

图 1-11　相控阵阵列天气雷达 8 月 26 日三维显示效果

1.2　提高强对流天气识别准确率

基于强对流天气系统的高时空分辨率、三维精细结构探测资料，利用 GPU 的高效并行计算特性，实现了业务的快速处理，实时计算三维雷达回波强度场及速度场信息。针对相控阵阵列天气雷达探测范围内发生的强天气过程，可获得风暴体识别结果，包括风暴类别、面积、平均回波强度、最大回波强度、回波顶高、强冰雹发生概率、可能发生的最大冰雹尺寸等。同时，提供了最快 12 s 快速更新的三维强度和流场产品（最大风切变，Y 最大风切变，Z 最大风切变，急流位置，散度，涡度），针对湖南地区夏季强对流系统的特点，形成以阵列雷达提供的三维流场和三维强度场结合的强对流识别和预警产品。

1.2.1　风暴识别

采用基于数字识别的三维风暴体识别技术。传统的识别算法有 TITAN 和 SCIT，其中 TITAN 算法无法识别风暴簇中的风暴单体，SCIT 虽然可以识别风暴簇中的风暴单体，但是会抛弃低阈值的信息，造成识别信息缺失。这两种方法都不能分离虚假合并的风暴（两个独立的风暴单体有微弱的连接）。本书采用的算法结合了这两种传统方法的优点，同时在这两种方法上面加以改进，得到了更好的效果。

①识别风暴簇。
②识别风暴簇中的风暴单体。
③对低阈值信息进行保留,保证识别信息的准确性。
④进行虚假合并风暴的分割。
⑤采用分水岭算法,对低阈值风暴单体通过高阈值单体进行切分。

采用基于对象诊断的检验方法 MODE 实现风暴的分类。主要基础类分为三大类:短时强降水、冰雹、雷暴大风。利用模糊逻辑算法,将 VIL、面积、最大回波强度、最大回波强度所在高度等风暴单体属性,通过相应的权重计算公式,得到该风暴单体的概率,当概率达到一定的阈值(阈值通过统计计算得到)之后,则认为该单体属于该类风暴。

1.2.1.1 短时强降雨和雷暴大风识别

运用短时强降雨算法,通过自动站数据识别降雨的强对流天气过程,再将对应时刻自动站的信息和雷达回波进行对应,验证识别的准确性。在大批量数据的验证通过后,进行历史大批量数据的分析(5 年历史数据)。

分析过程中,对一次短时强降水过程做如下规定:假设对于某个站点,在降水开始时刻(T_{start}),其 5 min 累积降水量 ≥ 0.1 mm,同时其后 1 h(包含当前时刻)内的累积降水量≥20 mm,则判断找到该站点上的一次短时强降水过程。T_{start} 定义为该过程的起始时间,自 T_{start} 往后,每间隔 5 min 计算其后 1 h 累积降水量,直到找到 T_{end} 时刻,满足其后 1 h 累积降水量≤5 mm,则认为 T_{end} 为该短时强降水过程的结束时间。过程的持续时间定义为:$T_{sus}=T_{end}-T_{start}$,过程的总降水量($R_{tot}$)定义为在 T_{sus} 时间范围内的累积降水量。图 1-12 为单站点上一次短时强降水过程的示意图。

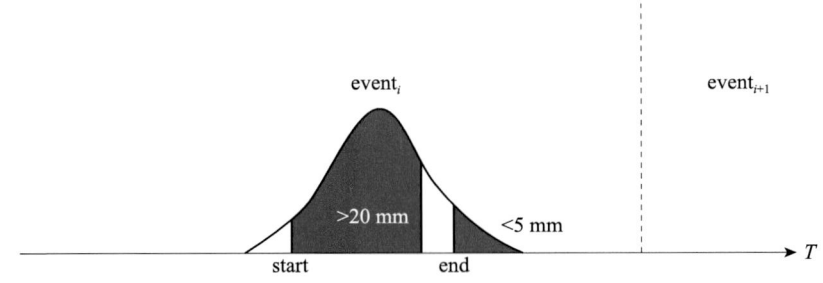

图 1-12 短时强降水的开始和结束时间示意图

短时强降雨天气往往伴随着大风天气,因为目前没有很好的大风识别算法,所以暂时采用短时强降雨过程中出现的大风对大风阈值进行分析。在短时强降雨期间,如果瞬时风速出现明显变化,则识别为雷暴大风。

图 1-13 为 2012 年 5 月 19 日凤凰岭站短时强降雨过程自动站数据验证图,两条红线为识别出来的降雨开始以及结束的过程。

1.2.1.2 冰雹识别

由于冰雹天气自动站很难去记录,所以通过预报员手动上报的时间进行分析,过滤掉异常的数据，进行可视化分析。图1-14为2014年7月16日09:10冰雹的剖面图，x轴黑点为出现冰雹的位置，此图显示了冰雹天气雷达回波的三维特征。

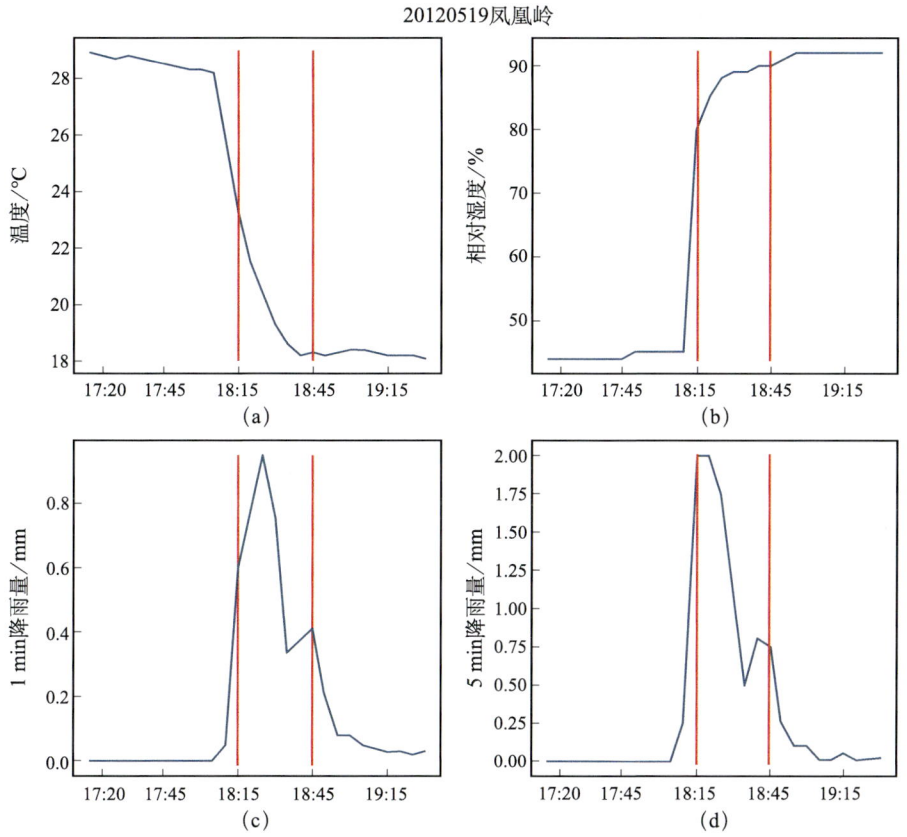

图1-13 发生短时强降水期间自动站其他属性变化图

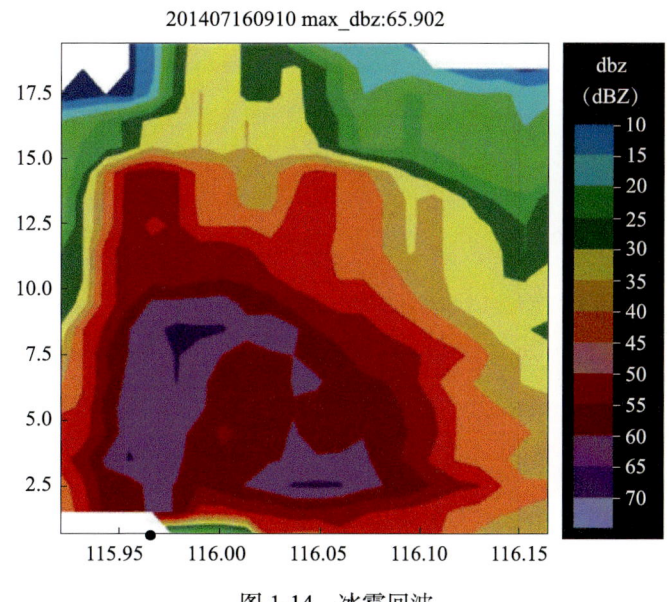

图1-14 冰雹回波

1.2.1.3 风暴追踪算法

基于对象诊断的检验方法 MODE 是通过风暴识别技术所识别的对象,并将 t_2 时刻的前一个时刻 t_1 时刻的两个时刻场中的风暴对象逐一进行比较,对比这些对象空间属性:对象的位置、形状、面积大小等,通过比较两个场中对象的各个属性,在此基础上用模糊逻辑算法计算得出两个场中"对象"之间的两个场的综合相似度。取相似度值最大的风暴,则认为这两个时刻的风暴为同一个风暴。

1.2.2 融合强度场和风场

1.2.2.1 阵列雷达融合强度场

X 波段相控阵阵列天气雷达的每个收发子阵的径向分辨率均为 30 m,通过高分辨率融合技术,利用多个收发子阵之间的径向高分辨率数据,可以补偿随距离逐渐变差的方位向分辨率,以使得融合结果更加接近原始资料。在不同的探测距离下,相比单个收发子阵扫描,高分辨率强度场数据融合后的结果都更加接近原始资料,并且较大程度地还原了原始回波的特点。

雷达分辨率通常指时间分辨率和空间分辨率,时间分辨率一般由雷达扫描模式决定,空间分辨率包括距离分辨率、方位向分辨率和仰角分辨率。雷达距离库数据代表有效照射体积内所有散射粒子返回的电磁功率总和。由于雷达抽样体积的球面几何形状,空间分辨率并不均匀。其中,雷达的距离分辨率由雷达发射脉冲宽度决定,不会随距离改变。方位向和仰角分辨率由天线的波束宽度决定。雷达天线波束会同时覆盖同一主瓣的目标物,因此,小于雷达波束宽度的天气回波会被同一雷达波束同时接收。以阵列天气雷达的 1.6° 波束宽度为例,当探测距离为 20 km 时,实际方位向分辨率已经变为 0.56 km。

阵列天气雷达通过多个收发子阵进行协同探测,可提供来自不同方向探测到的反射率因子,见图 1-15。要想减小波束展宽带来的消极影响,直接办法是增大天线尺寸或减小发射脉冲宽度,意味着需要升级发射机、天线等硬件。本书利用雷达径向的高分辨率资料来弥补随距离增加而逐渐模糊的方位向分辨率,是一种通过阵列天气雷达重建出更高分辨率反射率因子数据的方法。

分辨率增强的效果可以通过统计单位体积内的雷达距离库的数量来衡量。计算时用每个距离库的中心点代表该距离库,本质上其实是计算数据点密度。图 1-16 表示如何计算数据点密度的平面示意图。红色方框范围表示收发子阵的数据点(红色圆圈)所在的单位区域。根据所有子阵的纬度和经度信息可以获取每个数据点的位置。如果该数据点落入单位区域,则记为有效点。单位区域所有有效点的数量就称为数据点密度,如图 1-16 所示。

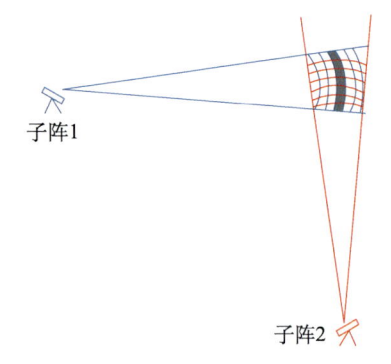

图 1-15 阵列天气雷达分辨率增强原理

完成了两个收发子阵的数据点密度估计试验,试验结果如图 1-17A 所示。两个子阵与目标区域呈 90° 夹角位置以获得最佳补偿效果,目标区域大小为 6 km × 6 km(图中每个像素点代表 30 m×30 m）。两个子阵设置在目标区域的正西方（子阵 1）和正南方（子阵 2），分别以相同的 5 km 距离（从雷达到目标区域的距离）进行模拟扫描。图 1-17A-a 和图 1-17A-b 所示的每个数据点都代表一个距离库的中心点。由于距离分辨率为 30 m，这些点在径向方向非常近，但在方位向上却相距较远。当有两个子阵同时扫描该目标区域时，该目标区域的数据点分布情况如图 1-17A-c 所示。

这里把目标区域进一步细分为 9 个部分，从而更好地分析目标区域的分辨率增强效果的分布。首先，根据主观的评估，左下部分的数据点密度明显高于其他部分，这表示左下部分的回波结构比其他部分更精细。为了客观地评估分辨率增强效果，图 1-17A 中的（a）和（d）、（b）和（e）、（c）和（f）分别给出了由子阵 1、子阵 2 和两个子阵同时扫描目标区域的数据点密度值。从图 1-17A 中的（a）～（f）也可以清楚地看出，当两个子阵同时扫描目标区域时，左下部分的数据点密度高于所有其余部分，而右上部分的数据点密度是所有区域中最少的部分。此时，如果再增加子阵 3 从目标区域的东北方同时进行探测，则这 9 个部分的数据点密度将趋于更均匀的分布，如图 1-17B 所示。

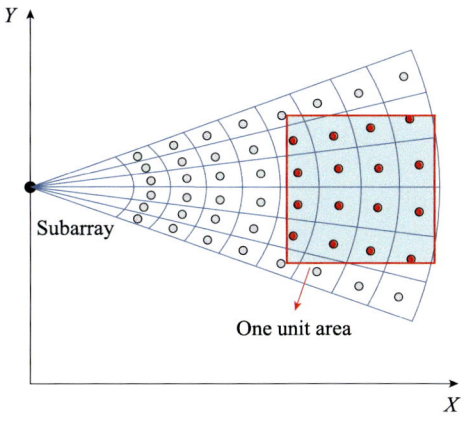

图 1-16 计算单个子阵数据点密度示意图

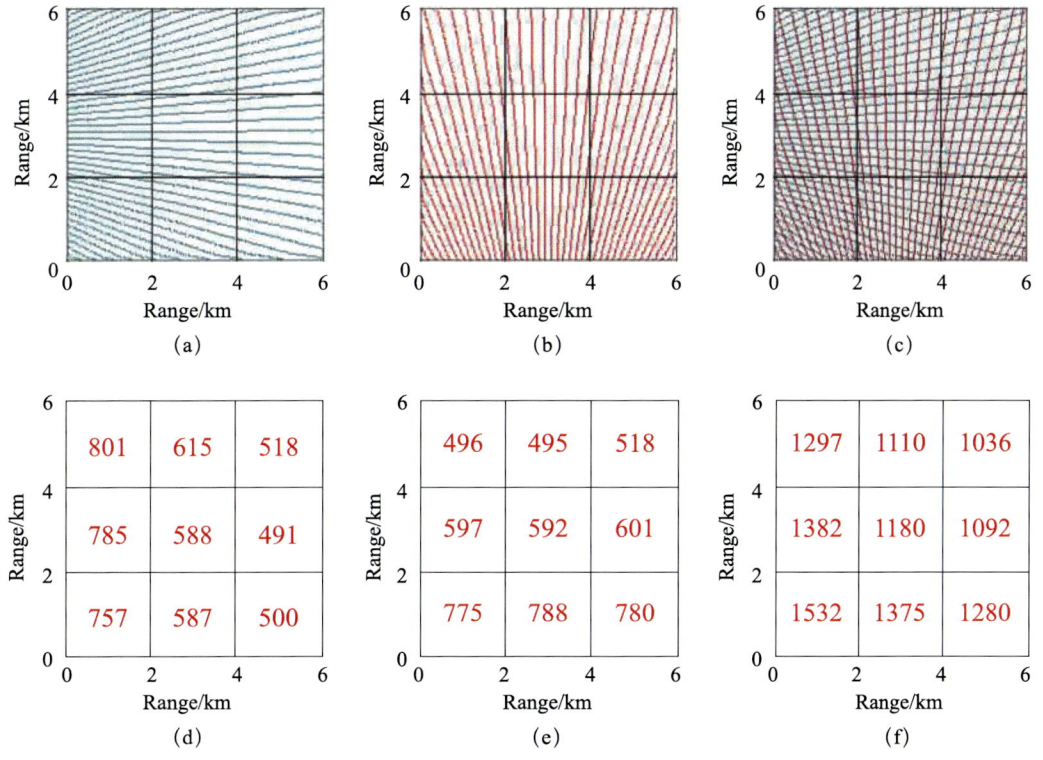

图 1-17A：数据点密度：(a) 子阵 1 在正西方扫描，(b) 子阵 2 在正南方扫描，
(c) 子阵 1 和 2 同时扫描，(d~f) 分别是子阵 1，子阵 2 和两个子阵同时扫描的数据点密度

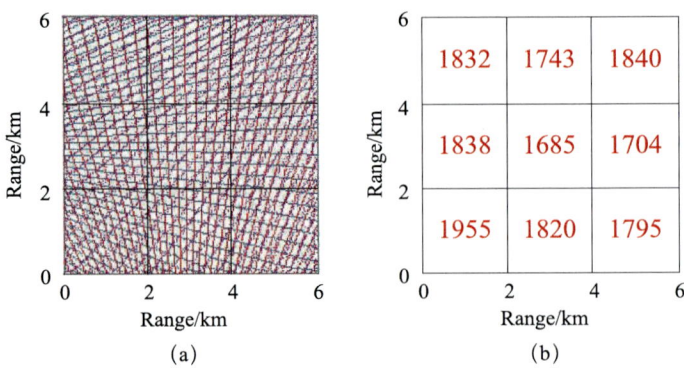

图1-17B：数据点密度（a）3个子阵同时扫描目标区域（b）3个子阵同时扫描的数据点密度

1.2.2.2 高分辨率强度场数据融合方法

高分辨率强度场数据融合方法利用阵列天气雷达多个收发子阵数据体积扫描数据，重建精细强度场资料。高分辨率强度场数据融合流程框图，如图1-18所示。其中，数据预处理包括地物杂波剔除和衰减订正等，主要对后面的步骤进行详细介绍。

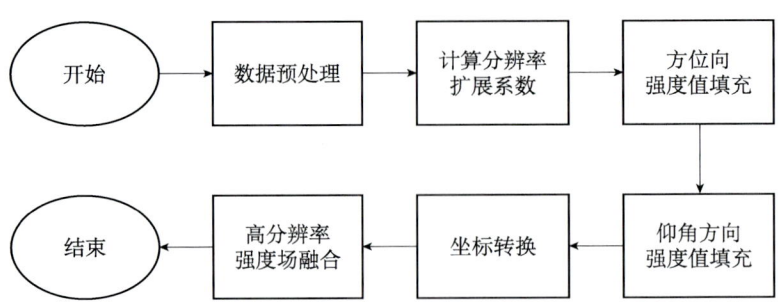

图1-18 高分辨率强度场数据融合流程框图

1. 计算方位向和仰角方向分辨率扩展系数

$$E = \frac{A \times R}{r} \tag{1-1}$$

式中，A为方位向和仰角波束宽度，R为该距离库与所在收发子阵的距离，r为距离分辨率，E为分辨率扩展系数。阵列天气雷达系统每个收发子阵的水平和垂直方向波束宽度均为1.6°。

2. 方位向和仰角方向强度值填充

方位向填充方法类似线性插值。首先计算相邻方位向角上的两个反射率因子值之差，然后计算所在径向探测距离的分辨率扩展系数，即所在两个方位向之间需要填充反射率因子值的总个数。最后依次给a_1至a_n填充。以a_n这一点的值举例，其反射率因子值公式：

$$a_n = \frac{(Z_1 - Z_2)}{E} \times n + Z_1 \tag{1-2}$$

式中，Z_1和Z_2分别代表相邻方位向上的两个反射率因子值，E为该位置的分辨率扩展系数，n为a_n点所在索引值。填充方法类似于取最近邻域值：首先计算出当前位置分辨率扩展系数，即两个仰角方向之间需要填充的强度值的总个数。再将其分成两部分，靠近 Z_1 的一半均取 Z_1 反射率因子值，靠近 Z_2 的另一半均取 Z_2 反射率因子值。

3. 融合

融合前需要把极坐标下的单个收发子阵数据分别转换到对应的笛卡尔坐标，并保证所有收发子阵的格点资料在同一坐标原点并按照经纬度和高度匹配。多个收发子阵共同探测区域的资料采用取算术平均值法处理，多子阵融合的强度值求解公式如下：

$$Z = \frac{\sum_{n=1}^{N} Z_n}{N} \quad (1-3)$$

式中，N 代表当前格点位置被子阵覆盖的个数，Z_n 为第 n 个收发子阵探测到的反射率因子强度值，Z 为融合后的反射率因子强度值。

1.2.2.3 高分辨率阵列雷达合成风场

在三部雷达同时覆盖区域，直接利用来自单子阵的不同径向速度，通过求解方程获取 u、v、w 三个速度分量，合成三维风场。

在直角坐标系网格场中，每个收发子阵坐标为 (x_i, y_i, z_i)，空间任意一点坐标在网格场中表示为 (x, y, z)。u，v 和 w（$w=w+wt$）代表在 x，y，z 方向的风分量（wt 为降水粒子的下落速度），Rt 为网格点到每个收发子阵的距离。每个收发子阵测得的径向速度 Vt 在直角坐标系中与风分量的公式为：

$$V_i = \frac{u(x-x_i)}{R_i} + \frac{v(y-y_i)}{R_i} + \frac{w(z-z_i)}{R_i} \quad (1-4)$$

$$R_i = \sqrt{(x-x_i)^2 + (y-y_i)^2 + (z-z_i)^2} \quad (1-5)$$

式（1-4）、式（1-5）可以在网格场存在 3 个径向速度时计算出风分量 u，v 和 w。其原理及对应的求解方程如图 1-19 所示。

1.2.2.4 高分辨率反演风场

运用三维变分数据同化算法，两部以及多部雷达的径向速度为基础，经过多重约束迭代得到反演风场。代价函数等于径向速度观测约束、质量守恒约束、平滑约束和垂直涡度约束的和，最优的风场解是在代价函数的（全局）最低值处，见图 1-20 和图 1-21。

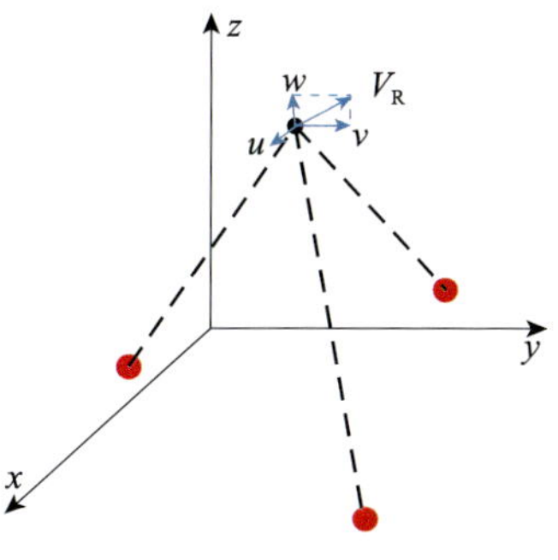

1.2.3 多波段融合

图 1-19 合成风场原理示意图

1.2.3.1 S 波段雷达组网数据分辨率提升

S 波段雷达数据获取和解析。获取本地及周边 S 波段雷达数据，并按照相应体扫模式及参数进行数据解析及验证。

雷达数据质量控制。雷达数据质量是决定多波段融合效果的前提。因此，在开展融合策略之前，需对雷达进行数据质量控制。具体包含地物杂波去除、径向电磁干扰回波去除、雷达故障坏图去除等。

坐标转换。为了进行准确的空间位置匹配，雷达数据的融合基于直角坐标系下开展，因此，需要将雷达的体扫数据转换为三维空间格点数据。

S波段雷达三维组网拼图。由于S波段雷达彼此之间的分辨率基本相同，根据业务实际需要，S波段雷达往往先实现彼此之间的三维组网拼图，空间分辨率为 1 km × 1 km × 1 km 或 500 m × 500 m × 500 m 等。

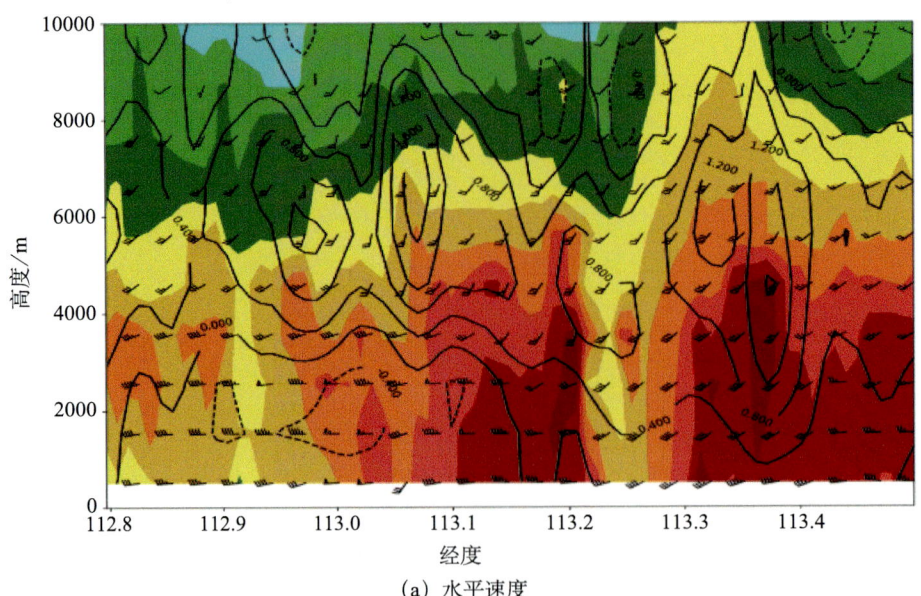

(a) 水平速度

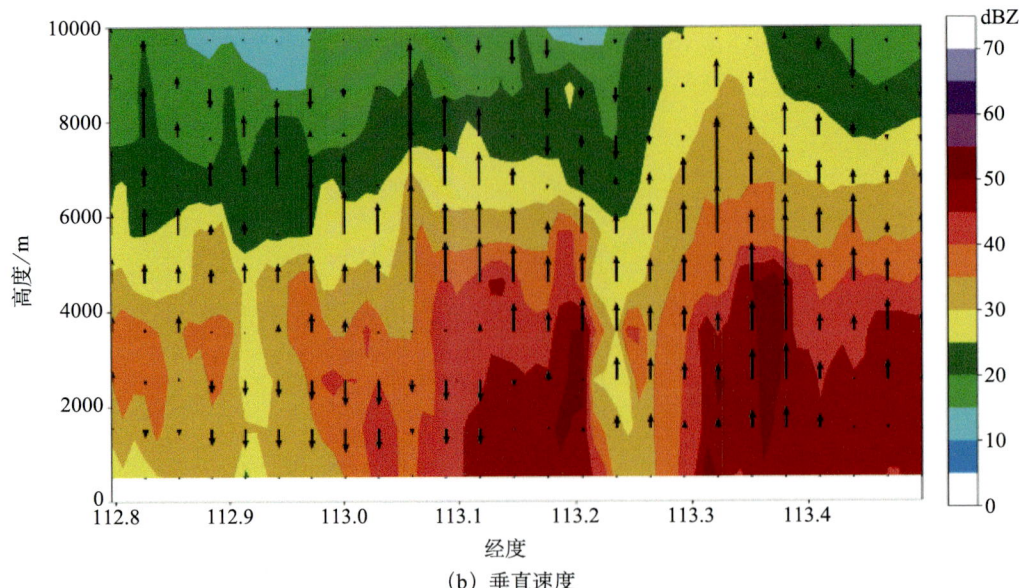

(b) 垂直速度

图 1-20　风场剖面示意图

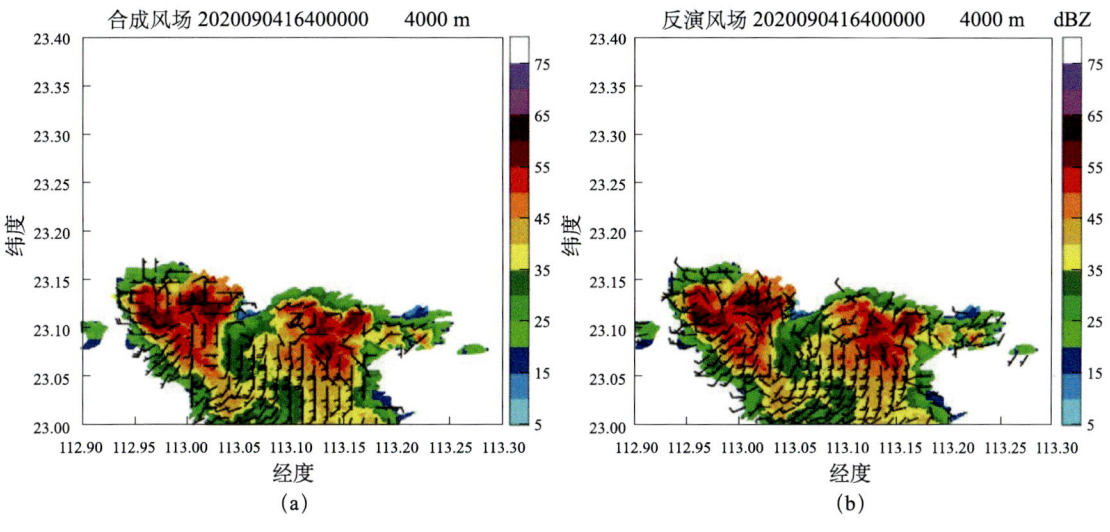

图 1-21 合成风场与反演风场对比示意图

为了得到高时空分辨率的数据，需要对 S 波段雷达数据进行时间和空间上的上采样。空间上，为了得到较高分辨率，采用上采样方式实现。具体而言，一般采用最近邻居法、反距离权重、双线性插值、拉普拉斯上采样、转置卷积等方法实现，根据反射率参量与各站点间的距离相关，将有效资料插值到三维格点中。时间上，为了得到较高的分辨率，采用对 S 波段雷达数据进行外推方法实现。传统的雷达回波外推方法主要是基于多种风场资料（光流法、雷达反演风场、模式风场等），通过一系列的加权计算获取雷达回波的移动适量，从而进行回波外推。

1.2.3.2 X 波段雷达数据质量控制及融合

获取本地架设的 X 波段相控阵天气雷达数据，并进行数据解析。对于 X 波段雷达而言，关键的质量控制步骤为衰减订正，以期望在融合开展前期中，雷达间数据的差异缩小。除此之外，也需对雷达数据进行地物滤除等质量控制。同样，为了进行准确的空间位置匹配，雷达数据的融合基于直角坐标系下开展，需要将雷达的体扫数据转换为三维空间格点数据。X 波段雷达阵列天气雷达之间可相互融合补充，在进行不同波段雷达融合之前，为第一时间提供业务需要，先实现 X 波段阵列天气雷达数据组网融合。由于宜通华盛 X 波段相控阵为 30 s 一个体扫数据，而纳睿雷达 X 波段相控阵为 60 s 一个体扫数据，在时间上，可采用下采样方式，实现最终的融合产品一分钟更新。在空间上，两款雷达的径向分辨率一致，决定了应用的空间分辨率一致，均可为 100 m 的空间分辨率。因此，对于两款雷达的融合而言，在时间空间匹配的情况下，直接采取最大值等融合策略即可。融合后的结果，通过进行再次对比，从而消除在融合过程中，产生的回波结构异常或强度异常区域。

1.2.3.3 多波段雷达融合处理

融合策略是开展多波段雷达融合的关键。由于 S 波段雷达数据本身分辨率低，通过上采样方式变换到高分辨率，在数据层面的表现为低频数据占比高。X 波段雷达本身探测精度高,探测到回波结构更加丰富,在数据层面的表现为数据离散度高,高频信息比较丰富。S 波段雷达和 X 波段雷达融合问题可以转变为 S 波段雷达高低频信息和 X 波段雷达高低频信息的融合处理。

可采用小波变换或金字塔技术,对数据进行高低频分解,然后在频率层次融合后再变换为回波数据,或在频率层次进行融合后再通过拉普拉斯金字塔变换为回波数据,见图 1-22。

通过以上方法,可对高低频信息根据加权或直接按照绝对值最大值进行按需所取,得到满足基本目标的融合结果。

融合后的结果,通过与 S 波段雷达和 X 波段雷达进行再次对比,从而消除在融合过程中产生的回波结构异常或强度异常区域。基于以上步骤,可多型号雷达组网融合。

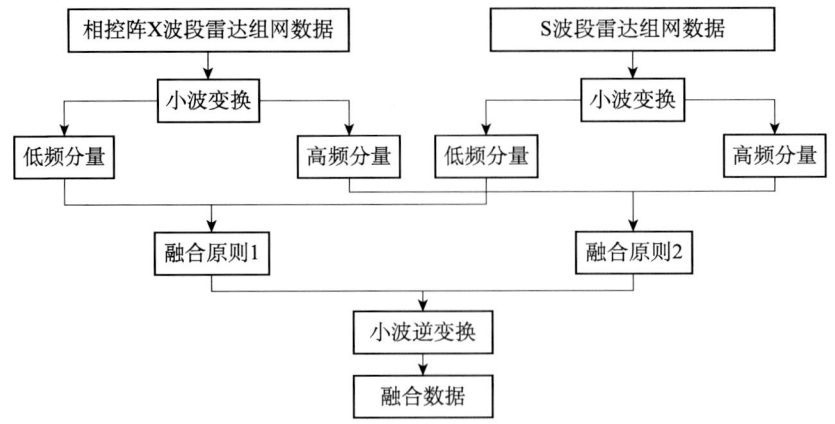

图 1-22 小波变换和图像分解融合流程

1.2.4 强对流天气过程

2019 年 9 月 10 日,受热力对流单体影响,长沙黄花机场发生了一次雷暴天气。降水过程发生在北京时间 17:30。17:50 回波整体从东往西向移动,此时靠近机场范围,并且回波强度逐渐加强,范围逐渐增大。机场天气警报发布时间为 18:05。此时回波正处于三维精细探测区中心位置。

机场相控阵阵列天气雷达在本次过程中采用强回波三维扫描模式,即一个完整体扫时间为 24 s(方位角 0°~360°、俯仰角 0°~90°),三维反射率强度产品分辨率为 100 m × 100 m × 100 m。图 1-23 为机场 C 波段雷达 0.5° 仰角 PPI 和相控阵阵列天气雷达的组合回波时序图,红色圆圈区域表示两个雷达同一经纬度区域。机场 C 波段雷达体扫时间为 6 min,图中给出的相控阵阵列天气雷达组合回波时间间隔为 2 min。17:51:36,图中红色圆圈区域为此时新生的一个风暴单体。经过 12 min,到 18:03:36,该回波已经迅速发展到较为成熟的阶段。由于该单体位置非常接近 C 波段雷达,处于 C 波段雷达的探测盲区,在 17:52:27 时刻,无法被单仰角扫描的机场 C 波段雷达探测到。随着回波强度逐渐增强并向下增长,直到 18:04:28,机场 C 波段雷达能探测到了较弱的回波。因此,从本次个例可以看出,相控阵阵列天气雷达比机场 C 波段雷达提前 13 min 探测到强天气回波,对机场天气预警具有较强的指示作用。

同时,相控阵阵列天气雷达能探测到相对完整的回波结构。由于 C 波段雷达较长的体扫时间(6 min),只能大致地捕捉到回波的移动方向,不能反映出发展较快的回波的完整结构。然而相控阵阵列天气雷达可以利用其快速扫描的特点,探测到相对精细的回波结构。可以看出,18:09:36 开始,回波逐渐分成 3 个更小的单体,整体向西移动。

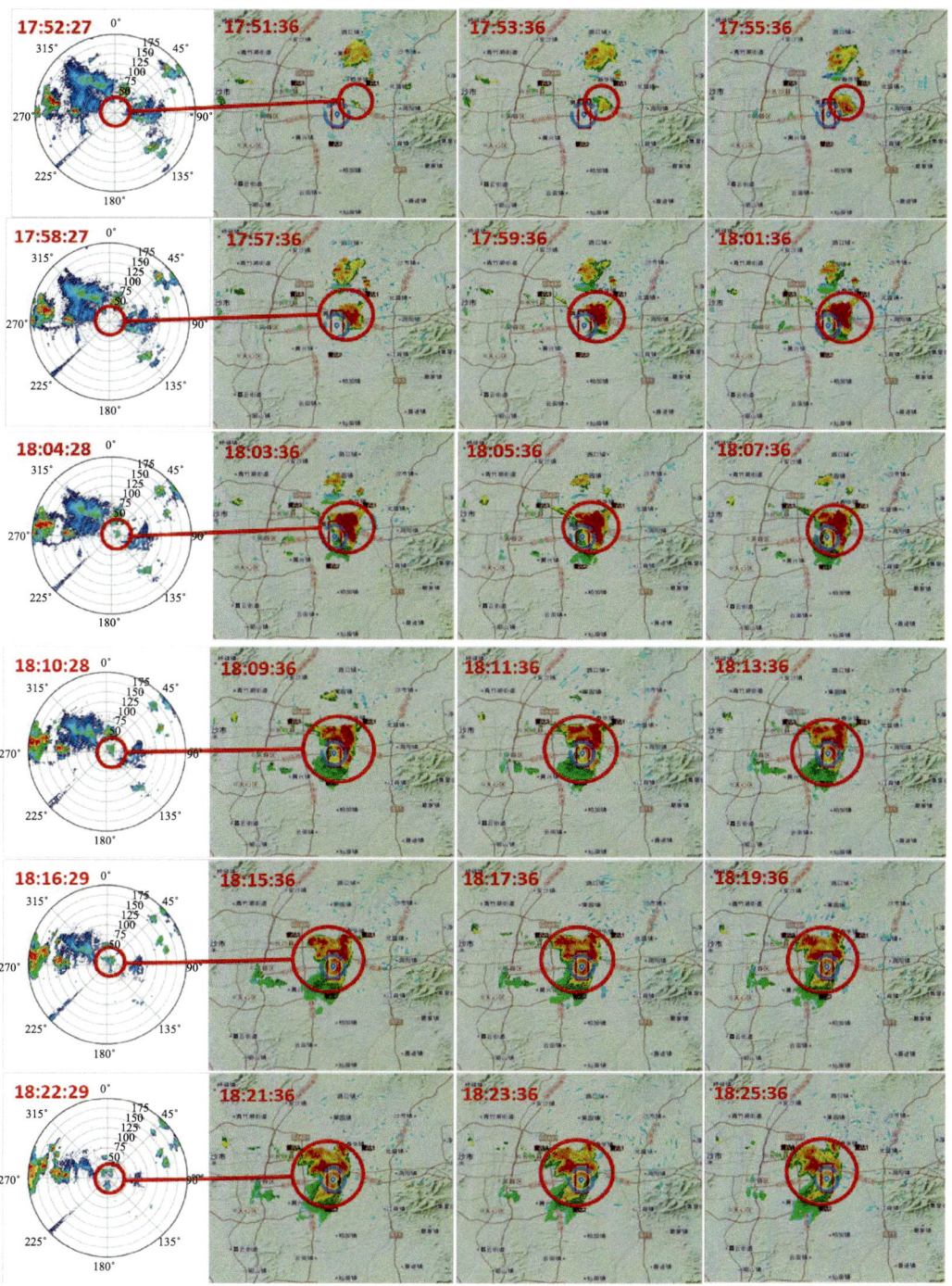

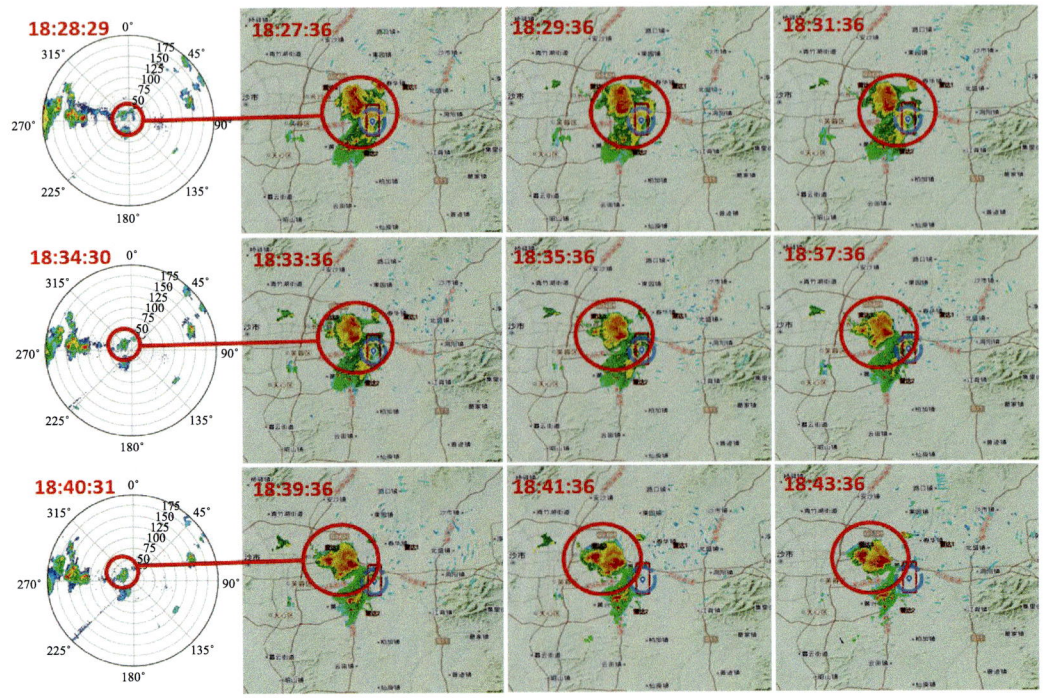

图 1-23　机场 C 波段雷达 0.5° 仰角 PPI 和相控阵阵列天气雷达组合回波时序图

1.3　三次强天气过程加密探测分析

在株洲荷塘区新华东路加密观测探空资料，比较了在冰雹、雷暴大风和短时暴雨等强天气中加密探空观测和模式探空的各参量之间的差异，探讨了加密探空在强对流天气判别中定量应用的可靠性，最后选取 3 个不同强对流天气个例，详细对比分析了加密探空的物理参量在不同强对流天气发生前后的演变趋势。

1.3.1　2022 年 4 月 12 日强天气过程

1. 实况

2022 年 4 月 12 日 08 时至 13 日 08 时，受高空槽、西南低涡和地面冷空气共同影响，湖南省自北向南有一次较强降雨过程，并伴有雷暴大风、短时强降雨等强对流天气。较强降雨主要集中在湘西州北部、怀化北部、张家界、常德、益阳、岳阳、长沙、娄底、永州等地，其中岳阳市区、岳阳县、汨罗、临湘、华容、沅江、桃江、永顺、龙山、桑植等 43 个县（市、区）343 站出现暴雨，岳阳县、沅江、临湘、桑植出现 4 站单点大暴雨，最大为岳阳县向红村 118.9 mm；共 157 站出现小时雨强超过 20 mm 的短时强降水，其中 5 站超过 40 mm，最大为沅江市草尾镇乐安村 58.1 mm（15 时至 16 时），见图 1-24；同时受冷空气南下影响，14 时开始全省风力普遍加大到 4～5 级，其中洞庭湖区出现 77 站次 8～10 级的雷暴大风，最大为岳阳县中洲乡 26.8 m/s（10 级，17 时），见图 1-25。

第1章 天气雷达精细化协同探测技术研究

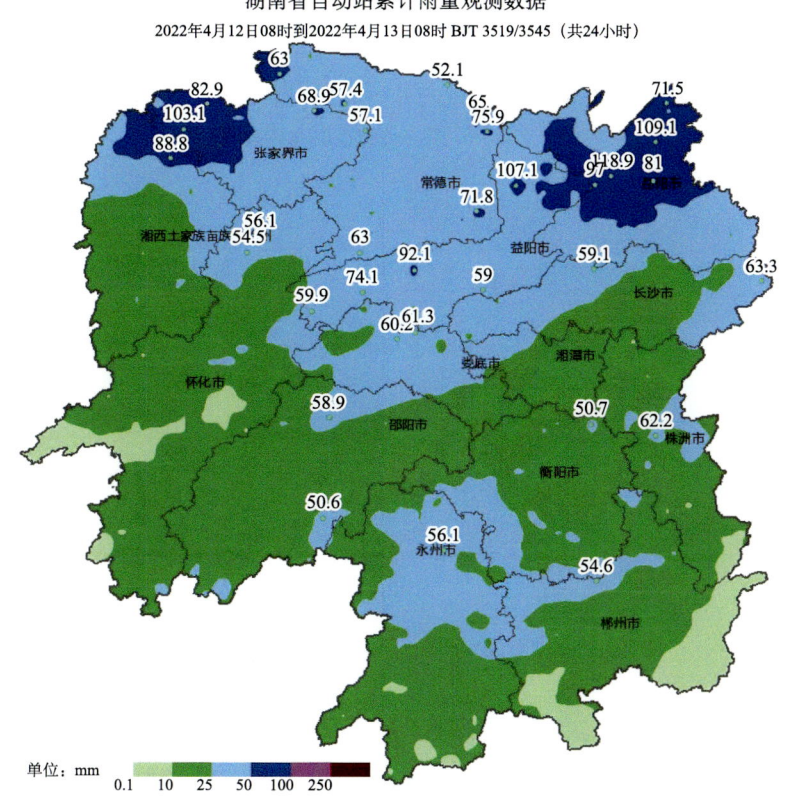

图1-24　4月12日08时—13日08时降水量

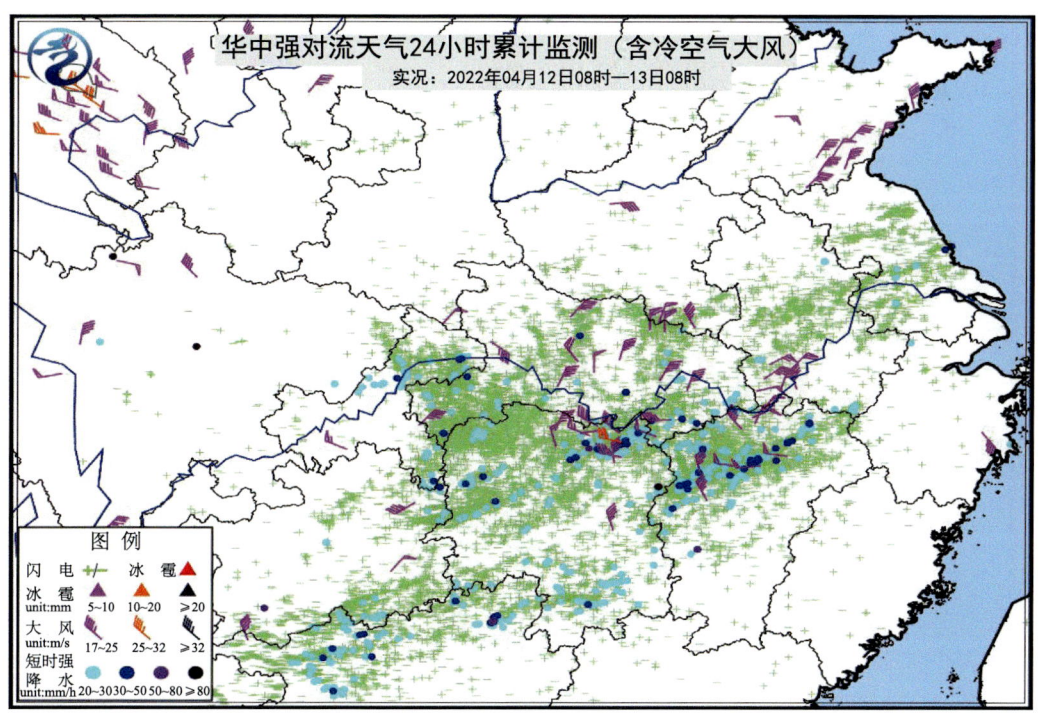

图1-25　4月12日08时—13日08时强对流监测

2. 天气形势

500 hPa 高空槽位于湖南省上游地区，槽前正涡度平流配合低层辐合提供了上升条件；随着低涡东移，低空切变自西北向东南移动影响湖南省；强盛的低空急流稳定维持，输送大量的能量和水汽。高低空系统的有利配置，造成了当地的强降水，见图1-26。

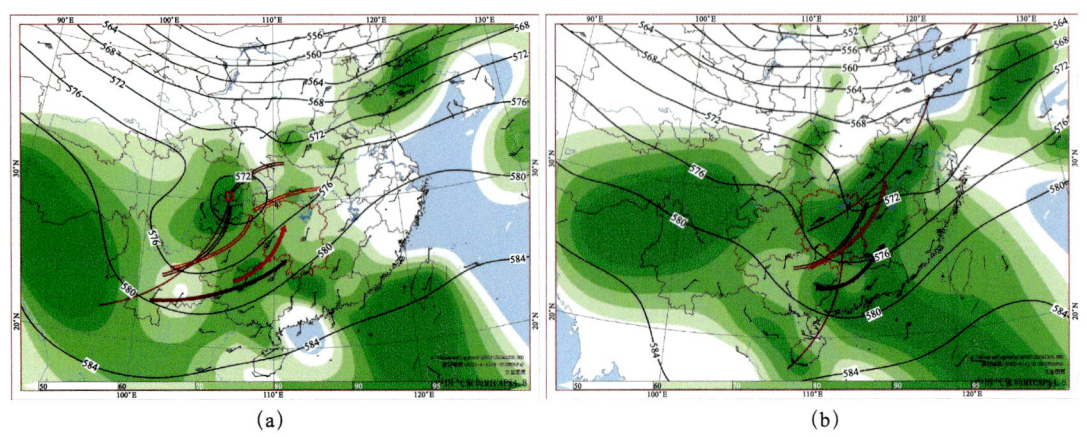

图1-26　4月12日08时、13日08时天气形势

3. 探空分析

湖南只有长沙、怀化、郴州三个高空观测站，每天只有08时和20时两次观测资料；强对流属于中小尺度的系统，空间尺度小，一般不超过几百千米，生命周期短，生消演变十分迅速，往往在几个小时内就完成了发展到结束的整个过程，因此，一天两次的常规高空观测

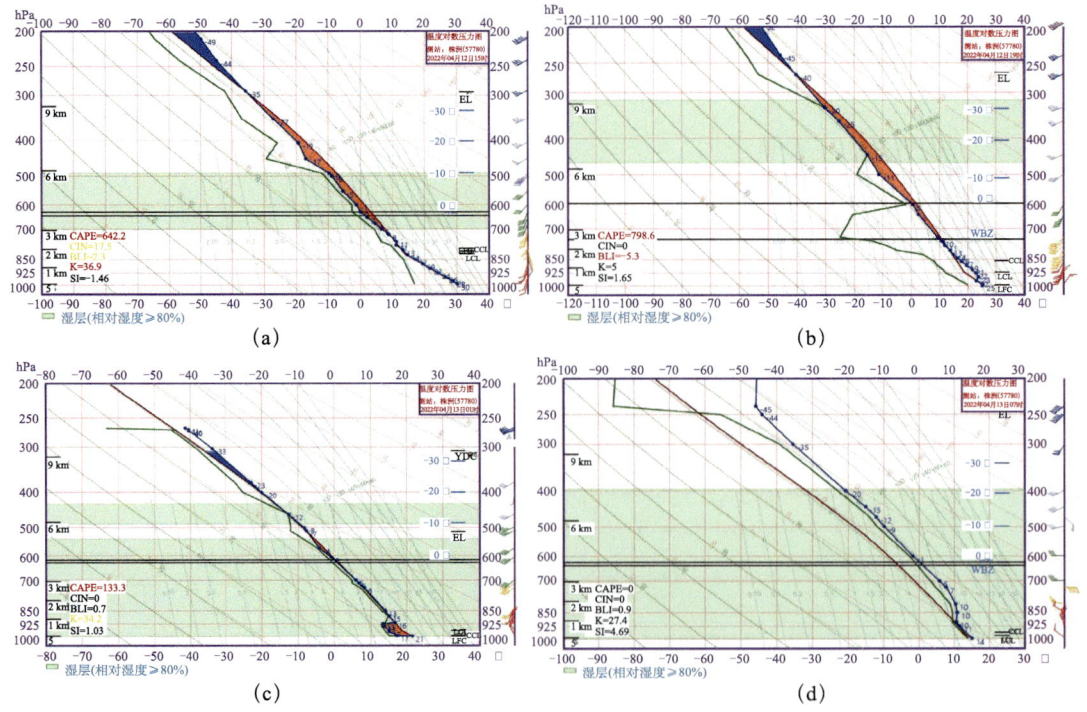

图1-27　4月12日15时、12日19时、13日01时、13日07时加密探空分析

很难捕捉强对流的发展演变,难以满足强对流的预报预警需求。在株洲开展高空加密探测,弥补了该区域附近观测资料的时空分辨率不足的缺点。从株洲的加密探空资料可以看出(图1-27),4月12日下午,强对流发生前,株洲对流有效位能较大,随着时间的推移和对流的发展,能量逐渐得到释放;配合着深厚的湿层,株洲4月13日凌晨出现了明显短时强降水。

从表1-4对流参数可以看出,前期对流有效位能达到642.2 J/kg,K指数超过36 K,有利于强对流的发生发展,DCAPE和垂直风切较小,0 ℃层高度略有偏低,不利于冰雹和大风的形成。

表1-4 4月12日15时、12日19时、13日01时、13日07时对流参数对比

要素	CAPE /(J·kg^{-1})	CIN /(J·kg^{-1})	DCAPE /(J·kg^{-1})	LI /℃	SHR3 /(m·s^{-1})	SHR6 /(m·s^{-1})	K /℃	T85 /℃	−20H /m	ZH /m
1215	642.2	17.5	0	−2.22	10.4	18.2	36.9	26	7403.3	3946
1219	798.6	0	0.2	−5.23	19.5	17.3	5	28.1	7375.0	4340
1301	133.3	0	15	0.43	19.8	16	34.2	22.3	7456	4097
1307	0	0	17.9	8.5	10.6	8.5	27.4	20.6	7258.2	3968

雷达回波演变也能看出,株洲以混合性降水回波为主,4月12日下午回波开始影响湘西北,随着低涡和切变的东移,回波逐渐向东南移动,在4月13日凌晨影响株洲。新市站的降水演变与回波表现一致,在4月13日04时发生短时强降水,见图1-28和图1-29。

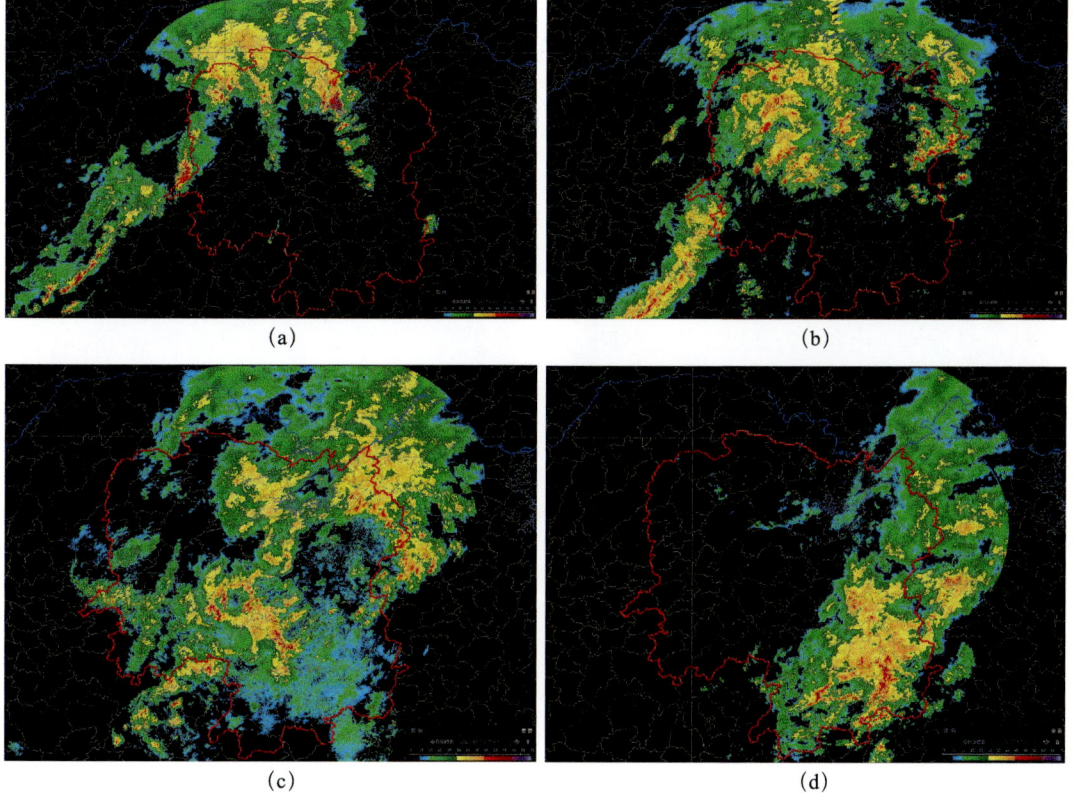

(a) (b) (c) (d)

图1-28 4月12日15时、12日19时、13日01时、13日07时雷达回波

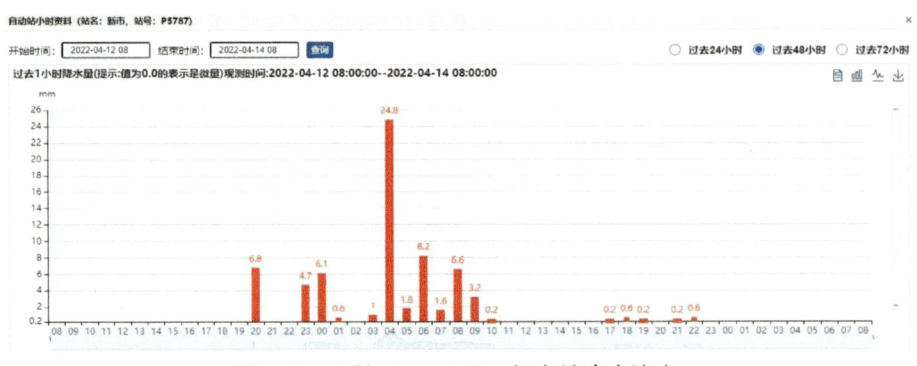

图 1-29　4 月 12—14 日，新市站降水演变

1.3.2　2022 年 4 月 24 日强天气过程

1. 实况

2022 年 4 月 24 日 08 时至 26 日 08 时，受高空槽、西南涡和低空急流共同影响，省内有一次强降雨过程，并伴有短时强降水、雷暴大风等强对流天气。全省共 56 县（市、区）460 站降雨超过 50 mm，其中长沙市区（开福区、岳麓区、望城区）、浏阳、衡阳市区（蒸湘区、珠晖区）、衡南、祁东、株洲市区（渌口区）、茶陵、江永、江华、道县、蓝山、靖州、绥宁、城步、通道、临武、宜章、安化 21 个县（市、区）107 站降雨超过 100 mm，最大为通道双江镇传素村 258 mm（图 1-30 左）；上述地区共 476 站最大小时雨强超过 20 mm，其中开福区、岳麓区、望城区、浏阳、茶陵、江永、蓝山、道县、桃江、平江、沅陵、绥宁、渌口区、通道、临武 15 个县（市、区）39 站最大小时雨强超过 50 mm，最大为开福区洪山街道双河社区 79.9 mm（4 月 25 日 20 时至 21 时）；同时郴州、衡东、江永等地出现雷暴大风，最大为衡阳市衡东 19.5 m/s（10 级，4 月 25 日 09 时 22 分），见图 1-30 和图 1-31。

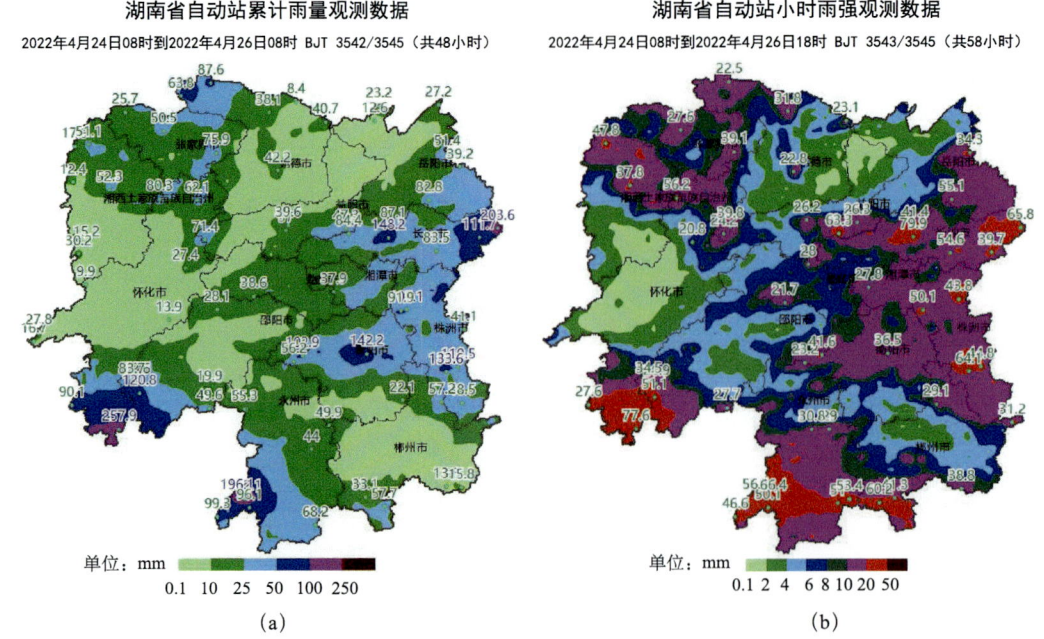

图 1-30　4 月 24 日 08 时至 26 日 08 时湖南省累计雨量（a）和小时雨强（b）

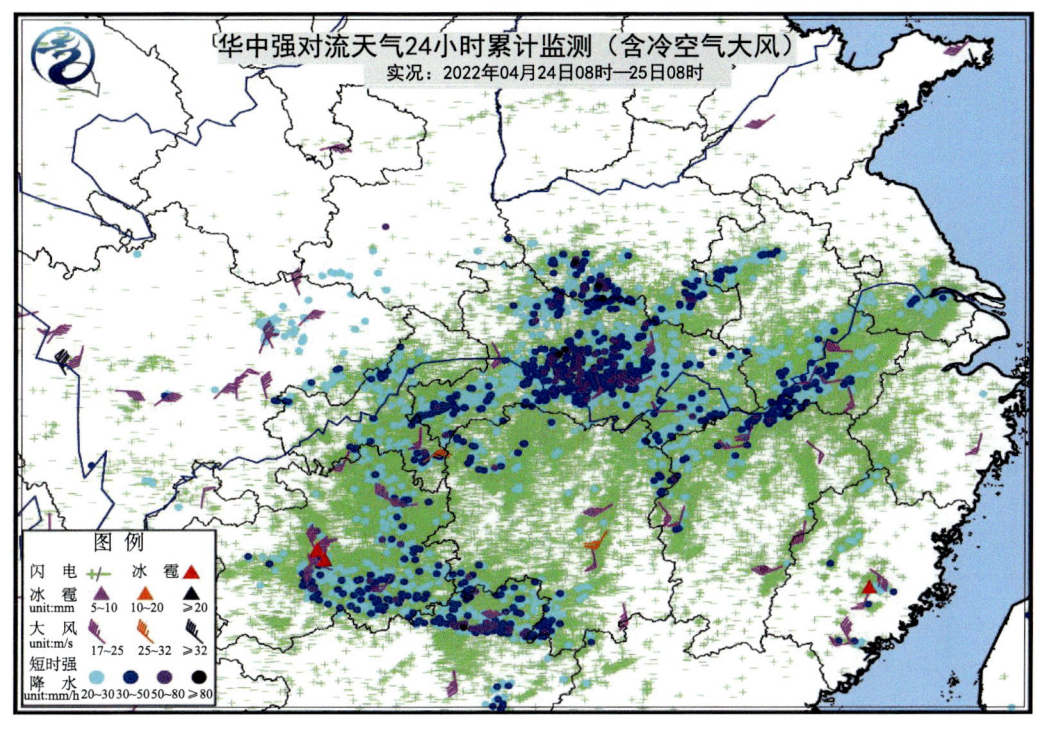

图1-31　4月24日08时—25日08时强对流监测

2. 天气形势

500 hPa高空槽位于湖南省上游地区，槽前正涡度平流配合低层辐合提供了上升条件；随着低涡东移，人字形切变自西向东移动影响湖南省；强盛的低空急流稳定维持，输送大量的能量和水汽。高低空系统的有利配置，造成了当地的强降水，见图1-32。

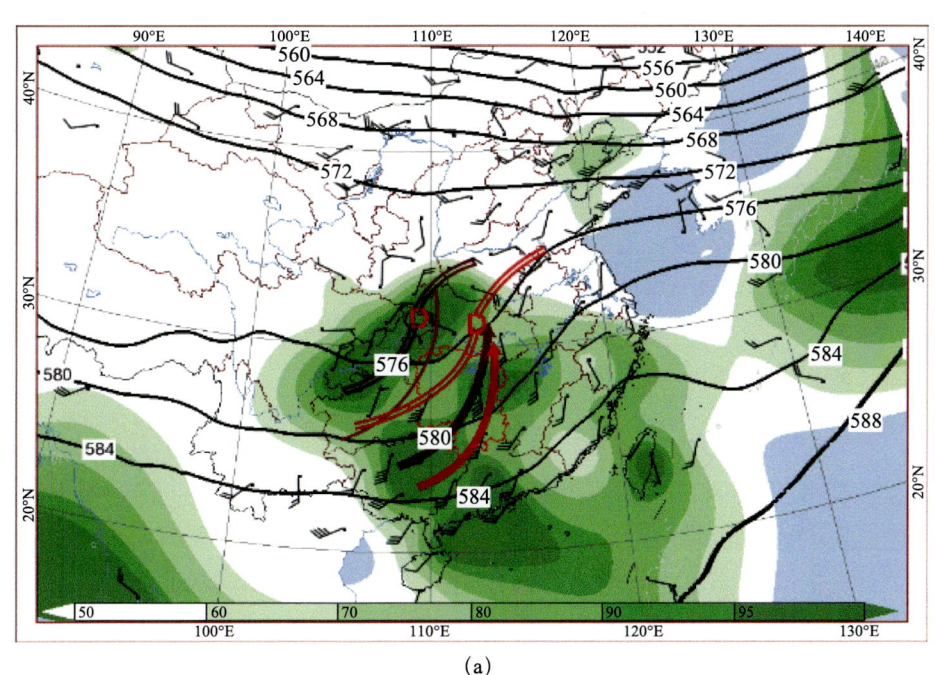

(a)

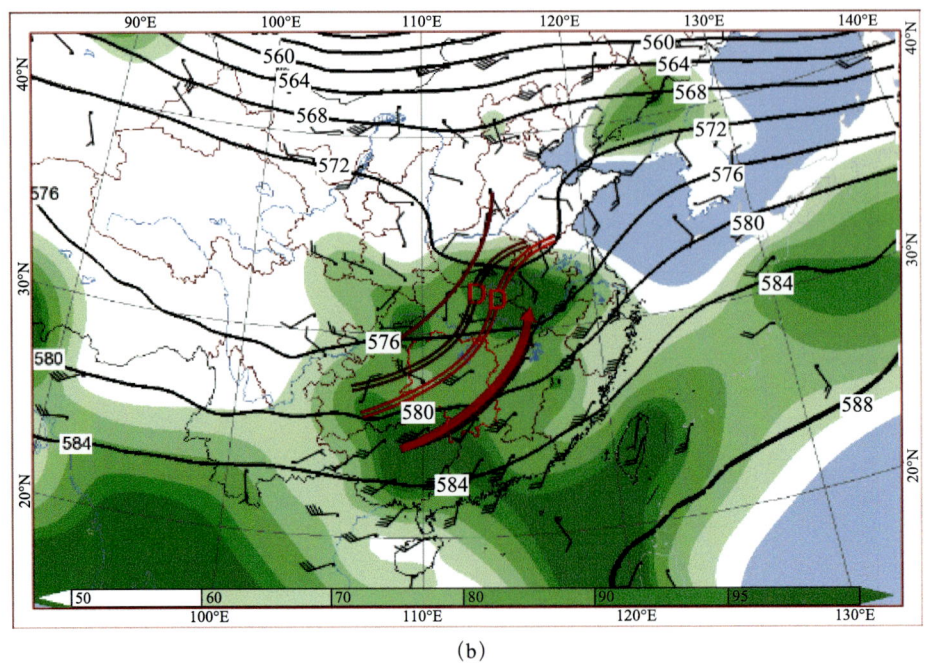

(b)

图 1-32 4月24日20时（a）、25日08时（b）天气形势
（等值线：500 hPa 高度场；风羽：850 hPa 风场；阴影：850 hPa 相对湿度）

3. 探空分析

从株洲的加密探空资料可以看出（图 1-33），4 月 24 日下午，强对流发生前，株洲对流有效位能很大，随着时间的推移和对流的发展，能量逐渐得到释放，探空图湿层较厚，有利于短时强降水的出现。

从表 1-5 对流参数可以看出，前期对流有效位能达到 1947 J/kg，K 指数超过 38 K，有利于强对流的发生发展，垂直风切较大，0 ℃ 层高度在 4.5 km 左右，有利于大风和冰雹的产生。

表 1-5 4月24日19时、25日01时、25日07时对流参数对比

要素	CAPE /(J·kg^{-1})	CIN /(J·kg^{-1})	DCAPE /(J·kg^{-1})	LI /°C	SHR3 /(m·s^{-1})	SHR6 /(m·s^{-1})	K /°C	T85 /°C	−20H /m	ZH /m
2419	1947	0	4.8	−5.81	15.2	8.9	35	26.5	7844.47	4452
2501	825	109.4	0.1	−3.85	22.5	24.5	38.4	26.1	7861.67	4330
2507	146	0	687.6	1.61	14.2	14.6	33.4	20.5	8121	3113.62

雷达回波演变也能看出，株洲以混合性降水回波为主，4 月 24 日晚上强对流单体迅速发展，最大反射率因子超过 65 dBZ，有产生冰雹的可能；同时低层仰角的速度图上存在速度大值区。0.7 km 高度处的径向速度超过 20 m/s，说明有雷暴大风出现。4 月 25 日清晨回波强度减弱，速度也随之减小，见图 1-34。

第 1 章　天气雷达精细化协同探测技术研究

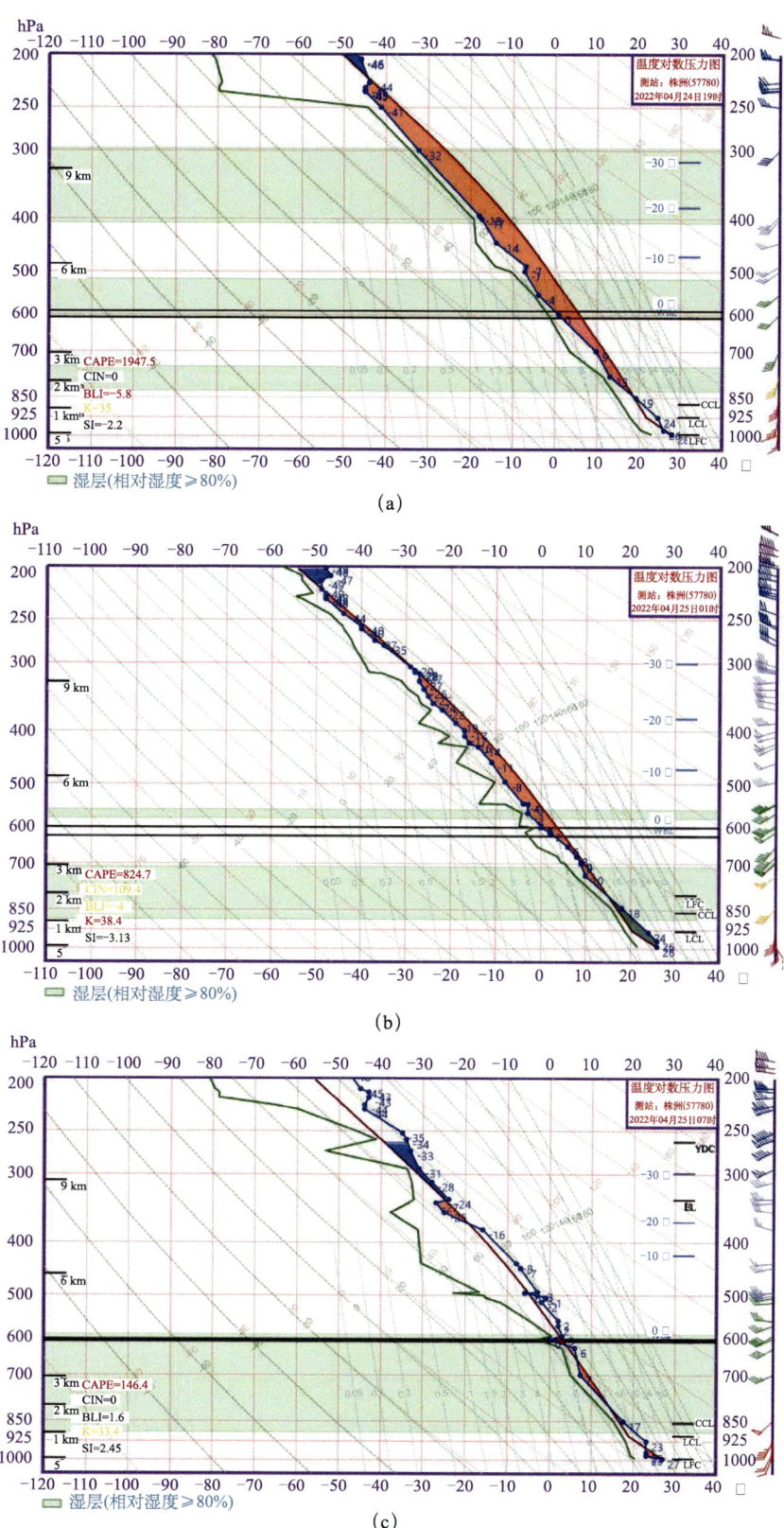

图 1-33　4 月 24 日 19 时、25 日 01 时、25 日 07 时加密探空分析

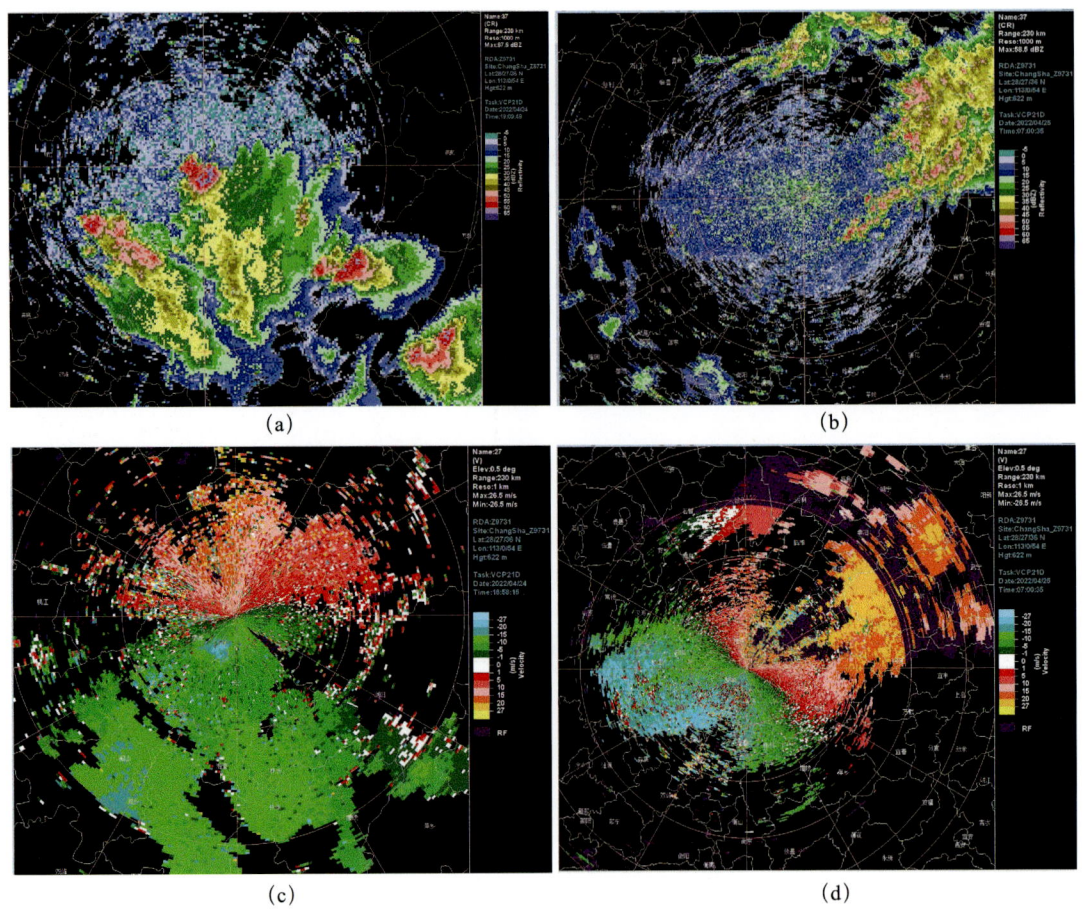

图 1-34　4 月 24 日 19 时、25 日 07 时组合反射率和基本速度

4. 防灾减灾和预警服务情况

针对本轮强降水过程，湖南省气象台对该次过程提前研判。早在 4 月 21 日发布《气象专题报告》中指出："22 日和 24 日至 26 日有两次较强降雨天气过程，并伴有短时强降水、雷暴大风、冰雹等强对流天气。"22 日发布《气象信息快报》对 24 日暴雨和强对流落区进行滚动预报；24 日根据最新预报调整，再次发布《气象专题报告》对暴雨和强对流落区进行订正；25 日滚动发布《气象信息快报》1 期；26 日根据最新预报调整，再次发布《气象专题报告》对暴雨和强对流落区进行订正。

4 月 22 日以来，强降雨导致长沙、湘潭、衡阳、岳阳、怀化等 9 个市 23 个县（市、区）发生洪涝灾害，共有受灾人口 13349 人，紧急转移安置人口 519 人，紧急避险转移人口 839 人。

1.3.3　2022 年 4 月 28 日强天气过程

1. 实况

4 月 27 日 08 时至 29 日 10 时，全省出现中到大雨，湘西州北部、怀化、常德、益阳北部、岳阳北部、长沙东部、娄底、湘潭南部、株洲、邵阳北部、永州北部、衡阳南部、郴州等共 65 个县（市、区）198 站出现 50 mm 以上降水，其中湘潭县、桃源、安乡、郴州市区（苏仙区）、桂阳、慈利、南县、祁阳 8 个县（市、区）11 站出现 100 mm 以上降水，最大为湘潭市湘潭县石鼓镇 135.7 mm（图 1-35 左）；另外，常德、益阳、岳阳、长沙、湘潭、株洲、衡阳等地 339 站次出现 8 级以上大风，最大风力为长沙市望城区 27.8 m/s（4 月 28 日 13 时 53 分），见图 1-35 和图 1-36。

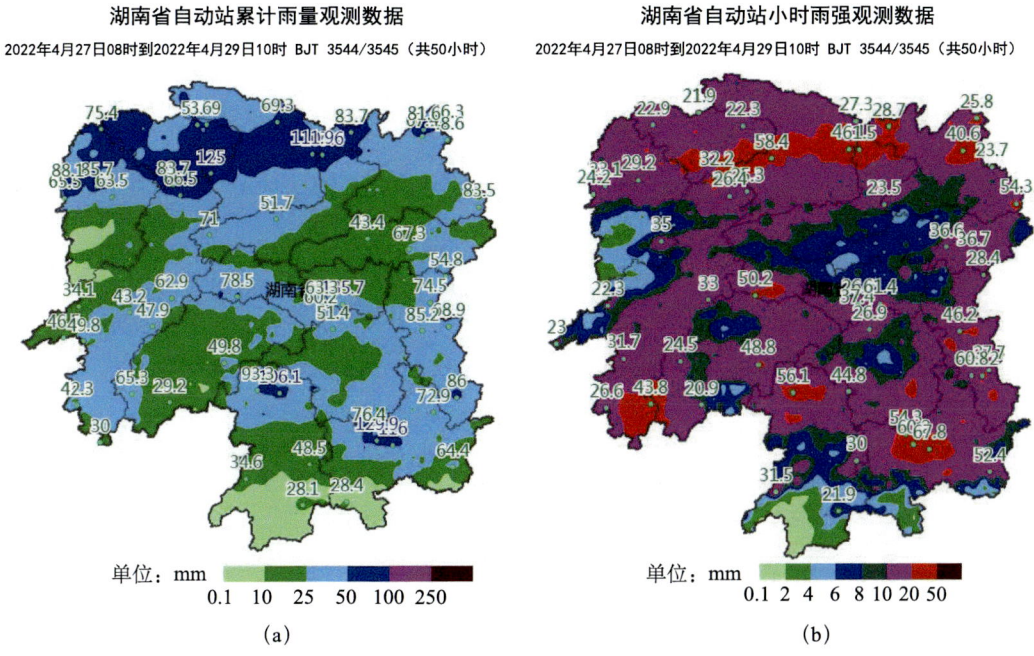

图 1-35　4 月 27 日 08 时至 29 日 10 时湖南省累计雨量（a）和小时雨强（b）

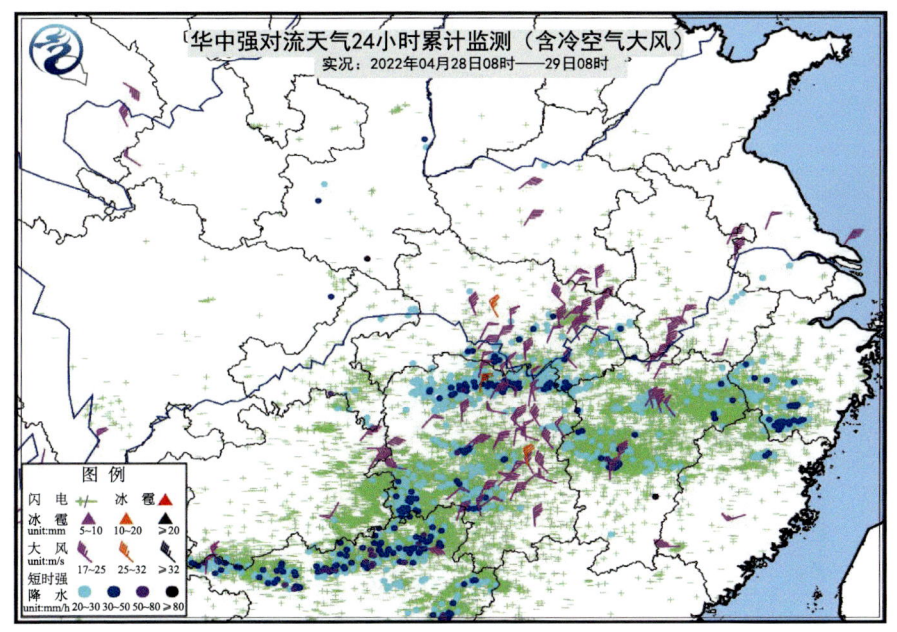

图 1-36　4 月 28 日 08 时—29 日 08 时强对流监测

2. 天气形势

500 hPa 高空槽位于湖南省上游地区，槽前正涡度平流配合低层辐合提供了上升条件；随着低涡东移，人字形切变自西向东移动影响湖南省；强盛的低空急流稳定维持，输送大量的能量和水汽。高低空系统的有利配置，造成了当地的强降水，见图 1-37。

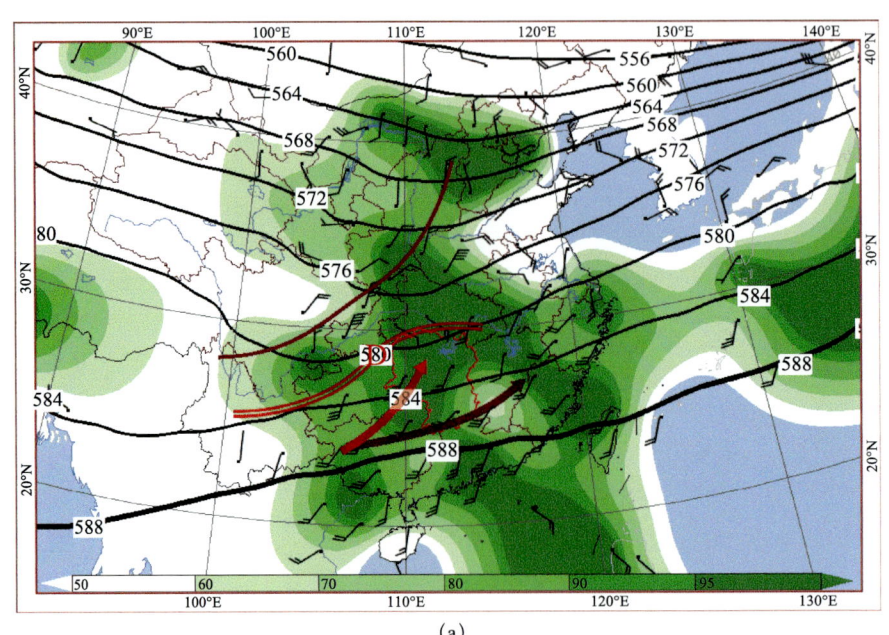

(a)

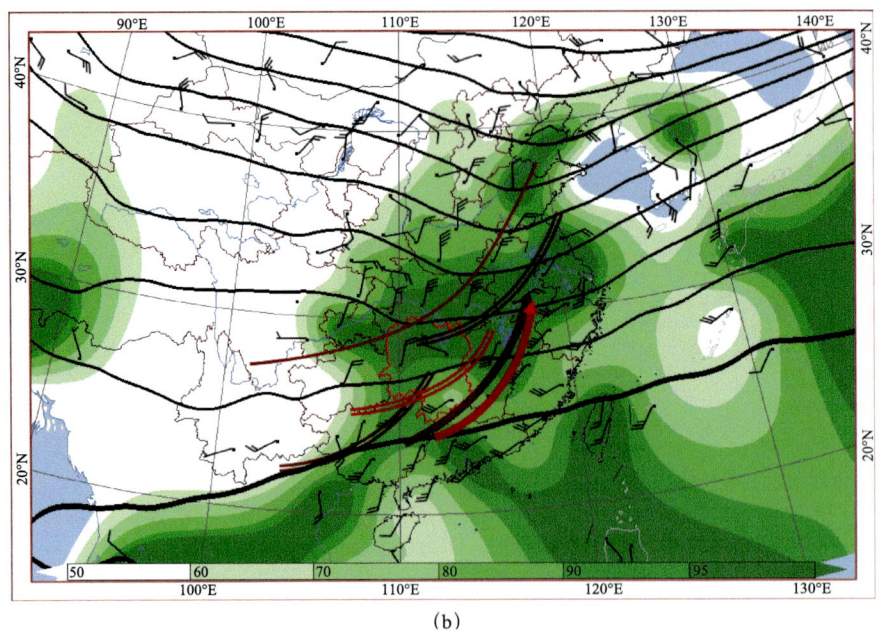

(b)

图 1-37　4月28日08时（a）、28日20时（b）天气形势
（等值线：500 hPa 高度场；风羽：850 hPa 风场；阴影：850 hPa 相对湿度）

3. 探空分析

从株洲的加密探空资料可以看出（图 1-38），由于前期有对流发生，能量随之释放，

4月28日早上的对流有效位能较低，随着气温的升高，能量再次聚集，15时不稳定能量超过900 J/kg，同时低空急流也不断增强；探空图湿层较厚，有利于短时强降水的出现。

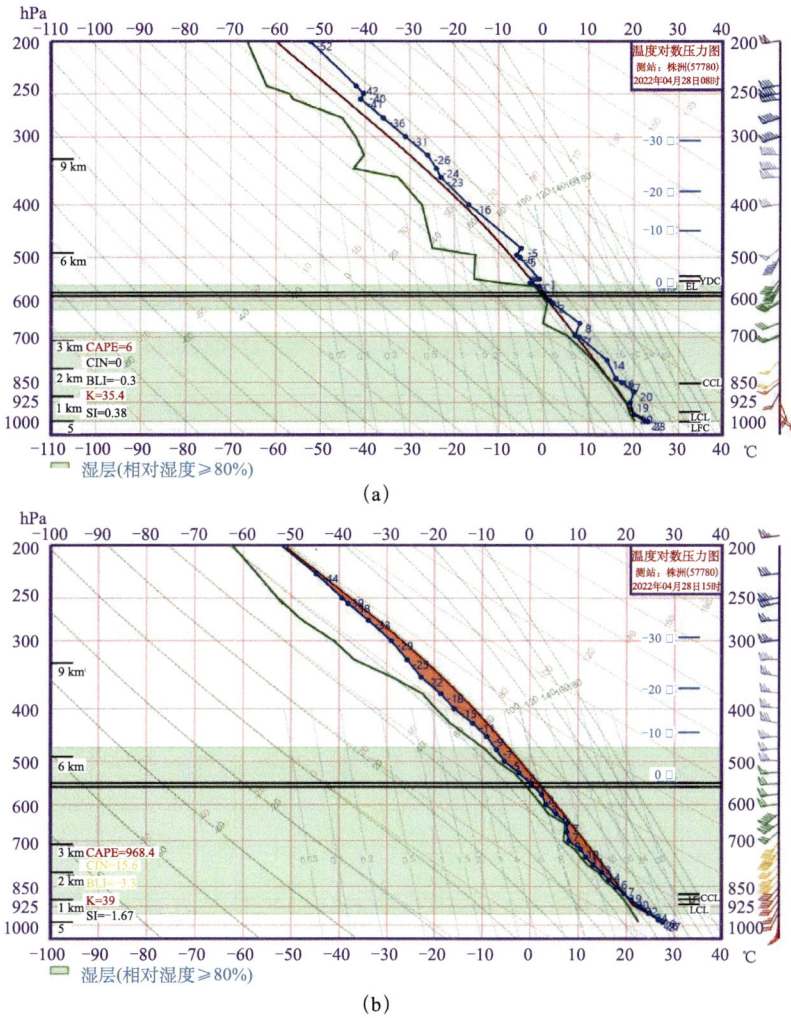

图1-38 4月28日08时、28日15时加密探空分析

从表1-6对流参数可以看出，K指数39 K，有利于强对流的产生，DCAPE达到685.8 J/kg，0~6 km垂直风切较大，0 ℃层高度在4.6 km左右，有利于大风和冰雹的产生。

表1-6 4月28日08时、28日15时对流参数对比

要素	CAPE /(J·kg^{-1})	CIN /(J·kg^{-1})	DCAPE /(J·kg^{-1})	LI /℃	SHR3 /(m·s^{-1})	SHR6 /(m·s^{-1})	K /℃	T85 /℃	−20H /m	ZH /m
2808	6	0	685.8	1.67	9.8	19.6	35.4	22.7	8017	4671
2815	968.4	15.6	3	−3.34	12.3	25.8	39	23.2	8216	5123

雷达回波演变也能看出，4月28日早上株洲受层状降水回波的影响，以降水为主，由于前期已经产生较强降水，28日早上降水对流性并不明显，短时强降水的站点很少；28日中午表现为混合性降水回波，且呈现带状，属于较为典型的雷暴大风回波，造成了

当地多站的大风天气，见图1-39。

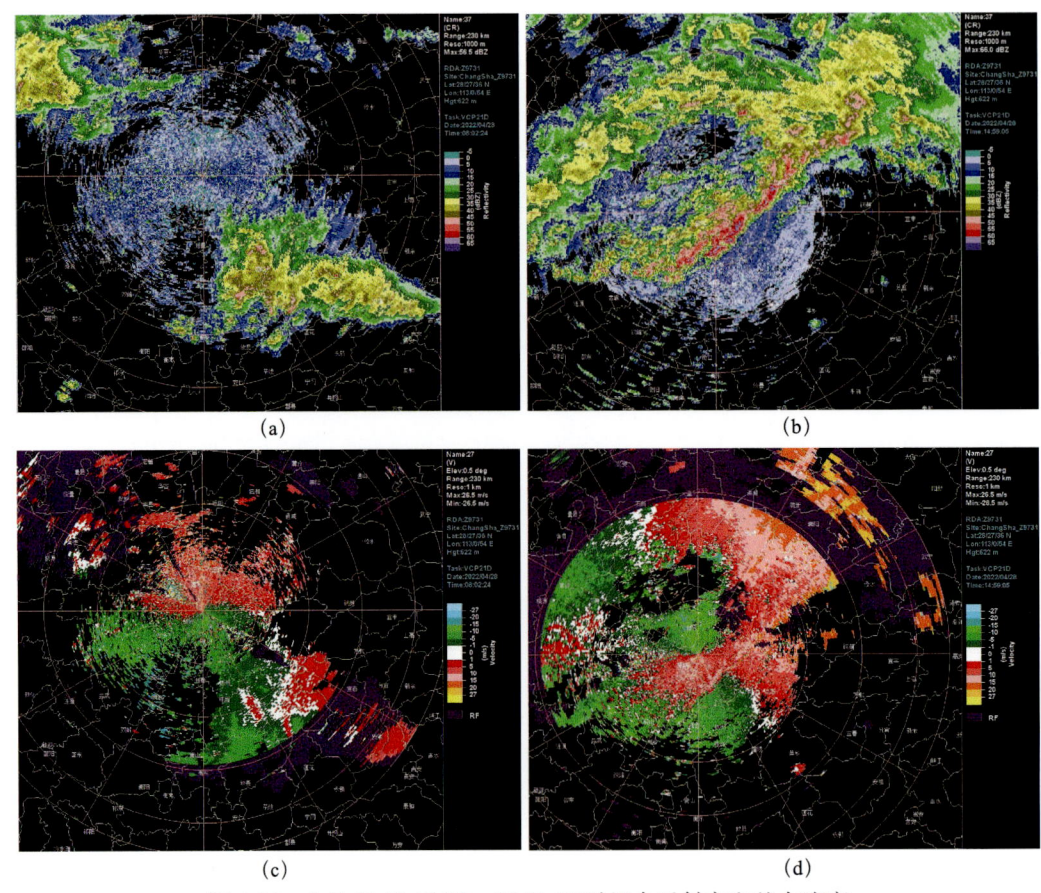

图1-39　4月28日08时、28日15时组合反射率和基本速度

4. 防灾减灾和预警服务情况

针对本轮强降水过程，湖南省气象台对该次过程提前研判。早在4月24日发布《气象专题报告》中指出："24日至26日、28日至30日有两次强降雨过程，并伴有强对流天气"，25日至27日发布《气象信息快报》3期对27日开始的暴雨和强对流落区进行滚动预报；28日根据最新预报调整，再次发布《气象专题报告》对暴雨和强对流落区进行订正。

强降雨造成湘潭、怀化、株洲、常德、长沙等8个市18个县（市、区）1.28万人受灾，紧急转移安置人口202人，紧急避险转移人口145人，基于加密观测数据的分析，给预报人员提供了强有力的技术支撑，提高了预报预警能力，实现了递进式、靶向式预警服务，最终全省无人员伤亡。

综上所述，通过加密观测分析，结果表明：①加密探空数据的时间分辨率高，各物理参量的变化特征表现更明显，能更详细地描述强天气发生前后大气状态的变化。②由于加密探空计算的多种物理参量在不同强天气的酝酿、发展过程中差别明显，在强天气发生前3~6 h的变化趋势尤其明显，对于3类强天气的判别具有明确的短时临近预报意义。因此，在使用常规探空参量制作强对流天气的潜势预报时，辅以加密探空的实时探测数据计算的物理参量，能更好地研究强天气发生的气象成因和机制，对模式预报结果进行订正。

第 2 章 强对流灾害天气自动识别算法和快速智能识别技术研究

关于雷暴识别任务，目前主流的机器学习算法大多重点识别瞬时气象数据是否存在雷暴，识别精度较低，且对于雷暴强度等级分类的相关研究较少。本研究基于雷暴的时空序列数据，对某时段内是否存在雷暴以及雷暴无、弱、强 3 个等级的强度识别进行研究。从雷暴的时空序列数据选取，数据特征提取、特征融合以及特征识别分析影响雷暴识别精度的因素，设计了加强长时记忆编码的特征提取算法，突出重要特征的特征融合算法以及使用卷积神经网络进行特征解码算法，简称为加强长时记忆编解码的雷暴识别算法。

① 在进行时空特征提取时，为加强长时记忆注意力，传递长时中重要特征，搭建了带有 RECALL 机制的 Attention-C LSTM 循环记忆单元作为时空特征提取器。

② 为了综合改组特征信息进一步突出重要的时空特征，搭建 Time attention 机制，通过该机制获取改组时空特征的权重系数，对时空特征进行加权融合。

③ 最后将获取到的重要特征输入解码结构 DenseNet121 网络以识别是否存在雷暴以及区分雷暴无、弱、强 3 个等级的强度。

④ 在循环神经网络引入卷积，使得每个记忆单元在传递时序特征同时能获取空间特征的时空序列网络作为基本模型，改进设计了时空特征编码结构，并使用卷积神经网络作为特征解码结构，最终构建了编解码结构的强化长时记忆网络（Strengthen long-term memory network，SLTMNet）模型。

2.1 基于强化长时记忆网络的雷暴识别算法

2.1.1 数据预处理

使用 2017—2020 年部署在湖南省 11 部 CINRAD SA/SB 多普勒天气雷达的基数据及

其对应的闪电资料。雷达中包含反射率因子、基本径向速度和谱宽数据，由于雷达反射率因子与降水粒子有关。本方法依据雷达反射率因子的回波强度判定是否存在雷暴以及雷暴强度等级。

①根据湖南地理位置，在垂直地面方向选取合适的雷达仰角扫描采样雷达回波数据后，需对数据在水平方向进一步筛选，获取湖南省所在区域内有效的雷达数据。

②通过闪电定位资料确定以湖南 3400 多个区域自动站为中心，选取以距离站点最近的雷达且探测范围在 50～200 km 内的回波数据为样本数据。若站点不在距离最近的雷达 50～200 km 探测范围内则选取距离第二近的雷达数据，以此类推，若全部雷达都不满足要求则剔除该组数据。

通过以上步骤，最后得到可以反映湖南省地域范围内雷暴信息的天气雷达监测数据，用于后续步骤中的雷暴时空特征提取、融合和识别。

2.1.2 模型构建

基于传统时空网络的更容易响应短期特征而忽略长时信息的缺点，本模型引入 RECALL 机制来加强长时记忆注意力。

图 2-1 中输入为 $C_{t-n:t-1}$ 的橙色信息传递部分是对长时记忆进行回溯的 RECALL 机制。通过一个栅极控制的自关注模块使当前的时间记忆状态 C_t 与该时刻前的所有历史记录进行交互，能有效地跨多个时间戳回忆存储的记忆，即使在长时间的扰动之后也依旧保持长时记忆，从而加强时间状态 C 的时序关联特征学习。

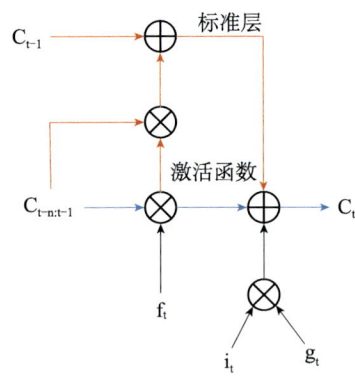

图 2-1 召回机制（RECALL 机制）

为了加强长时相关性建模能力，获取长时信息中的重要特征进行记忆传递，进一步避免梯度消失为出发点，设计了加强长时记忆传递的循环时空记忆单元 Attention-C LSTM。该单元是对传统时空序列网络中 Causal LSTM 记忆单元的改进，在其时间记忆模块中加入了 RECALL 机制，该机制的作用与 attention 机制类似，用以唤醒较远时间戳的信息，继而从感知到的信息中提取有用的信息记忆。又因为传统时空序列网络中常选择 tanh 函数和 sigmoid 函数作为激活函数，二者对于较深的网络训练，反向传播的梯度值会在饱和区非常平缓，接近于 0，容易产生梯度消失问题，而 Relu 函数梯度值只有 0 和 1，不存在饱和问题，能有效抑制梯度消失问题，且计算速度相对更快。因此，记忆单元最后输出结果时选择 Relu 作为激活函数。该单元内部结构如图 2-2 所示。

通过特征提取器进行特征提取后获取了一组时序张量数据，在对其进行解码分类前，将改组时序特征整合为一个综合的时空特征，为此设计了融合架构，以综合各时序的时空特征互补，突出重要时空特征为出发点，搭建了时序注意力机制 Time attention，对时空特征融合进行优化。该融合架构首先对各时序张量数据在通道维度进行拼接，利用平均池化与最大池化结合的注意力模型进一步聚合数据拼接信息。注意力模块的输入 F 表示编码器

第 2 章 强对流灾害天气自动识别算法和快速智能识别技术研究

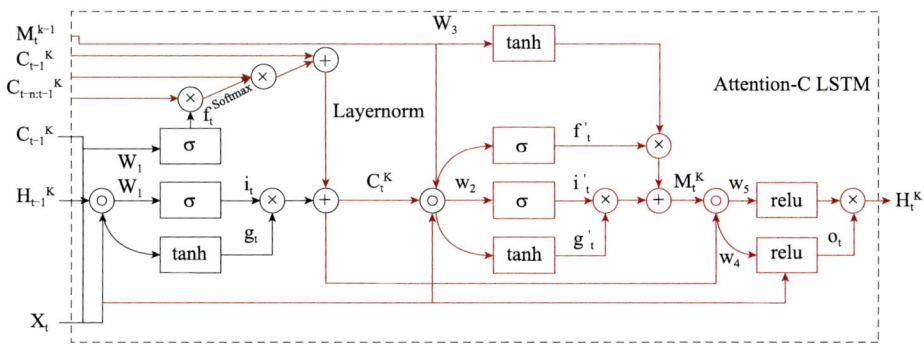

图 2-2 Attention-C LSTM 单元

输出的各张量数据的拼接矩阵，Favg 和 Fmax 分别表示平均池化操作和最大池化操作，F 分别经过平均池化和最大池化得到两个注意力描述数据。接着将两组注意力描述数据分别输入一个两层卷积神经网络结构，两层结构中激活函数为 Relu。随后得到的两个特征相加并融入 sigmoid 函数中得到权重系数 Q（和为 1 的向量），总体流程如图 2-3 所示。

输入融合后的雷暴时空特征，通过 DenseNet121 网络的池化、卷积运算，获取 1024 张特征图，识别雷暴是否存在和雷暴等级，如图 2-4 所示。

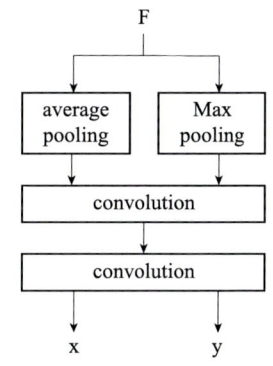

图 2-3 Time attention 机制流程图

	Layers	size	输出特征图的数量
	Convolution	7×7	64
	Pooling	3×3	64
Dense Block1 ×6	Convolution	1×1	64+32×6=256
	Convolution	3×3	
	Convolution	1×1	128
	Pooling	2×2	128
Dense Block2 ×12	Convolution	1×1	128+32×12=512
	Convolution	3×3	
	Convolution	1×1	256
	Pooling	2×2	256
Dense Block2 ×24	Convolution	1×1	256+32×24=1024
	Convolution	3×3	
	Convolution	1×1	512
	Pooling	2×2	512
Dense Block2 ×16	Convolution	1×1	512+32×16=1024
	Convolution	3×3	
	Pooling		7×7,1024
	Classification		Fc,softmax

图 2-4 DenseNet121 网络结构

2.1.3 实验结果

本模型将实验场景分为：二分类场景（无雷暴、有雷暴）和三分类场景（无雷暴、弱雷暴、强雷暴）。

采用准确率、查全率和 F1 作为实验指标，其中准确率表示为：Precision=（雷暴正类别被正确预测的数量）/（实际中预测为雷暴正类别的数量）。查全率表示为：Recall=（雷暴正类别被正确预测的数量）/（所有应该被预测为正类别雷暴）。F1 表示为：精准率和查全率的调和平均值，综合反映模型性能。

实验选取 12280 个时空序列样本数据，即 1228 组连续的时序数据，分配 1028 组数据作为训练和验证数据，其余 200 组数据为测试数据，网络输入的数据格式为 $10 \times 6 \times 32 \times 96$，见图 2-5。

SLTMNet 雷暴识别网络模型与其他模型（基于卷积神经网络的雷暴识别模型、基于循环神经网络雷暴识别模型、基于时空序列网络雷暴识别模型、基于 ResNet30-SVM 网络的雷暴识别模型）对雷暴识别的二分类场景和三分类场景的实验结果如表 2-1 和表 2-2 所示。

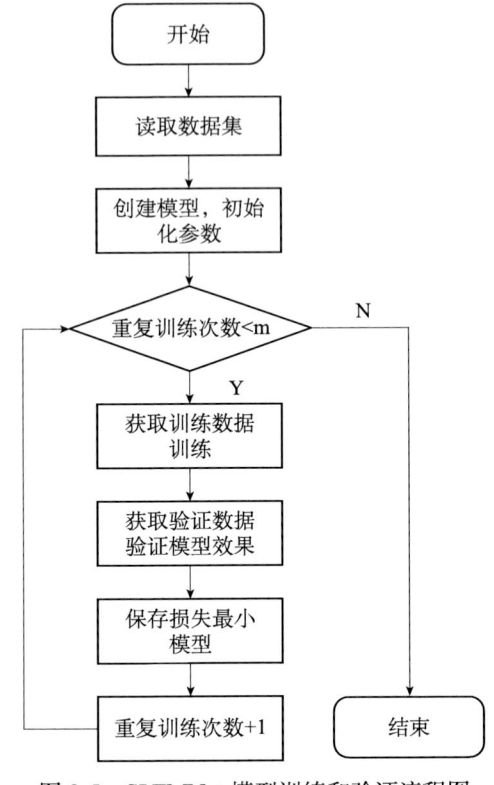

图 2-5 SLTMNet 模型训练和验证流程图

表 2-1 各神经网络模型在雷暴识别的二分类场景中的 Precision 和 F1 值

网络模型	二分类 Precision/F1 值	
	有雷暴	无雷暴
LSTM	78/71	51/55
ResNet50	85/81	82/80
DenseNet121	85/83	88/81
PredRNN++	91/90	89/84
PredRNN++-ResNet50	89/87	95/89
PredRNN++-DenseNet121	93/90	97/92
ResNet30-SVM	75/69	79/71
SLTMNet	95/94	98/95

表 2-2　各神经网络模型在雷暴识别的三分类场景中的 Precision 和 F1 值

网络模型	三分类 Precision/F1 值		
	强雷暴	弱雷暴	无雷暴
LSTM	33/27	15/11	44/28
ResNet50	57/39	19/17	37/32
DenseNet121	60/48	23/30	35/38
PredRNN++	62/60	50/52	70/67
PredRNN++−ResNet50	58/49	47/34	62/57
PredRNN++−DenseNet121	72/70	60/43	65/68
ResNet30−SVM	45/34	17/13	56/42
SLTMNet	75/77	64/55	71/75

由表 2-1 和表 2-2 可知，论文模型 SLTMNet 在雷暴识别的二分类场景下，平均精确率达 96.5%，在三分类场景下的平均精确率达 70%。而其他 7 种模型在二分类场景和三分类场景下的平均精确率均低于该模型。

四组损失函数和优化器交叉实验结果如表 2-3 和表 2-4 所示。

表 2-3　SLTMNet 模型组合损失函数和优化器在雷暴识别的二分类场景中的 Precision 和 F1 值

损失函数 + 优化器	二分类 Precision/F1 值	
	有雷暴	无雷暴
CrossEntropyLoss+Adam	95/92	98/94
CrossEntropyLoss+SGD	93/91	94/92
Centerloss+Adam	89/88	86/82
Centerloss+SGD	89/85	88/89

表 2-4　SLTMNet 模型组合损失函数和优化器在雷暴识别的三分类场景中的 Precision 和 F1 值

损失函数 + 优化器	三分类 Precision/F1 值		
	强雷暴	弱雷暴	无雷暴
CrossEntropyLoss+Adam	75/77	64/55	71/75
CrossEntropyLoss+SGD	65/61	55/48	62/60
Centerloss+Adam	62/54	39/36	65/57
Centerloss+SGD	70/68	43/41	68/65

由表 2-3 和表 2-4 可知，论文模型使用的交叉熵损失函数和自适应矩估计优化器在雷

暴识别的二分类场景下平均精确率达 96.5%，三分类场景下的平均精确率达 70%，明显高于其他三组损失函数和优化器组合实验的雷暴识别精确率。

使用气象数据进行个例检验，实验真实场景选自 2020 年 5 月 4 日晚岳阳市的一次雷暴大风天气。从天气实况记录得知，5 日 01 时至 02 时岳阳市平江站（站号：57682）共发生 479 次雷电记录，02 时出现 20.1 m/s 极大风；而从雷达图可知，绿色代表回波强度值为 20～25 dBZ，黄棕色代表回波强度值为 30～45 dBZ，红色代表回波强度值为 45～60 dBZ，此属于强回波。在 5 日 01 时强回波处于平江站的左方（平江站为图 2-6 中黑色方框标记处），01 时 29 分时强回波已逐渐向平江站平移靠拢，02 时后强回波将移出平江站，见图 2-6。

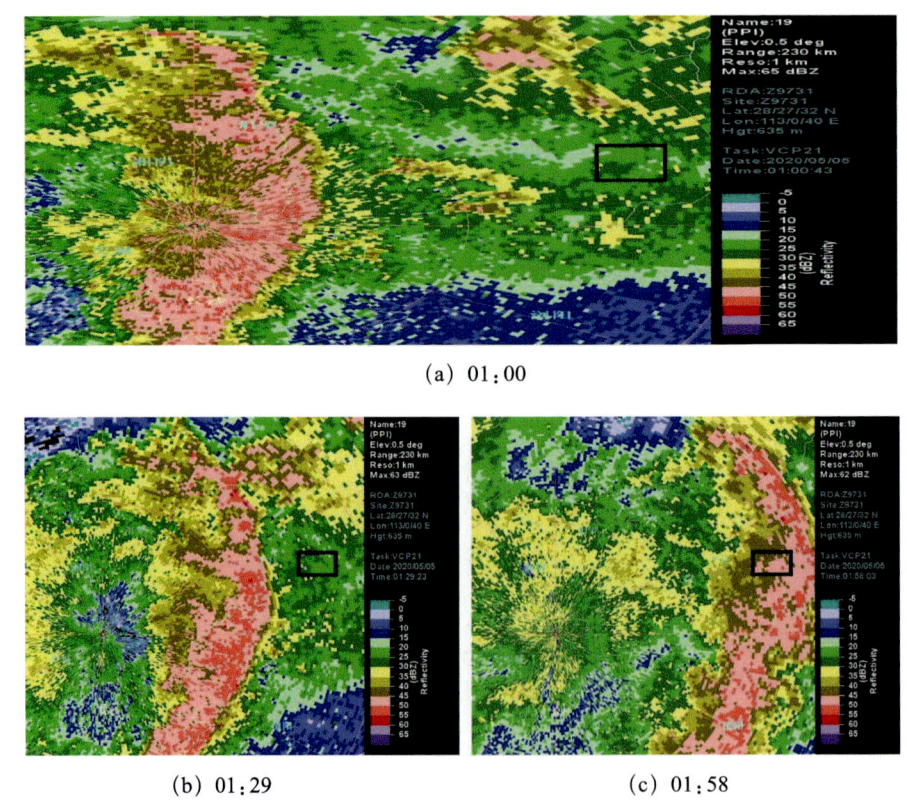

(a) 01:00

(b) 01:29　　　　　　　　　　(c) 01:58

图 2-6　平江站 01 时至 02 时 0.5° 仰角雷达回波强度分布

实验利用 SLTMNet 模型算法对 5 日 01 时至 02 时平江站雷达回波进行雷暴识别验证，结果显示有雷暴，且为强雷暴。该实验结果表明 SLTMNet 模型算法在真实场景能够通过各层仰角反射率回波强度正确地识别雷暴是否存在和雷暴强度，该模型具有实际应用意义。

2.2　基于时空序列分析的冰雹识别方法

冰雹天气作为一个持续性的天气特征，将时间因素及空间因素同时考虑的时空序列分析算法可能具有更好的识别性能。该方法基于 S 波段雷达回波数据，使用基于时空序列分析算法改进的 HailPred 网络，训练拟合建立强回波区域的雷达反射率因子数据与该区域是否存在冰雹的关系模型，从而进行冰雹天气识别，并对模型性能进行了对比评估。该方法的关键创新点为：

①与多数研究使用的雷达拼图数据不同，本研究使用的是单部雷达基数据，更好地保留了冰雹的三体散射和旁瓣回波特征。

②负样本使用回波强度同等高的强降水数据，以更好地提取冰雹特征，降低空报率。

③本研究使用时空序列分析算法同时提取冰雹形成的时间及空间上的特征，实验结果证明时间序列算法在冰雹识别问题上具有良好性能。

2.2.1 数据预处理

使用湖南省内 10 部 S 波段多普勒天气雷达（长沙、岳阳、湘潭、衡阳、郴州、常德、邵阳、永州、益阳、张家界）的单部雷达基数据，雷达体扫频率为每 6 min 一次。根据 2010—2020 年的冰雹观测记录，提取出相应时刻及雷达站的雷达基数据中 6 个仰角（0.5°、1.45°、2.4°、3.35°、4.3°、6.0°）的雷达反射率因子（Radar Reflectivity Factor，RRF）数据，并作如下处理：

①为了保留冰雹形成过程中的时间特征，从离实况时间最近时刻的雷达基数据开始，向前一共取 5 个时刻的数据，即总长 30 min 的时间序列作为输入序列。

②找出实况站周围反射率最高的点，若该点的反射率大于 45 dBZ，则以该点为中心选取方位角 ±16°，近心端 16 km，离心端 48 km，共（32 × 64）大小的区域。

③以堆叠在第一维的方式将 6 个仰角的切片数据堆叠在一起，最终得到（6 × 32 × 64）大小的时空序列数据（序列长度为 5）共 504 组作为正样本，给予"存在冰雹"的标签。

④根据无冰雹的实况数据（历史强降水数据）对雷达数据进行相同处理，最终得到 568 组时空序列数据作为负样本，给予"不存在冰雹"的标签。

2.2.2 模型构建

HailPred 算法将三层 Causal LSTM 单元进行堆叠，Causal LSTM 使用了级联的方式来进行隐藏状态的计算，这种级联方式相较过往的计算方式能够更好地计算数据深层特征，使得在少数数据条件下也能取得很好的特征提取效果。在第一层与第二层之间加入 GHU 高速通道，高速通道能够在非常深的前馈网络中有效地传递梯度，在算法中加入高速通道可以防止梯度快速消失。

进行特征提取后，将不同尺度的特征进行多通道融合并降维，从而获得雷达回波数据整体及局部变化的融合特征，再将该特征输入 ResNet18 网络进行解码，将特征变化映射到类别属性空间，最后通过一个全连接层将类别属性空间划分为有和无的二分类，以得出是否发生冰雹的结果。

HailPred 网络结构图如图 2-7 所示，HailPred 算法如算法 1 所示。

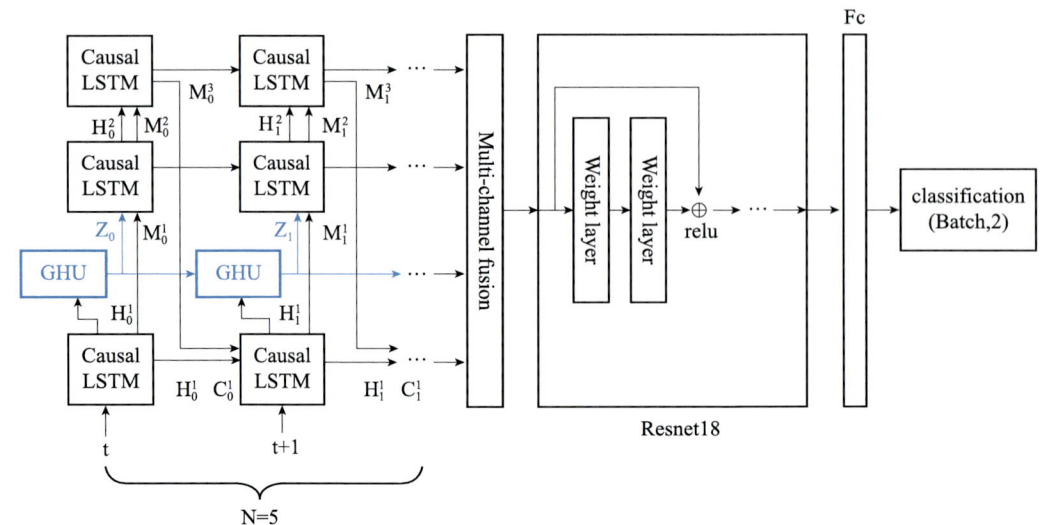

图 2-7 HailPred 网络结构图

算法 1　HailPred 时空序列分析算法

输入：雷达反射率因子时空序列数据（5×6×32×64）

① for t ← 0 to 5 do

第一层 Casual LSTM 计算单元提取特征（卷积核为 5×5，卷积步长为 1）

$$H_t^1,\ C_t^1,\ M_t^1 = \text{CausalLST}M_1(X_t,\ H_{t-1}^1,\ C_{t-1}^1,\ M_{t-1}^3) \qquad (2\text{-}1)$$

加入 GHU 高速通道减少梯度消失（卷积核为 5×5，卷积步长为 1）

$$Z_t = \text{GHU}(H_t^1,\ Z_{t-1}) \qquad (2\text{-}2)$$

第二层 Casual LSTM 计算单元提取特征（卷积核为 5×5，卷积步长为 1）

$$H_t^2,\ C_t^2,\ M_t^2 = \text{CausalLST}M_2(Z_t,\ H_{t-1}^2,\ C_{t-1}^2,\ M_t^1) \qquad (2\text{-}3)$$

第三层 Casual LSTM 计算单元提取特征（卷积核为 5×5，卷积步长为 1）

$$H_t^3,\ C_t^3,\ M_t^3 = \text{CausalLST}M_3(H_t^2,\ H_{t-1}^3,\ C_{t-1}^3,\ M_t^2) \qquad (2\text{-}4)$$

end for

② 将四种尺度特征进行多通道融合

$$Fus = \text{MCF}(H_4^1,\ H_4^2,\ H_4^3,\ Z_4) \qquad (2\text{-}5)$$

③ 加入 Resnet18 对特征进行解码，使模型易于收敛

$$Res = \text{Resnet18}(Fus) \qquad (2\text{-}6)$$

④ 经过全连接层到二分类

$$Output = \text{FC}(Res) \qquad (2\text{-}7)$$

输出：冰雹分类结果 output

2.2.3 实验结果

实验结果表明，本研究使用的时空序列模型性能较好，各项指标数值都有明显提升，准确率、命中率、空报率及临界成功指数分别为 95%、94%、5% 及 90%，准确率比机器学习算法中性能最好的决策树算法提高了 15 个百分点，命中率提高了 10 个百分点，空报率降低了 14 个百分点，临界成功指数提高了 20 个百分点，证明时空序列模型的识别效果明显优于其他算法，如表 2-5 所示。

表 2-5 冰雹识别模型性能对比

	准确率	命中率	空报率	临界成功指数
朴素贝叶斯	0.59	0.59	0.40	0.42
KNN	0.73	0.72	0.26	0.58
支持向量机	0.80	0.81	0.21	0.67
决策树	0.80	0.84	0.19	0.70
PredRNN++	0.95	0.94	0.05	0.90

2.3 基于时空序列分析的雷暴大风和强降水识别方法

2.3.1 数据预处理

使用单站 SA 雷达基数据。数据结构包括：反射率、仰角、径向速度等，具体参照多普勒雷达基数据格式。

（1）为了获取实况雷达基数据与观测站位置同步的时效性和准确性，使用气象局提供的雷达实况包含经纬度 csv 文件以及湖南观测站包含经纬度 csv 文件校对最近距离。

①校对最新的雷达站、观测站的经纬度。

②利用雷达站经纬度（lon1, lat1）与观测站经纬度（lon2, lat2）距离公式：

$$D=6371004 \times \cos((\sin(\mathrm{radians}(lat2)) \times \sin(\mathrm{radians}(lat1))) + \cos(\mathrm{radians}(lat2)) \times \cos(\mathrm{radians}(lat1)) \times \cos(\mathrm{radians}(lon1-lon2))) \quad (2\text{-}8)$$

计算每个观测站与每个雷达站的距离，对距离长度依次排序，选取前 4 个与观测站最近的雷达站。

③把实况雷达数据的时间转换成对应的世界时，方便后续提取对应数据。

④根据实况雷达基数据 csv，提取精确到实况数据中的某天的某个小时。在远程共享文件夹中的雷达基数据中，提取离观测站最近的那个雷达基数据，如果远程文件夹里面没有，则选取第二近的，依次类推进行划分。

（2）根据实况雷达数据按照多普勒雷达基数据提取反射率及径向速度结合生成雷达拼图发现，对实况有具体反映，并解析雷达基数据观测数据结构，根据仰角提取雷达反射率及径向速度。

①按照多普勒雷达基数据格式说明解析雷达基数据，并对所有的径向数据按照仰角提取反射率和速度，对比选择提取 0.5° 仰角的反射率和速度到 numpy 的数组中，并且把这两个数组分别保存为 .npy 格式的文件，速度为 _v.npy，反射率为 _f.npy，保存在同一个文件夹。

②把雷达站和观测站的经纬度以及它们之间的实际地面距离保存在 .csv 的文件中，根据该文件的数据，计算出观测站与雷达站的方位角以及反射率库长和速度库长。

③为了更为精准提取雷达数据中的重要信息，依据观测站在生成的雷达回波图中的具体位置，对速度和反射率数据进行裁剪，以观测站点为中心裁剪成扇形，距中心：方位角 ±15°，径向库数 ±60，分别得到的裁剪数据格式为 30×120 的输入特征数据。

④对裁剪后的反射率数据、速度数据进行拼接，即得到 2 通道的 30×120 格式的 npy 输入数据文件（即 numpy 中数组格式为（2, 30, 120））。

2.3.2 算法网络结构

经过多种方案比对，骨干网络使用轻量级网络 MobileNetV3，其网络结构对处理输入数据足够敏感，保持高准确率的同时保证识别速度的缓冲，其特性是综合了多种模型的思想及相关技术的融合。

①网络的架构基于 NAS 实现的 MnasNet，灵活搜索雷达数据中空间尺度较为重要的数据，保证 feature map 的精度和速度的一个平衡。

②引入 MobileNetV1 的深度可分离卷积，对输入数据采取不同的卷积核进行特征提取，加速计算过程，尽可能提取重要特征，减少冗余参数。

③引入 MobileNetV2 的具有线性瓶颈的倒残差结构，将输入数据采用低维压缩的方式扩展为高维并用轻量级深度卷积过滤边缘特征，再使用线性卷积将处理后的特征投影回低维传出，可有效减少推理期间所需的内存占用，提升模型性能，如图 2-8 所示。

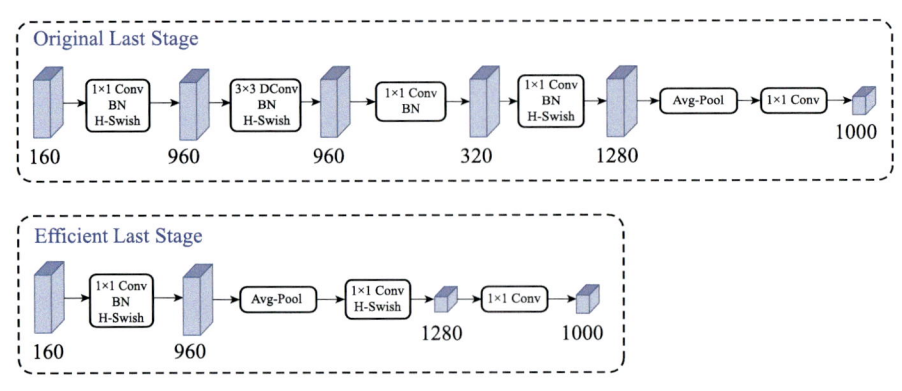

图 2-8 模型结构

④为了显式的建模特征通道之间的相互依赖的关系，引入基于 squeeze and excitation 结构的轻量级注意力模型（SE）（图 2-9），通过学习的方式来获得每个特征通道的重要程度，依照重要程度来提升有用的特征并抑制对当前任务用处不大的特征。

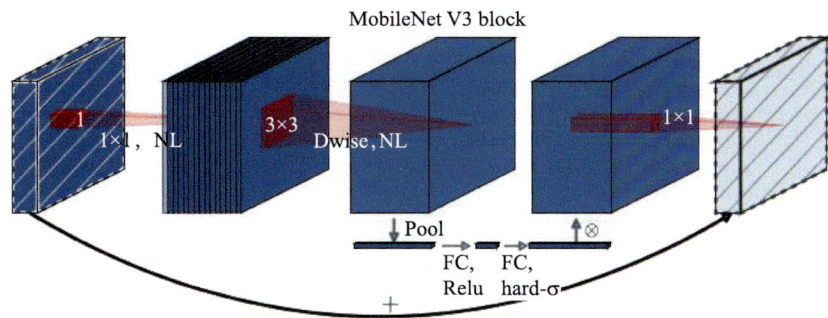

图 2-9 轻量级注意力模型（SE）

⑤网络结构搜索中，结合两种技术：资源受限的 NAS（platform-aware NAS）与 NetAdapt，这里的作用是当计算量和参数受限的前提下搜索网络的各个模块，用于对各个模块确定之后的网络层进行自动微调，提升网络性能空间。

2.3.3 雷暴大风实验结果

有雷暴大风 662 条，无雷暴大风 2251 条，共 2913 条。其中训练数据 2613 条，测试数据 300 条。随机抽取验证数据 320 条。

效果如表 2-6 所示。

表 2-6 雷暴大风识别模型性能对比

		个数	准确率/%	精确率/%	召回率/%	误报率/%
测试数据	有雷暴大风	60	97	95.3	93	4
	无雷暴大风	240	98	98	99	2
	综合	300	97.5	96.6	96	3
验证数据	有雷暴大风	50	86	82	82	16
	无雷暴大风	270	89	89	89	11
	综合	320	88.5	85.5	85.5	13.5

2.3.4 强降水实验结果

有短时强降水 542 条，无短时强降水 1427 条，共 1969 条。测试数据 200 条。随机抽取验证数据 120 条，实验结果如表 2-7 所示。

表 2-7 强降水识别模型结果表

		个数	准确率/%	精确率/%	召回率/%	误报率/%
测试数据	有短时强降水	60	91	92.3	90	8
	无短时强降水	140	92	91	91	8
	综合	200	91.5	91.7	90.5	8

续表

		个数	准确率/%	精确率/%	召回率/%	误报率/%
验证数据	有短时强降水	50	85	83	83.6	16.2
	无短时强降水	70	81	83.4	83	17.6
	综合	120	83	83.2	83.3	16.8

第3章 强对流灾害天气的发生发展机理研究

3.1 强对流灾害天气个例库及天气潜势分析系统

3.1.1 建立强对流灾害天气历史个例检索库

选取雷暴大风个例的原则是，根据国家气象站观测记录或灾情信息，08—08时，若雷暴发生前或发生时伴随瞬时风速大于或等于 17 m/s（8 级以上），则定为一次雷暴大风个例（过程）。但是，若灾情信息中对瞬时大风没有明确风力量级，只有龙卷或者雷暴大风记录，通过反查雷达资料判断，当该灾情时段内和发生地附近雷达回波比较强（≥45 dBZ）时，则也选为一次雷暴大风过程。根据雷暴大风实况产生的区域，尽量满足雷暴大风能在被选择的雷达站 230 km 被监测到，若是飑线，则必须满足飑线的成熟阶段在所选择的雷达站 230 km 被探测到。按照这一标准，2004—2016 年湖南汛期（3—9 月）虽然共检索出 212 个雷暴大风个例，但考虑资料的完整性及在对应的多普勒天气雷达 230 km 范围内被监测到，46 个雷暴大风个例被选入库。检索库中包含有"天气形势检索"模块、"物理量分析检索"模块、"探空曲线检索"模块、"雷达回波分析检索"模块，在该模块实现了多种产品显示，不同仰角显示，高度、经纬度查询，自动存图等功能，见图 3-1。

3.1.2 建立湖南强对流天气潜势分析系统

基于 Web 的湖南强对流天气潜势分析系统采用 B-S 架构，在前端使用 google chrome 浏览器输入下面网址：http：//10.111.100.218/spcapp/static_html/left_spc_index/，进入如图 3-2 所示的业务系统主界面。

整个系统主要分为中尺度分析、强天气指数、潜势分析、交互分析、客观预报、统计分析、系统帮助、参考网站几大部分。

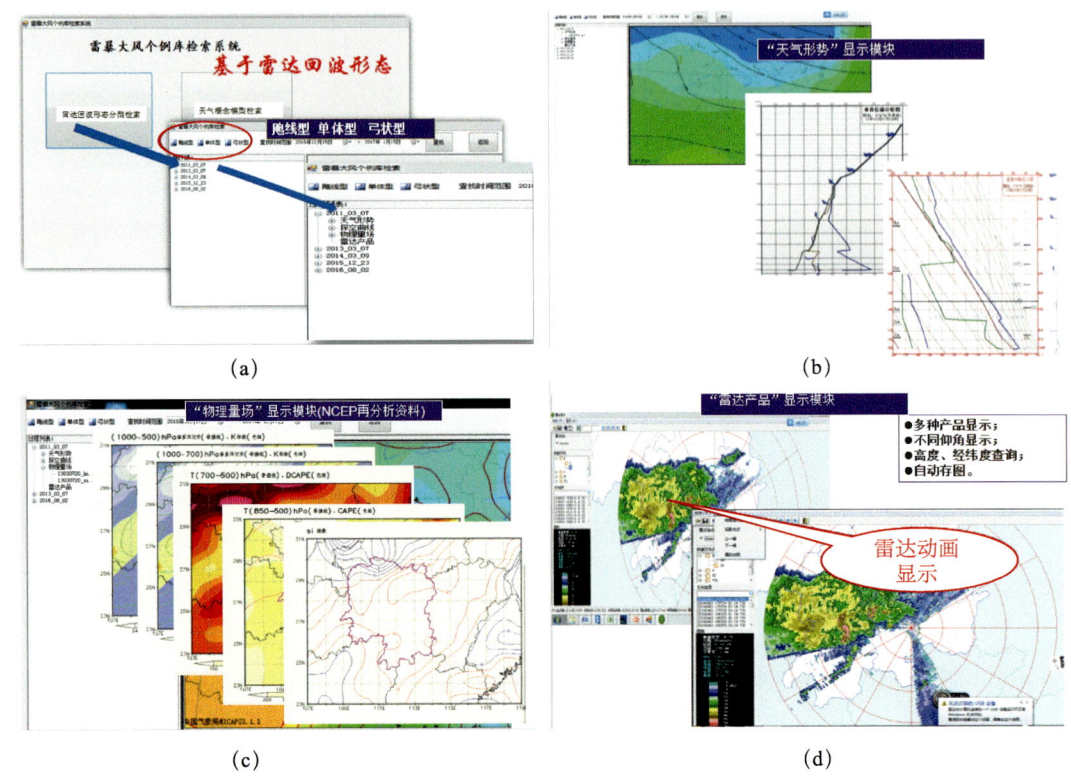

图 3-1 强对流灾害天气个例库检索系统展示

1. 强天气指数

本模块为强对流天气日常分析产品，主要包含抬升指数、对流有效位能、K 指数、整层可降水量、0～6 km 风切变、0～3 km 风切变、修正 K 指数、位势稳定度 700-500、沙氏指数、总指数、A 指数、深对流指数、修正深对流指数、对流稳定度指数、最佳对流稳定度指数、条件对流稳定度指数、雷暴指数、强天气威胁指数、大风指数等强天气指数分析产品。

2. 潜势分析

单击菜单－潜势分析，进入强天气潜势分析栏目，本栏目包含常用潜势分析产品，短时强降水、雷暴大风、冰雹分析产品。

3. 强天气潜势交互分析

单击菜单－交互分析，进入强天气潜势交互分析栏目。

①强对流综合分析：区分短时强降水、雷暴大风、冰雹综合预报图形。

②抬升条件分析：0～6 km 风切变、0～1 km 风切变、0～3 km 风切变、涡度、涡度平流。

③水汽条件分析：整层可降水量，比湿、露点、相对湿度、温度露点差、水汽通量散度。

④能量参数：Cape, mcape, dcape, cin, bcin, K, bli, li, sweat, 温差（850～500 hPa，700～500 hPa）。

第 3 章 强对流灾害天气的发生发展机理研究

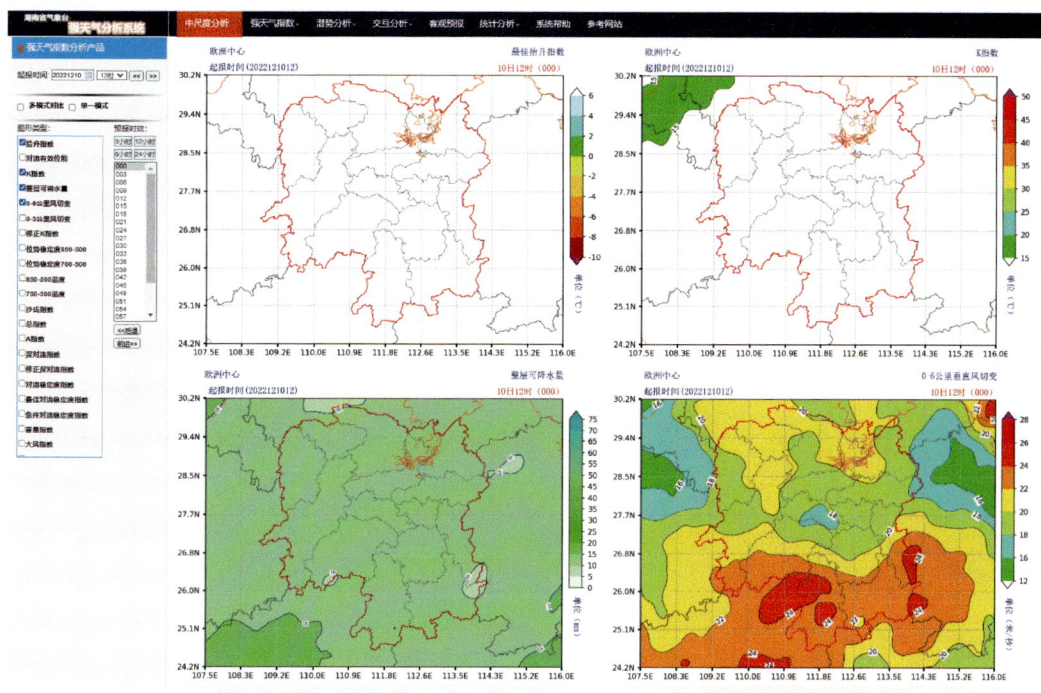

图 3-2 基于 Web 的湖南强对流天气潜势分析系统主界面

4. 客观预报

单击菜单 – 客观预报，进入强天气客观预报栏目，实现对短时强降水、雷暴大风、冰雹等强对流天气的客观预报。

5. 中尺度分析

单击菜单 – 中尺度分析，进入强天气中尺度分析栏目，本栏目主要为各中尺度模式预报产品。

3.2 强对流灾害天气分型研究

选取 22 次强对流天气过程，根据天气形势配置将其分为以下四类：低层暖平流强迫类、斜压锋生类、准正压类及高层冷平流强迫类。其中低层暖平流强迫类根据中低层切变线北侧冷平流的强弱又可以分为：强冷暖平流强迫类、强暖平流强迫类和中间类。总结归纳各类强对流过程开始前和影响阶段及过程结束的天气形势配置、雷达回波特征与预报着眼点如下。

从表 3-1 可以看出：强冷暖平流强迫、台风飑线及高层冷平流强迫类容易形成大范围的对流天气，高层冷平流强迫类对流最强；强暖平流强迫有时也有大范围的强对流天气发生；中间类、斜压锋生类及准正压类中副高控制类强对流以局地性为主。

从季节上看，3—4 月冷空气活动频繁，以斜压锋生类为主；5—6 月西南季风加强，以暖平流强迫类为主；7 月以后为副热带高压控制及台风影响，以准正压类为主。根据上述分类，本书重点分析四大类（六小类）的天气形势配置、雷达回波的不同点，分析每一类天气过程的特点及预报着眼点。

表 3-1 各种类型不同时期天气形势

	类型	500 hPa	850、700 hPa	地面	T_lnp
开始前	暖平流强迫类	高原东部低槽，江南、华南为槽前西南气流控制	西南气流不断加强，急流轴顶部到达江南地区的中北部	前期不断回暖，西南倒槽逐渐加强，常有气旋波形成	低层到高层暖平流强盛；露点曲线"上干下湿"的"喇叭口"分布
	斜压锋生类	经向环流，高原东部低槽	有时能达到西南急流标准，湿度较小	地面倒槽发展	垂直风切变比较大，层结不稳定
	准正压类	台风倒槽	台风外围云系统	辐合线	不稳定能量及垂直风切变均较大
	高层冷平流强迫类	经向环流，湖南位于槽后西北气流控制	低空急流形成，切变线位于湘北	辐合线	不稳定能量大，风垂直切变大
影响阶段	强暖平流强迫类	低槽稳定少动	西南低涡缓慢东移，西南急流继续加强	地面辐合线东移	暖平流及整层湿度增加
	斜压锋生类	低槽缓慢东移	中低层切变线快速南压	地面强冷空气快速南下	"喇叭口"大风层结特征
	准正压类	台风倒槽与西风槽线结合	台风倒槽	地面辐合线	高温高湿，不稳定能量大
	高层冷平流强迫类	湖南位于槽后西北气流控制	低空急流及切变线	辐合线	不稳定能量加大，整层的湿度增加
过程结束	强冷暖平流强迫类	低槽移出湖南境内	西南急流快速减弱，切变线以北的偏北风加强超过 12 m/s，切变线南压到湘南	辐合线南压至湘南	层结稳定
	强暖平流强迫类	低槽稳定少动	西南急流迅速加强，切变线北抬移出湘北	辐合线北抬	层结稳定
	中间类	低槽稳定少动	西南急流减弱，切变线缓慢南压	辐合线南压	层结稳定
	斜压锋生类	低槽东移	切变线南压至湘南	冷锋南压	层结稳定
	准正压类	台风倒槽西移	台风倒槽西移	辐合线向西北方向移动	层结趋于稳定，整层湿度大
	高层冷平流强迫类	槽后西北气流	西南急流减弱，切变线南压	辐合线向南移动	层结趋于稳定

3.2.1 低层暖平流强迫类

此类过程前期中高纬地区 500 hPa 高空环流形势以平直气流为主，冷空气弱。中低纬青藏高原以东从低层到中层均以西南风为主，500 hPa 槽前的暖平流与正涡度平流不断加强，700 hPa、850 hPa 西南急流加强，同时地面西南倒槽得到强烈发展。T-logP 图上温度及露点曲线具有呈"喇叭口"分布的"上干下湿"特点，为典型的强对流特征。在弱冷空气的触发下,地面常有气旋波形成,造成强对流天气。

1. 天气形势配置分析

过程开始后(图3-3a),500 hPa低槽东移贵州东部;700 hPa、850 hPa有西南低涡东移,西南急流继续加强,切变线位于湘北,850 hPa温度脊线继续北推;随着地面辐合线的东移,在湘东北出现了混合性强对流天气。此类过程由于低层暖平流强盛,常会形成一条"西北—东南"向的LS(leading stratiform)型飑线(McAnelly et al., 1986),强对流天气向东北方向移动。长沙T-logP图(图3-3b)也可以看出,过程开始后风随高度顺转为暖平流,整层湿度明显增加。过程结束时700 hPa、850 hPa西南急流不断加强及切变线继续北推,强对流天气向北移出湖南。

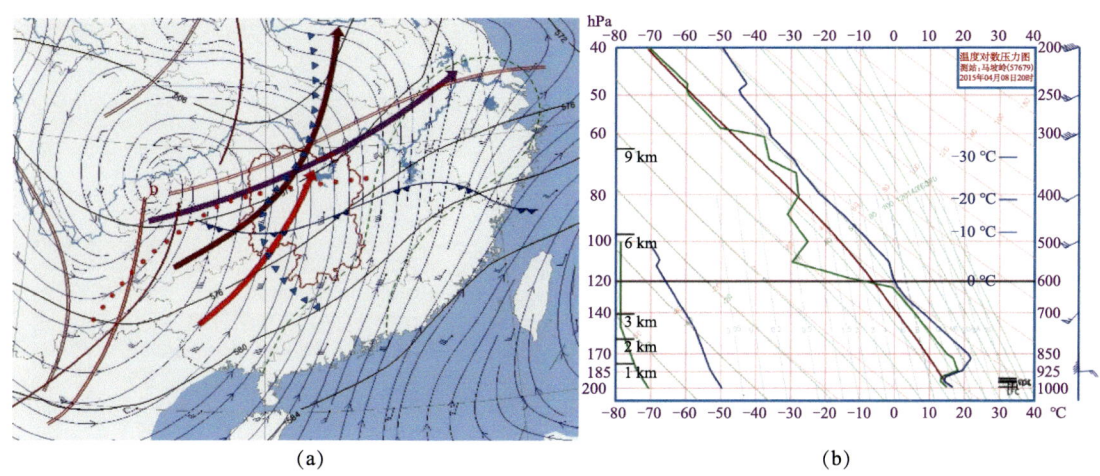

图3-3　2015年4月3日20时综合分析图(a)及马坡岭站(57679)探空曲线图(b)

此类过程的影响系统是中低层风速辐合线及地面中尺度辐合线,由于中低层的暖平流特别强,北部冷空气很弱,强对流天气北推移出湖南。这类过程容易形成"西北—东南"向的LS型飑线。

2. 雷达回波特征分析

发展初期与前期过程相似。发展的过程中,北侧和南侧分别有新旧对流单体更替合并演变成LS型飑线(图3-4a),和以往研究的飑线不同,该LS型飑线移动方向前缘(北面)是宽广的混合性回波,LS型飑线后缘是反射率因子梯度大值区。高仰角、低仰角分别出现了明显的速度辐合(图略)、速度大值区(图3-4b),中气旋短暂出现。和强冷暖平流强迫类不同,整个对流体东移为主,北上移动速度相对缓慢,对流单体形成"列车效应",而强对流单体所经之处,带来短时的雷暴大风、短时强降水。沿着岳阳所在的位置做大风产生(20:49)前的回波垂直剖面(20:40):大于65 dBZ的强回波扩展到7 km以上(图3-4c),存在明显的穹窿结构,且强反射率因子核下降到底层;大于27 m/s大风区扩展到9 km以上且出现强辐散(图3-4d)。

此类雷暴大风天气的回波特征是LS型飑线,回波向北移出湖南省。预警着眼点为下降到底层的强反射率因子核、底层的速度大值区、速度辐合线、高层纯辐散。

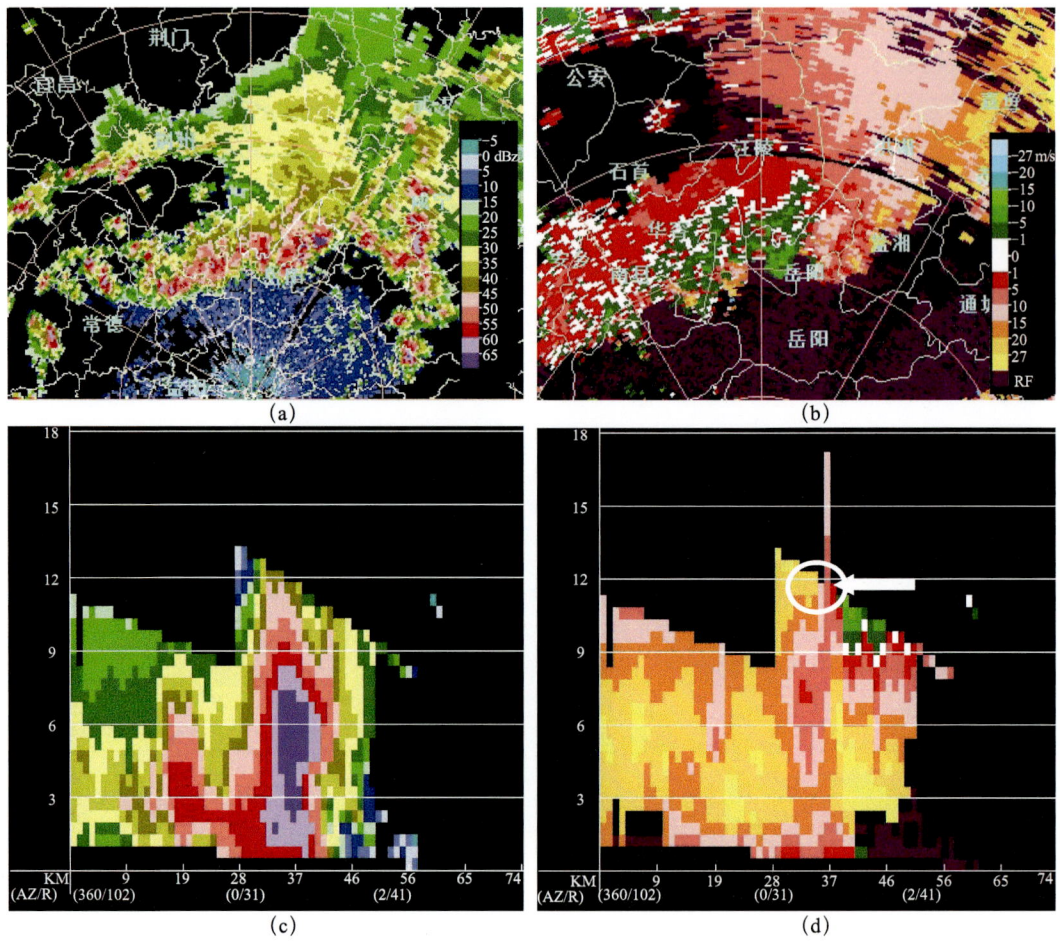

图 3-4　2015 年 4 月 3 日 22:50 长沙雷达 0.5° 仰角反射率因子图（a，单位：dBZ）和平均径向速度图（b，单位：m/s），20:40 反射率因子垂直剖面图（c，单位：dBZ）和径向速度垂直剖面图（d，单位：m/s）

3.2.2　斜压锋生类

1. 天气形势配置分析

这类过程一般出现在 5 月以前，冷空气活动明显。过程前期（图略）500 hPa 中高纬地区以经向气流为主，冷空气强；中低层西南气流加强，有时也能达到低空急流的强度，但较低层暖平流强迫类要弱得多，中低层湿度较小；过程前期地面西南倒槽发展迅速，回暖明显。T-logP 图（图略）上垂直风切变比较大，层结不稳定，有利于对流天气发生。

过程开始后（图 3-5a），500 hPa 低槽缓慢东移，东亚大槽向南发展，带动地面冷空气快速南下，中低层切变线南压，西南气流快速减弱，湿度有所增加。T-logP 图上（图 3-5b）高层有干冷空气入侵，低层湿度增加，形成"喇叭口"大风层结特征。在强冷空气的触发下，常有大范围的锋后大风出现；由于湿度较小，能形成一些局地的强对流天气，并伴有雷暴大风天气发生。随着 500 hPa 低槽东移，中低层切变南压，地面受锋后偏北风控制。强对流天气结束。此类过程的降水不明显。

第3章 强对流灾害天气的发生发展机理研究

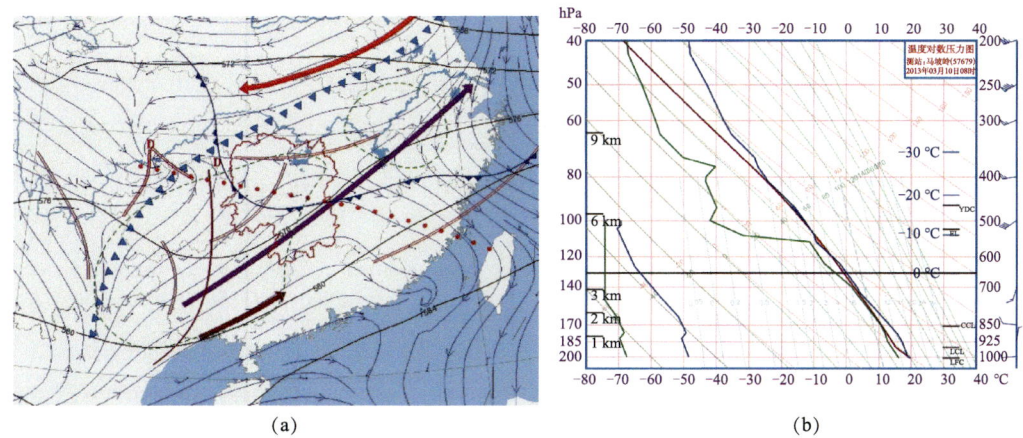

(a)　　　　　　　　　　　　　　　　　　(b)

图3-5　2013年3月10日08时综合分析图（a）及马坡岭站（57679）探空曲线图（b）

此类过程最明显的特点是中高纬度环流形势以经向环流为主，引导地面强冷空气快速南下，造成大范围的锋后大风天气，但雷暴大风局地性很强。

2. 雷达回波特征分析

此类雷暴大风和其他的类型相比，反射率因子整体偏弱（图3-6a），但出现雷暴大风之处的反射率因子中心也达到了60 dBZ，速度图特征不明显，仅体现在与强反射率因子对应有"正负相间"的速度区域（图略）出现。沿着岳阳所在的位置做大风产生（04:14）时的垂直剖面：大于55 dBZ的强回波扩展到7 km以上（图3-6b），存在明显的穹窿结构，强反射率因子核下降到底层；9 km高度有明显的辐散，底层有速度辐合（图略）。

此类雷暴大风天气过程的反射率因子特征是比较分散，成絮状，没有明显的组织性，局地性强；预警有效信息是与径向速度图上"正负相间"的速度区域伴随的强对流回波单体，此类雷暴大风天气相对其他类而言，比较难以预警。

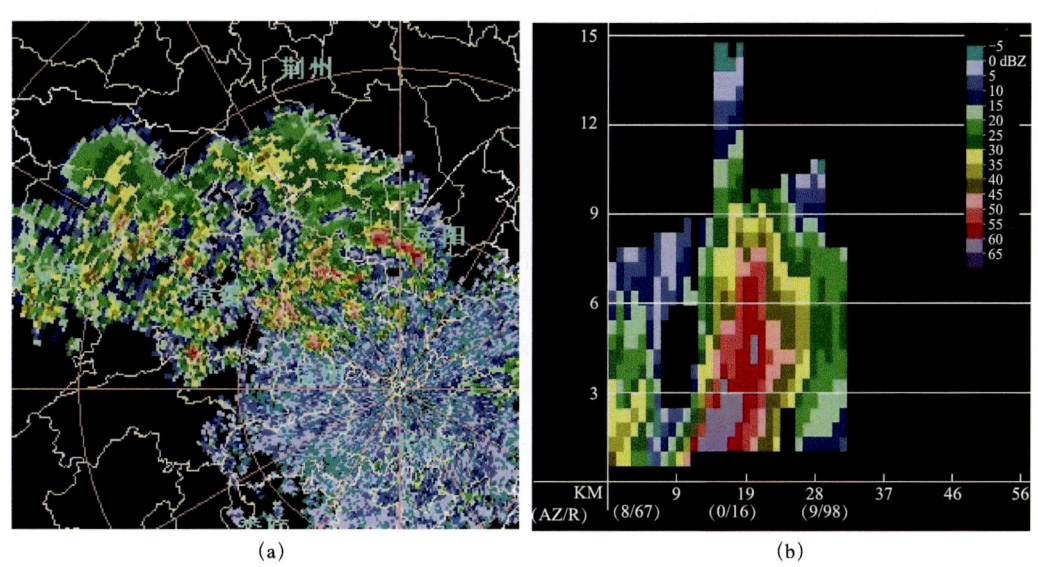

(a)　　　　　　　　　　　　　　　　　　(b)

图3-6　2013年3月10日04:14长沙雷达0.5°仰角反射率因子图（a，单位：dBZ）和反射率因子垂直剖面图（b，单位：dBZ）

3.2.3 准正压类

这类过程有两种情况：一是受副高控制，由于受热不均匀，容易形成午后对流；二是受台风外围气流影响，在台风倒槽的位置容易形成台前飑线。第一类形式比较简单，主要是副高控制，形成午后的对流，本书不作详细描述，主要针对第二类具体分析。

1. 天气形势配置分析

过程开始前（图略），台风位于东海或南海，湖南省位于台风外围云系控制。前期由于副高控制，气温很高，不稳定能量积聚。过程开始后（图3-7a），湖南受台风倒槽及西风槽的影响，850 hPa温度脊与地面辐合线重合。地面辐合线附近常有台前飑线形成，在飑线上常有雷暴大风天气发生。T-logP图上（图3-7b）不稳定能量仍很大，在强对流天气开始时，高层湿度减小，上干下湿层结形成，有利于形成雷暴大风。

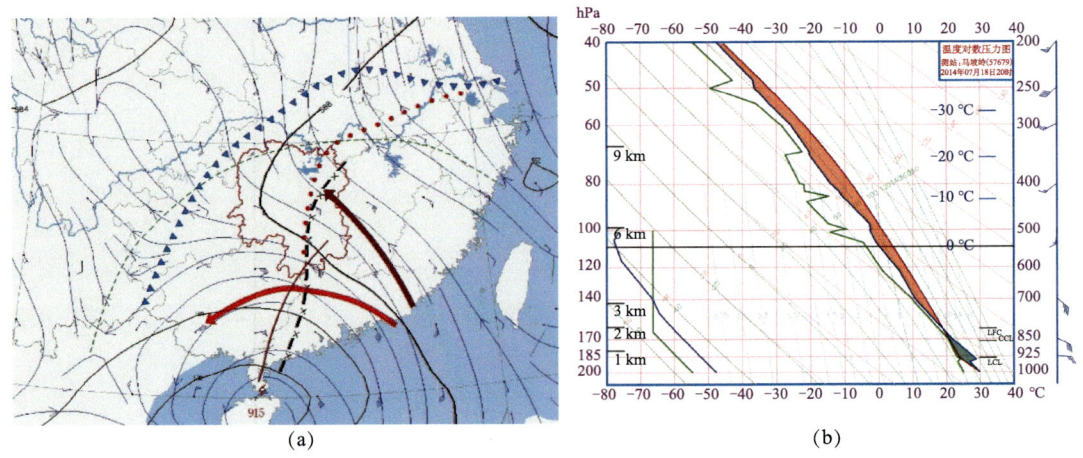

图3-7　2014年7月18日20时综合分析图（a）及马坡岭站（57679）探空曲线图（b）

随着台风的西移或向东北方向移动，湘东北位于倒槽的后部，地面辐合线消失，不稳定能量得到释放，强对流天气结束（图略）。

这类过程的特点是由受副高控制或受台风外围云系影响，为准正压大气。前期气温高、不稳定能量大，在地面辐合线的触发下，常有雷暴大风、短时强降水。

2. 雷达回波特征分析

发展初期，在湘赣中南部地区有多个分散的强风暴单体生成（图略），逐渐合并发展成东西向飑线（图3-8a），飑线内部含有多个弓形回波，飑线前沿是高反射率梯度区；速度图上（图3-8b）有明显的径向速度辐合、速度大值区及"正负相间"的速度区域。飑线发展到最强盛的阶段时有阵风锋出现，速度大值区（大于27 m/s）面积达到最大。沿着株洲所在的位置做雷暴大风产生（19:12）时的垂直剖面：虽存在穹窿结构（图3-8c），但强回波扩展仅5 km左右，且强反射率因子扩展到底层，为低质心暖性降水回波结构。12 km处有辐散（图3-8d），且底层有速度大值区、中层的径向辐合特别明显。

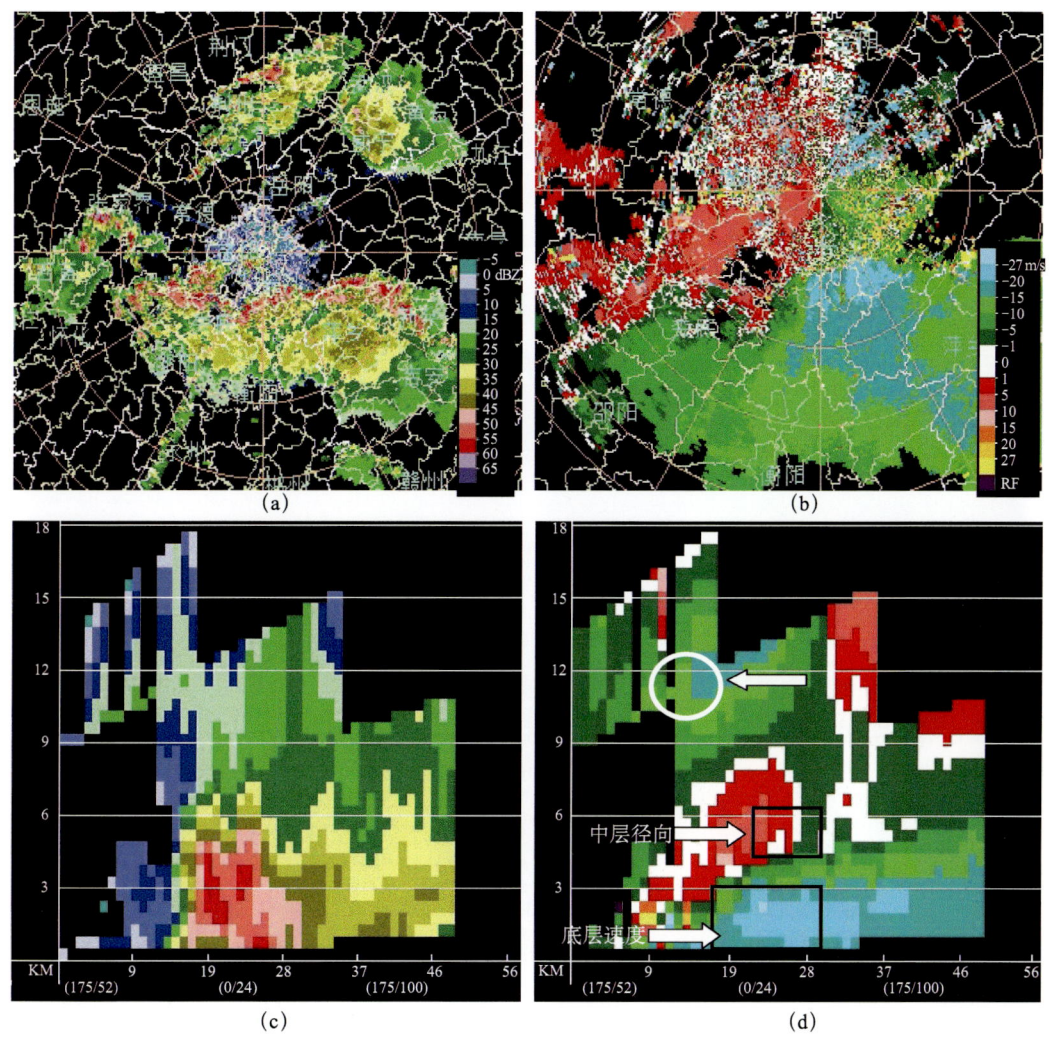

图 3-8　2014 年 7 月 18 日 18:21 长沙雷达 0.5°仰角反射率因子图（a，单位：dBZ）和平均径向速度图（b，单位：m/s），19:09 反射率因子垂直剖面图（c，单位：dBZ）和径向速度垂直剖面图（d，单位：m/s）

3.2.4　高层冷平流强迫类

这类过程属于经向环流类，在湖南出现较少，但对流最强。

1. 天气形势配置分析

过程开始前（图略）200 hPa 中高纬以经向环流为主，极涡较常年位置偏南，湖南处于高空辐散区。500 hPa 由于环流经向度不断加强，东北冷涡不断向南移动，当低涡位置越过 40°N 时，湖南由于平直气流转为冷涡后的西北气流控制，高层冷平流加强。地面前期回暖明显，不断增温增湿，700 hPa、850 hPa 均有低空急流形成。高层冷平流、低层暖平流有利于发生强对流天气。

过程开始后（图 3-9a），高层西北风不断下传，东北冷涡的位置进一步南压，对流层中高层冷平流加强。中低层切变线位置也有所南压，在切变线及地面辐合附近有飑线形成。T-logP 图上（图 3-9b）不稳定能量加大，整层的湿度有所增加。这类过程能造成十分强烈的飑线等对流天气。

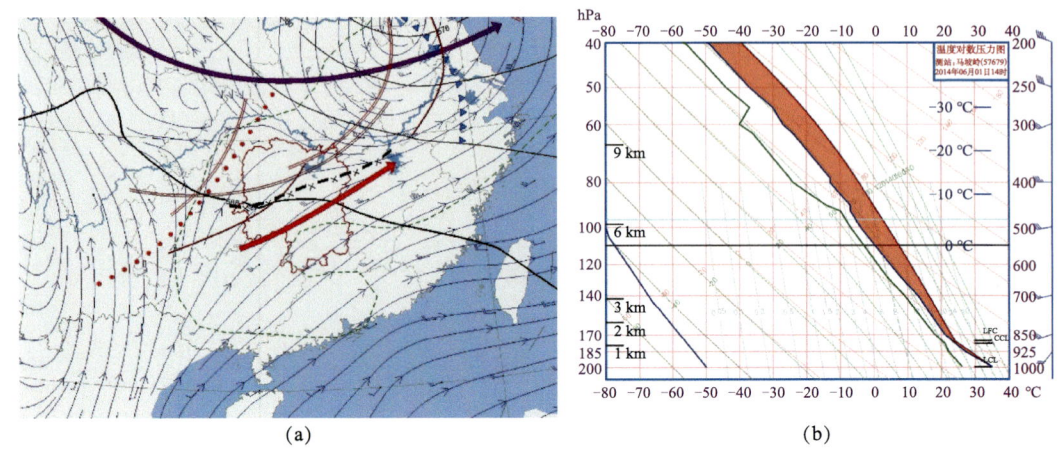

(a)　　　　　　　　　　　　　　　　(b)

图 3-9　2014 年 6 月 1 日 14 时综合分析图（a）及马坡岭站（57679）探空曲线图（b）

随着高层的冷平流不断向低层下传，中低层切变线及地面辐合线向南移动，湘东北整层均受西北气流控制，湘东北的对流性天气结束（图略）。

此类过程的特点是受到高层强冷平流作用，加之中低层暖平流强盛，有飑线形成。此类型对流最强盛，容易形成大范围的雷暴大风。此类过程在湖南较为少见，由于 500 hPa 为西北气流，预报员容易忽视而导致漏报。

2. 雷达回波分析

发展初期，在湘西南、湘东北有分散的块状强对流单体快速生成（图略），逐渐演变成东北—西南向的强对流风暴带，速度图上和强对流单体对应是速度大值区。强对流风暴带演变成强"弓形回波"，最终发展成飑线（图 3-10a），与"弓形回波"相对应的是速度辐合线（图 3-10b）。此类飑线的明显特征：飑线后侧没有出现宽广的混合性降水回波，其反射率因子梯度也非常大，零速度是反"S"形（图略）。相比其他类的而言，冷平流类回波是 4 类中最强的一类，但值得一提的是，风暴单体虽然很强，但没有中气旋的存在，最多有三维切变存在，仅维持一个体扫。沿韶山所在的位置做雷暴大风（15:27）产生时的垂直剖面：存在明显的高悬垂强回波、强反射率因子扩展到底层（图 3-10c）；底层速度辐合、高层辐散特征明显（图 3-10d）。

此类过程初始是分散的块状强对流单体，随着高层冷平流向下传，逐渐演变成飑线，是对流最强盛的类型，容易形成大范围的雷暴大风。此类雷暴大风天气预警的着眼点是速度辐合。

通过对 2013—2021 年的 22 次强对流天气过程天气形势及相应雷达回波特征对比分析，形成以下强对流天气短期、短时预报预警着眼点。

①湖南强对流天气主要分为 4 类：低层暖平流强迫类、斜压锋生类、准正压类及高层冷平流强迫类。

第3章 强对流灾害天气的发生发展机理研究

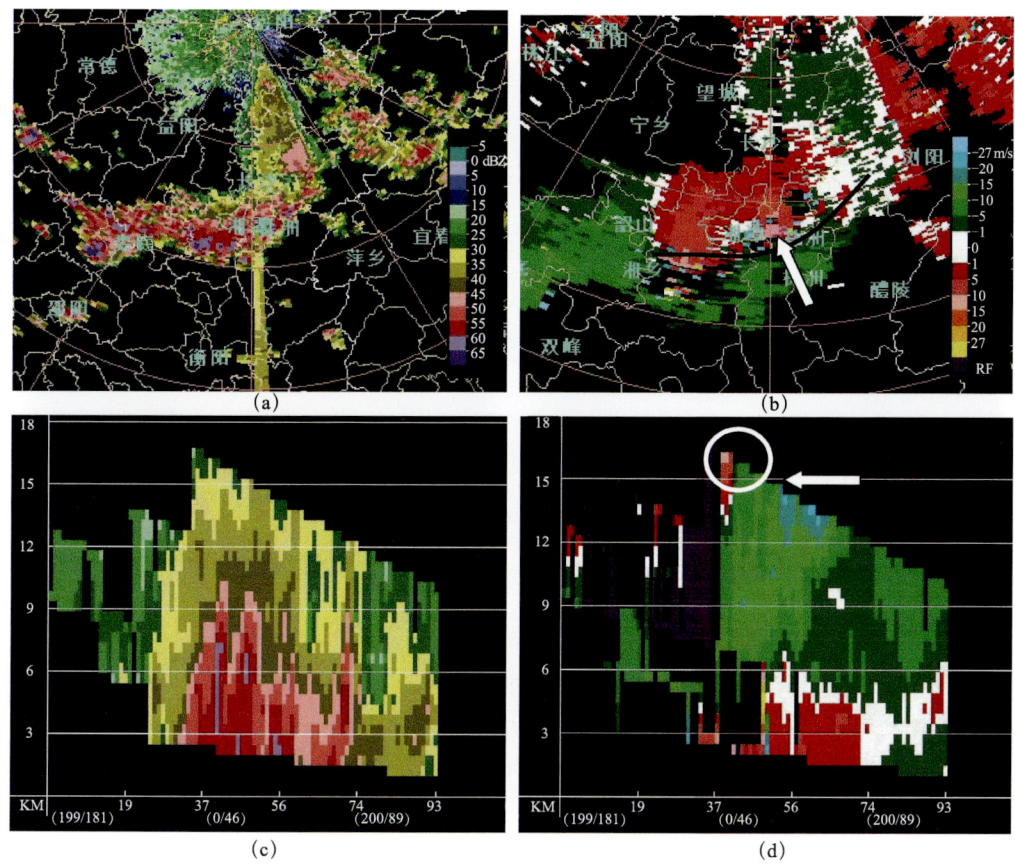

图 3-10 2014 年 6 月 1 日 16:49 岳阳雷达 0.5° 仰角反射率因子图（a，单位：dBZ）和平均径向速度图
（b，单位：m/s），15:24 反射率因子垂直剖面图（c，单位：dBZ）和径向速度垂直剖面图
（d，单位：m/s）

②各类强对流天气的天气形势特点、天气过程的演变及对流天气的强弱有显著差异。低层暖平流强迫类及准正压类中高纬 500 hPa 为平直气流类，而另两类为经向环流类。

③从雷达回波移动来看，除暖平流强迫类和台前飑线类向东北或西北方向移动外，其他各类回波单体向东北方向移动，但回波整体向东南方向移动；暖平流强迫、台前飑线及高层冷平流强迫类容易形成有组织的飑线，对流旺盛，而其他类以局地对流为主。就反射率因子强度整体平均值而言，高层冷平流强迫类最强，而斜压锋生类最弱。

④强反射率因子核扩展到底层、径向速度辐合带、低层的速度大值区，与强反射率因子相伴的速度大值区，是雷暴大风天气的预警着眼点，而对流发展初期"正负相间"的速度区域的存在预示着对流会进一步发展。雷暴大风天气的预警不仅只关注反射率因子及其演变趋势，更要重点关注速度特征。

⑤低层暖平流强迫类的特点是中低层西南急流十分强盛，500 hPa 以平直气流为主。容易形成飑线；暖平流强迫类由于不稳定能量较大，容易形成 LS 型飑线；中间类由于中低层湿度大，切变线移动缓慢，以混合降水回波为主，雷暴大风以局地性为主。

⑥斜压锋生类过程最明显的特点是江南、华南前期回暖明显，之后有地面强冷空气大

举南下影响我国长江以南地区。此类过程容易形成锋后偏北大风，雷暴大风局地性强。此类雷暴大风天气过程的反射率因子特征是比较分散，呈絮状，没有明显的组织性，局地的强回波单体引发雷暴大风；预警有效信息是与径向速度"正负相间"的速度区域伴随的强对流回波单体。

⑦准正压类受副高控制或受台风外围影响，为准正压大气。前期气温高、不稳定能量大，在地面辐合线的触发下，常有强对流天气发生，并伴有雷雨天气。此类强对流天气分为两类：一类是副高控制类的反射率因子回波特征是分散块状对流回波；另一类是台前飑线类的回波特征为有组织的飑线。台前飑线类预警的着眼点为速度大值区和速度辐合线。

⑧高层冷平流强迫类由于受到高层强冷平流作用，加之中低层暖平流很强，在湖南易产生以飑线为主的强对流天气。回波特征有飑线生成，是对流最强盛的类型，容易形成大范围的雷暴大风。此类雷暴大风天气预警的着眼点为速度辐合线。

3.2.5　中尺度概念模型建立及分类强对流物理量指标的提取

1. 中尺度概念模型的建立

低层暖平流强迫类（图 3-11a）发生在 700 hPa 以下强烈发展的暖湿平流中（700 hPa、850 hPa 有急流，925 hPa 有显著气流）。天气形势如下：湖南处于高空槽前，并且温度槽常超前高度槽；925～700 hPa 至少一层存在切变线，且切变线南侧各层均为强盛西南暖湿气流；850 hPa 有暖脊；700 hPa 等温线和风向有一定的夹角；地面一般伴有倒槽强烈发展且对流发生前就有辐合线。强对流区域一般位于低空急流交汇区的地面辐合线附近。低层暖平流强迫类背景下出现的强对流主要为雷暴大风、短时强降水、冰雹天气。

斜压锋生类（图 3-11b）发生在中低层冷暖空气强烈交汇下，地面有明显的冷锋，表现为高空干冷平流和低空暖湿平流都很强烈。天气形势如下：500 hPa 低槽经向度较大，槽后有明显的冷平流，低槽东移引导地面冷空气南下，并且低槽带动中低层切变线东移南压；850 hPa 温度梯度大，锋区明显；切变线南侧为强盛西南暖湿急流；地面有明显的冷锋。斜压锋生类背景下出现的强对流主要为雷暴大风、短时强降水、冰雹等天气，以雷暴大风天气最多，短时强降水次之。

高空冷平流类（图 3-11c）发生在垂直方向上有明显的温度差动平流。天气形势如下：湖南处于 500 hPa 槽后偏北气流下，等温线和 500 hPa 急流有一定的夹角；700 hPa 以上干层；低层 850 hPa 为显著西南气流，且存在暖脊，500 hPa 槽后冷平流叠加在 850 hPa 暖脊上；925 hPa 有显著西南气流或弱的偏北风或偏南风；整层湿舌浅薄。高空冷平流类产生的强对流天气类型以冰雹、雷暴大风为主，可伴有少量短时强降水。

准正压类（图 3-11d）发生在大气斜压性弱的季节。天气形势如下：湖南大部分地区受副高控制或者位于副高边缘 100 km 范围以内，强对流发生区域的北面有西风带短波槽东移且高空有冷温度槽（−4 ℃）移入副高边缘的低层暖脊上方；700 hPa 或 850 hPa 有干线，且 925～850 hPa 有暖脊；地面强天气发生前有地面辐合线。准正压类的强对流天气以雷暴大风、短时强降水为主，强对流主要发生在 6—9 月副高边缘地区。

对湖南而言，低层暖平流强迫类和斜压锋生类更易导致中小尺度线状对流系统（如飑线）的发生，而高空冷平流类次之，准正压类概率最低。低层暖平流强迫类和斜压锋生类背景下产生的中小尺度线状对流一旦组织化为飑线后，飑线系统内部均会伴随超级单体风暴。而高空冷平流强迫类和准正压类相对而言不易组织化成飑线，此类背景下产生的超级单体风暴比较孤立，究其原因，很有可能是因为低层暖平流强迫类和斜压锋生类的中低层暖湿条件更好，飑线更易组织化。

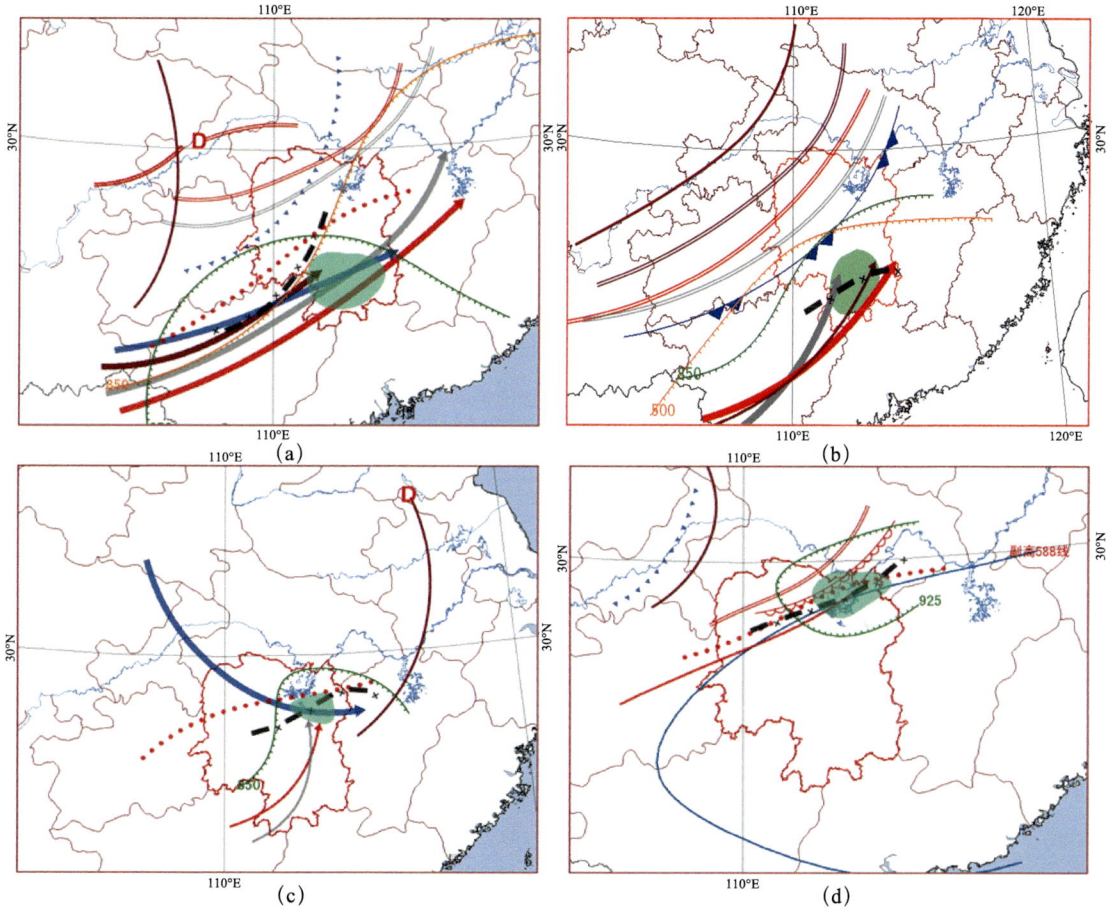

图 3-11　中尺度概念模型的建立
低层暖平流强迫类（a）；斜压锋生类（b）；高空冷平流类（c）；准正压类（d）

2. 分类强对流物理量指标的提取

采取时间空间上临近原则，对强天气发生前的探空实况资料进行统计，提炼了强冰雹、雷暴大风、短时强降水这 3 类强对流天气的对流物理量阈值：短时强降水的抬升凝结高度、自由对流高度及 1.5 km 温度露点差明显低于其他两类强对流天气，且 1.5 km 露点最大，很显然短时强降水发生对水汽条件要求更高；雷暴大风天气 T850-500、T700-500 及垂直风切变条件比其他两类更大；对于强冰雹而言，−20 ℃ 层高度和 0 ℃ 层高度差大于其他两类天气，这是因为该高度差值大，有利于冰雹在空中不断碰并增长，见表 3-2。

表 3-2 各种类型强对流天气的对流物理量阈值

强对流类型	0 ℃层 /km	−20 ℃层 /km	LCL /km	LFC /km	△T75 /℃	△T85 /℃	Shear /($10^{-3} \cdot s^{-1}$)	Td1.5 /℃	T-Td1.5 /℃
强冰雹	4.3	7.0	1.3	2.6	18.7	29.0	3.0	10.9	7.8
雷暴大风	4.0	6.8	1.3	2.5	18.3	30.5	3.3	7.3	11.3
短时强降水	5.0	8.5	0.60	1.4	15	23.7	2.0	16.6	2.5
共存	4.5	7.6	0.72	1.8	16.8	27.0	2.9	14.2	5.2

3.3 超级单体风暴研究

3.3.1 超级单体风暴发生的环境物理量及差异分析

依据探空应该遵循临（邻）近原则：时间上一般不超过超级单体风暴发生前（或成熟阶段）的 3 h；空间上与超级单体风暴影响的区域的距离小于 100~150 km，对超级单体风暴发生前（或成熟阶段）的探空曲线（含 NCEP 处理的 02 时的模式探空资料）进行分析：经典型超级单体的 CAPE 和 DCAPE 值明显高于强降水型超级单体，SI 指数均小于 0，但经典型超级单体明显偏低，K 指数经典型超级单体比强降水型超级单体略偏低；更偏强的对流有效位能和下沉有效位易导致大的冰雹和强的雷暴大风天气；无论是低层（0~3 km）的垂直风切变还是中层的垂直风切变（0~6 km）经典型都高于强降水型，对比而言，弱的垂直风切变表示弱的环境气流，风暴则移动相对缓慢，在这种情形下，更容易导致强降水的发生。而相对强的垂直风切变环境中，上升气流和下沉气流能够得以长时间共存，更有利于庞大的雷暴云的发展，有利于风雹的发生。SRH（风暴相对螺旋度）强降水型比经典型明显偏低；都有一定的 CIN（抑制对流有效位能），但经典型略偏大，见表 3-3。

表 3-3 经典型和强降水型超级单体风暴物理量对比分析

对流指数	强降水型	经典型
CAPE（J/kg）	4—5 月：≥500	4—5 月：≥1000
	6—9 月：≥700	6—9 月：≥1500
DCAPE（J/kg）	≤200	≥500
Shear（0~6 km）(m/s)	6~12	≥18
Shear（0~3 km）(m/s)	3~6	≥15
SRH（m^2/s^2）	≤2.0	≥20
CIN（J/kg）	≤80	80~100
SI（℃）	低于 0	≤−3
K（℃）	≥35	30~34

3.3.2 不同类型超级单体风暴的雷达回波及预警差异分析

经典型和强降水型超级单体风暴雷达回波特征表现出一定的差异：强降水型维持时间偏短；移动速度明显偏慢；最强反射率因子特征值偏弱；且强回波（大于50 dBZ）扩展的高度明显低于经典型扩展的高度，这种差异导致强降水型降水效率更高。VIL、TOP也偏弱，见表3-4。

表3-4 经典型和强降水型超级单体风暴雷达回波特征对比分析

雷达回波特征	强降水型	经典型
中气旋维持时间（体扫）	≥4	≥6
移动速度（km/h）	40～50	≥50
强回波的强度（dBZ）	偏弱，<55	偏强，≥60
强回波扩展的高度	0 ℃层～-10 ℃层	扩展到-30 ℃层高度以上
VIL（kg/m^2）	20～40	≥55（备注：永州雷达由于遮挡等原因，偏弱15）
TOP（km）	8～12	≥12

在数据分析中，以维持时间最长的中气旋作为研究对象，对其对应的反射率因子及所在高度进行分析，经典型超级单体强回波伸展的高度明显高于强降水型。强降水型50 dBZ强反射率因子值在0 ℃层高度附近，而经典型50 dBZ反射率因子值扩展高度远高于0 ℃层高度，且>60 dBZ的反射率因子扩展的高度也扩展到-20 ℃层高度上，见图3-12。

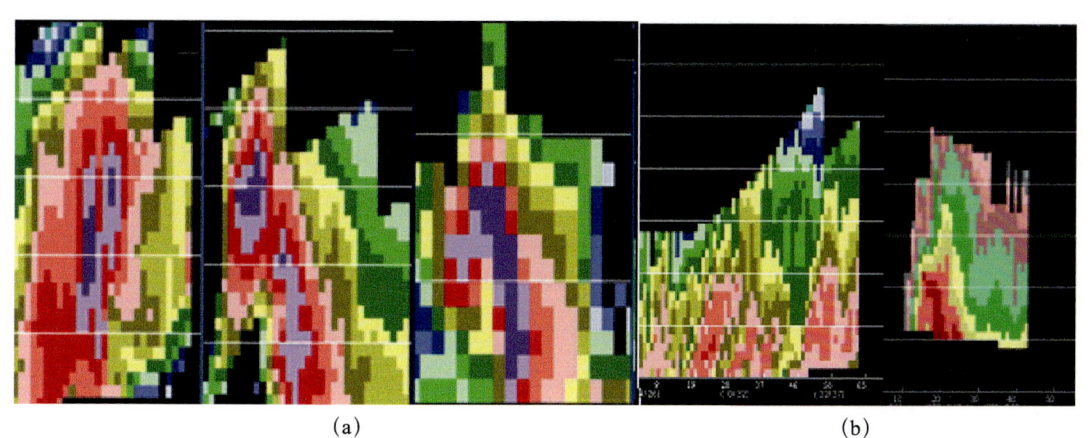

图3-12 经典型超级单体垂直剖面图（a）强降水型超级单体垂直剖面图（b）

以持续时间最长的中气旋作为研究对象，发现切变值和转动速度，强降水型超级单体明显低于经典型超级单体：强降水型的切变值最小为6×10^{-3}/s，最强仅11×10^{-3}/s，而经典型切变值大于9×10^{-3}/s，最强达到了16×10^{-3}/s，强降水型转动速度最小值为11 m/s，最大值15 m/s，经典型最大转动速度最大值达22 m/s，最小值为17 m/s，见图3-13。

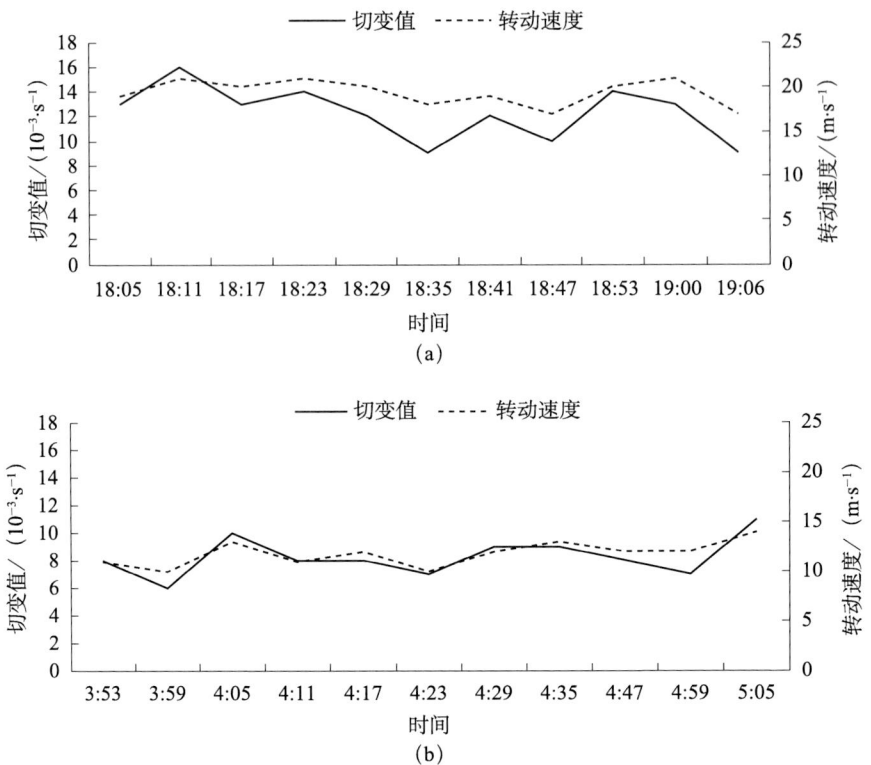

图3-13 （a）2020年3月21日过程（经典型超级单体）中气旋L0特征分析；（b）2016年5月4日过程（强降水型超级单体）中气旋Y8特征分析

强冰雹短临预警着眼点：最大反射率因子超过45 dBZ且质心高度高于0 ℃层高度达2.9 km以上；VIL变幅超过10 kg/m², 且最强VIL需超过40 kg/m²；中气旋质心高度超过2.5 km且维持时间超过1.5 h。

雷暴大风短临预警着眼点：低仰角出现速度大值区超过20 m/s；在3～7 km高度出现中层径向辐合；若是伴随弓形回波，则弓形回波前沿5 km范围内反射率因子梯度超过30 dBZ；回波坍塌，1个体扫质心高度明显下降；风暴单体移动速度超过60 km/h。

短时暴雨（小时降雨量≥50 mm）短临预警着眼点：受40～50 dBZ较强回波影响长达1 h以上；受50～65 dBZ强回波影响长达0.5 h以上。

对于经典型超级单体风暴而言，冰雹、雷暴大风强对流天气出现时在中气旋特征上表现为中气旋顶高开始下降，最强切变中心也随之下降。强冰雹中气旋平均切变最大，雷暴大风次之，短时暴雨最弱，见表3-5。

表3-5 预报预警指标的提炼

强对流的种类	预警指标
强冰雹	dBZM≥45 且 H_{45dBZ}≥H_0+2.9 km； ΔVIL≥10 kg/m² 且 VIL≥40 kg/m²； H_M>2.5 km 或 M 维持时间>1.5 h； 中气旋平均切变≥11.0×10^{-3}/s

续表

强对流的种类	预警指标
雷暴大风	$V_{0.5°仰角} \geq 20$ m/s; $\Delta V_{3 km \sim 7 km} \geq 25$ m/s; 弓形回波前沿 5 km$_{\Delta dBZ} \geq 30$ dBZ（dBZmax≥ 50）; 1 个体扫 ΔHGT 下降≥ 0.7 km，10 个体扫下降 ΔHGT≥ 6 km; 连续 4 个体扫 MV$_{风暴单体} \geq 60$ km/h; 中气旋平均切变$\geq 9.0 \times 10^{-3}$/s
短时暴雨 （>50 mm/h）	连续 5 个体扫 50 dBZ$\leq$dBZM≤ 65 dBZ; 连续 10 个体扫 40 dBZ$\leq$dBZM≤ 50 dBZ; 中气旋 5.0×10^{-3}/s$\leq$平均切变$\leq 7.0 \times 10^{-3}$/s

3.3.3 超级单体风暴典型个例研究

3.3.3.1 经典型超级单体风暴

1. 2015 年 6 月 1 日（低层暖平流强迫类）

（1）强对流实况

2015 年 6 月 1 日监利遭受了雷暴大风，"东方之星"客轮遭受极端大风后发生侧翻，导致 442 人遇难，失事地点位于长江中游大马洲航道 301 km 处，根据多家单位实地考察并多次讨论，最后确定该客轮因 21:32 受到极端大风发生侧翻，此外，监利县东南方向靠近长江边的尺八自动气象站（距出事点约 35 km）最大瞬时风速 16.4 m/s，21:00—22:00 监利站雨量 64.9 mm，在沉船事故发生江段有数棵树呈现垂直方向吹倒，疑似有龙卷风痕迹。

（2）大尺度天气系统分析

2015 年 6 月 1 日 20 时，588 hPa 西伸脊点位于（16.1°N、95.6°E）位置，湖南、江西北部位于副热带高压 584 hPa 边缘，700 hPa、850 hPa、925 hPa 急流轴延伸到湘东北，850 hPa、925 hPa 切变线和 500 hPa 的南支槽在湘东北几乎重合；湘东北和鄂东南地区 T（850 hPa–500 hPa）≥ 22 ℃，处于热力不稳定条件下；不稳定能量的大值区虽位于湖南、江西中部，但湖北南部和湖北北部也存在一定的不稳定能量（≥ 800 J/kg），21 时，西北气流、西南气流、东南气流在湘鄂边界交汇形成了中尺度涡旋，6 月 1 日 08 时—2 日 08 时湘鄂地区出现了东北－西南向的暴雨带，其中鄂东南、湘西北边界就出现了 3 个站大暴雨。本次过程发生在江淮梅雨期暴雨的天气背景下，高空处在槽前，受深厚西南风控制，低空暖湿急流活跃，而地面中尺度涡旋为强对流的产生提供了触发机制，见图 3-14。

（3）探空资料分析

选取离事发地点最近且 20:00 尚未受强对流影响的下游地区武汉探空站，对其大气

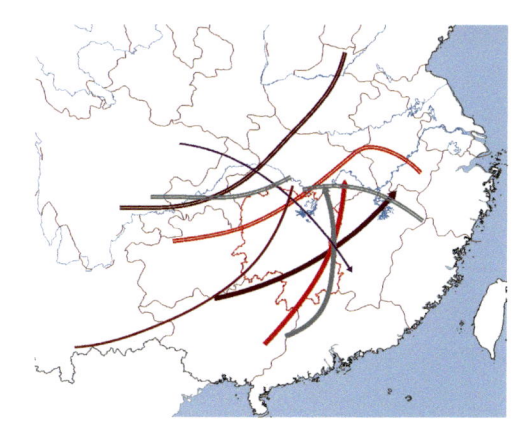

图 3-14　2015 年 6 月 1 日 20 时的天气系统分析

对流参数做分析：20 时和 08 时相比，θse（800～500 hPa）增加了 4.42 ℃，CAPE 增加了 569.6 J/kg，CIN 降低了 94.8 J/kg，SI 由 08 时的大于 0 转为小于 0，SRH、SSI、VV 也是明显增加，而 08 时的 CIN 甚至超过了 CAPE，可见相比 08 时而言，20 时对流不稳定性明显增加。20 时，低层到中层：925 hPa 东南风（7 m/s）转为 500 hPa 西南风（13 m/s），风矢量差为 7 m/s，底层的风矢量差（925～850 hPa）为 11.86 m/s，从岳阳雷达 VWP 资料可以看出，21:03—21:32，1 km 以内有较强的垂直风切变。抬升凝结高度均低于 1 km，底层强的垂直风切变和偏低的抬升凝结高度有利于龙卷的产生。此外，20 时，600 hPa 到 500 hPa 有一个明显的干层存在，DCAPE 达到了 240.42 J/kg，见图 3-15 和表 3-6。

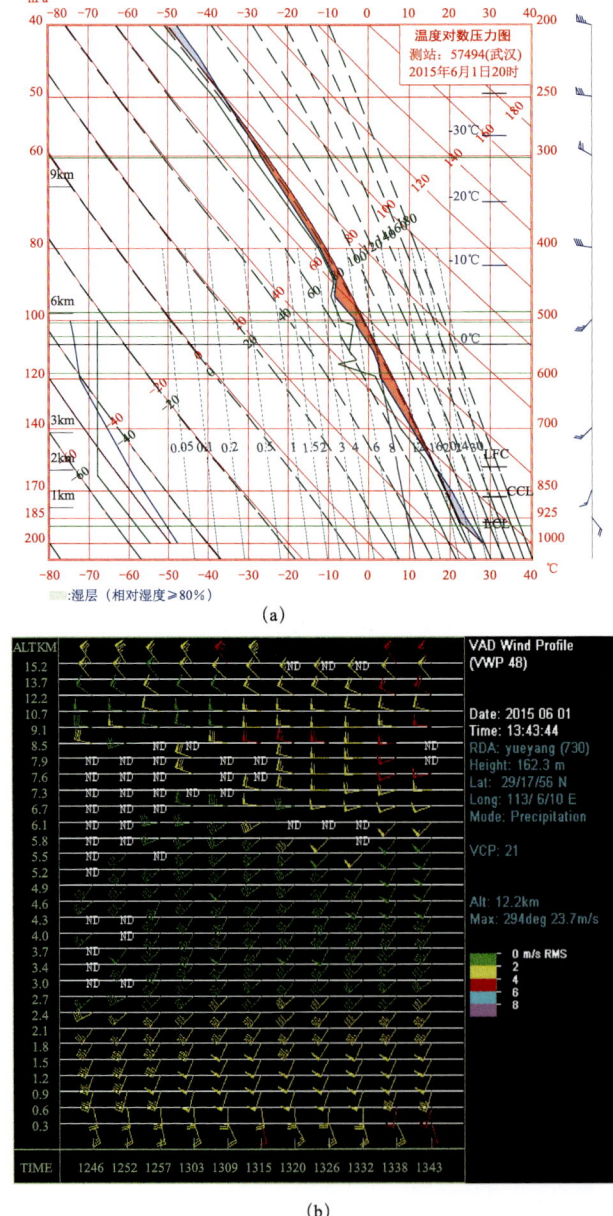

图 3-15　2015 年 6 月 1 日 20 时武汉探空曲线分析（a），2015 年 6 月 1 日 20:46—21:43 VWP 图（b）

表 3-6 2015 年 6 月 1 日武汉探空曲线的大气对流参数

时间	K	θse(800-500) hPa	SI	CAPE^{-1}	CIN	LCL-P	0～1 km shear	0～3 km shear
20:00	38	9.18	-1.37	581	80.5	937	5.5	10.8
08:00	35	4.76	2.08	11.4	175.3	948	5.1	6.5

（4）雷达回波分析

①反射率因子演变分析

2015 年 6 月 1 日 19:00，在岳阳雷达站的西北面已有中等强度的降水回波发展，回波的西南面不断有回波单体生成。20:00，大于 45 dBZ 对流单体成西南—东北向排列镶嵌在回波中，发展成多单体线风暴，东移为主，强回波带的西北侧有弱回波区，表明有干冷空气沿着弱回波通道侵入。随着降水回波的整体东移，因移动速度不同，成片的降水回波分裂两段，东南段回波区演变成长 300 km 东北—西南向带状回波。21:00，多单体线风暴开始移入监利，在影响监利的过程中，线风暴中大于 45 dBZ 的强回波演变成弓形回波，极端大风正是弓状回波造成的，其最强反射率因子 53 dBZ 左右。22:00 和前 1 h 相比，对流回波带仅缓慢东移了不到 10 km/h 的距离，见图 3-16。

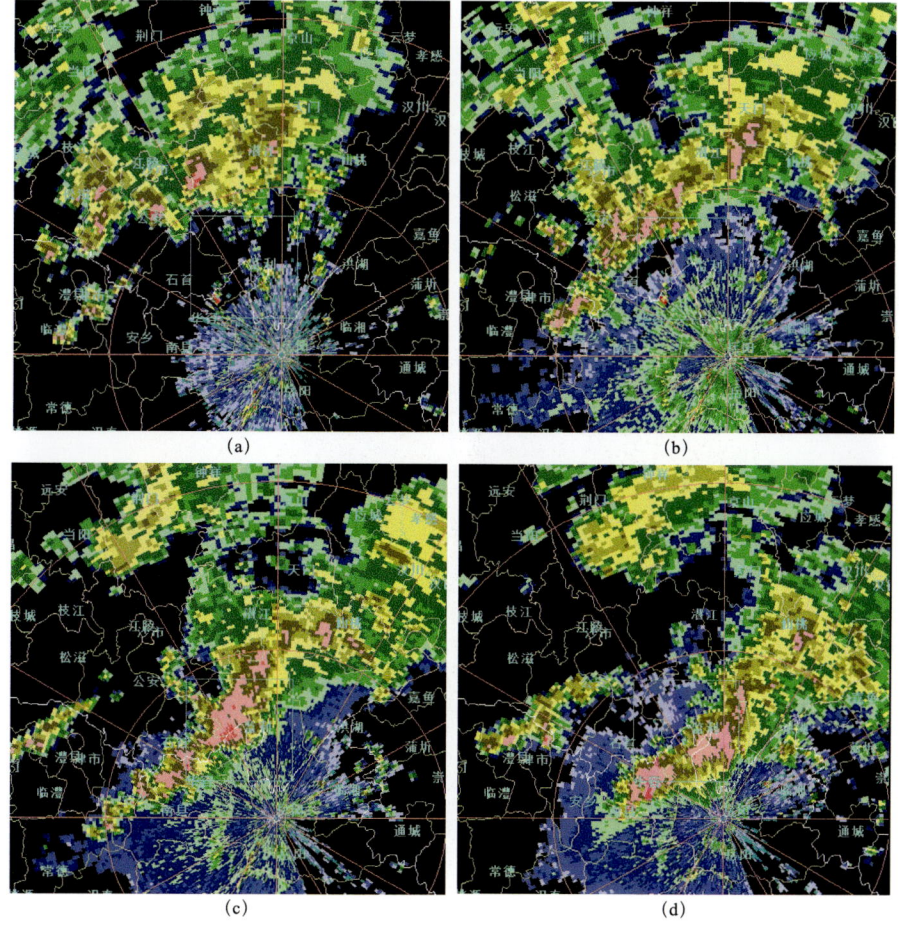

图 3-16 2015 年 6 月 1 日 0.5° 仰角反射率因子图（a：19:00；b：20:00；c：21:00；d：22:00）

②径向速度演变分析

19:00 的 0.5° 仰角上就已出现了速度大值区、"逆风区"等特征（图略），2.4° 仰角上有速度辐合线。20:00，0.5° 仰角出现了 3 个中气旋，恰好与反射率因子图上成西南-东北向排列的对流单体对应（图略），2.4° 仰角上中气旋位于速度辐合线上。和地面加密观测资料对比分析发现，回波带与地面冷锋位置对应，回波带后部为西偏北风，前部为东南风，形成强烈的切变，有利于回波带上多处出现中气旋。21:00，0.5° 仰角上，西南-东北向速度辐合线压至监利，该辐合线带动气旋东移缓慢南压。22:00，西南东北向的速度辐合线逐渐演变成 25 km² 的正负速度相间的"逆风区"，"逆风区"内仍有中气旋存在。19:00—22:00 三小时内，速度图上频繁出现中气旋，特别是 20:52、21:09、21:20 这 3 个体扫不到 20 km 径向距离有 3 个中气旋集中发展，可见多单体线风暴回波带上涡旋气流发展旺盛，见图 3-17。

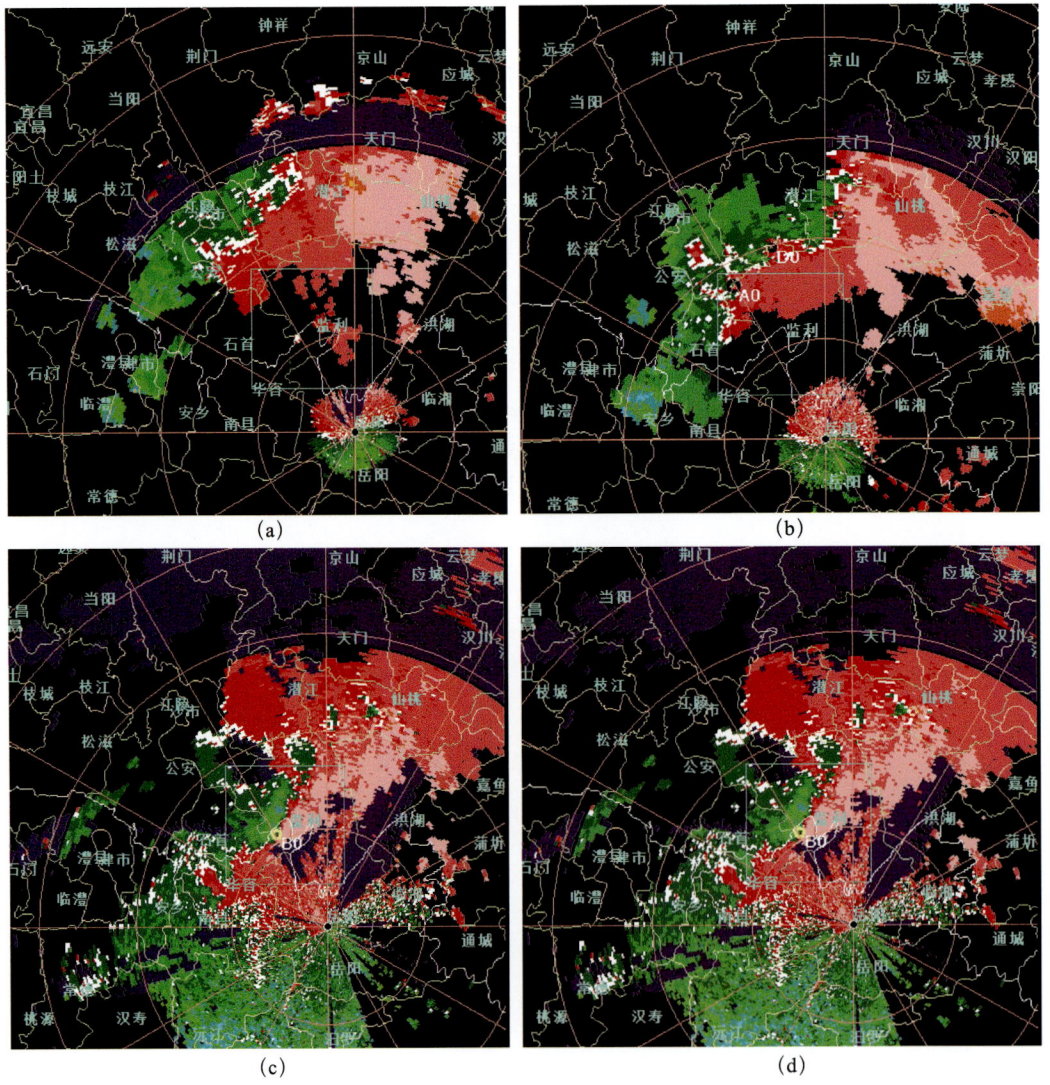

图 3-17　2015 年 6 月 1 日径向速度图（a：19:00，2.4°；b：20:00，2.4°；c：21:00，0.5°；d：22:00，0.5°）

（5）超级单体风暴 B0 分析

①风暴 B0 属性演变分析

21:00 移入监利境内的多单体线性对流回波带上一共有 4 个对流单体风暴（B0、Q4、H2、F0，编号随机产生，无具体意义），仔细分析后和沉船事故息息相关的是风暴单体 B0，其 19:20 就已经被"识别"，21:32 风暴单体 B0 有所减弱被合并到其他风暴单体里去，给出了 SCIT 算法识别出 B0 的 dBZM（最大反射率因子值）、VIL（单体的垂直液态水含量）、MV（移动速度）、TOP（大于 30 dBZ 反射率因子的顶高）、dBZM hT（最大反射率因子高度）、CENT hT（质心高度）的演变，分析出以下特征：dBZM 强度最大达到 56 dBZ，平均值为 53 dBZ，低于一般的强单体风暴；风暴单体 B0 生成后 VIL、MV、TOP 的各项指标快速增加并在极端大风产生前已达到最大。风暴单体 B0 从 20:52 开始，连续 8 个体扫出现了中气旋，可见，其在此时已经演变成超级单体风暴，对此阶段（20:52—21:32）各项指标进行分析发现，在极端大风产生前，VIL（绿色线）持续下降，MV（褐色线）持续增加，大于 30 dBZ 反射率因子的顶高（蓝色线）在超级单体风暴的前期虽有下降，但在极端大风产生前 20 min 持续增加。

另从风暴 TOP-BASE（风暴顶高-风暴底高）、dBZM hT、CENT hT 趋势演变图看出：单体 B0 底从 4.8 km 下降到 1 km（黑色竖线），连续 3 个体扫（21:08—21:20），底的高度下降到 1 km；在极端大风产生前单体 B0 质心高度（紫色线）下降，风暴质心高度的快速下降可激发风暴内中层下沉气流的加速，则意味着大风的增强。不过值得注意的是，极端大风（21:32）产生在反射率因子质心高度迅速增高阶段，6 min 内从 2.5 km 上升到 5 km 以上，风暴底的高度从 1 km 也上升到 5 km 以上，见图 3-18。

②极端大风产生原因分析

21:00 多单体线风暴移入监利，在影响监利的过程中，线风暴中大于 45 dBZ 的强回波演变成弓形回波，选取极端大风产生前 1 个体扫（21:26）的弓形回波进行分析，有以下

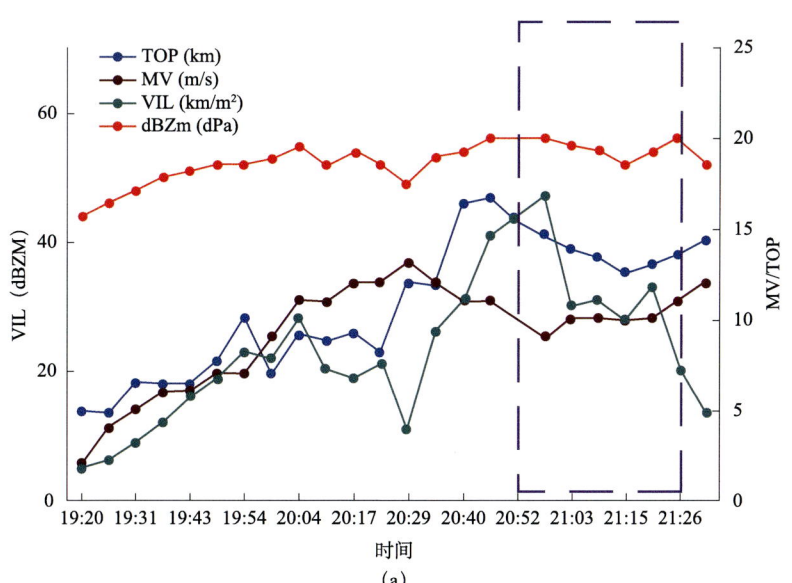

(a)

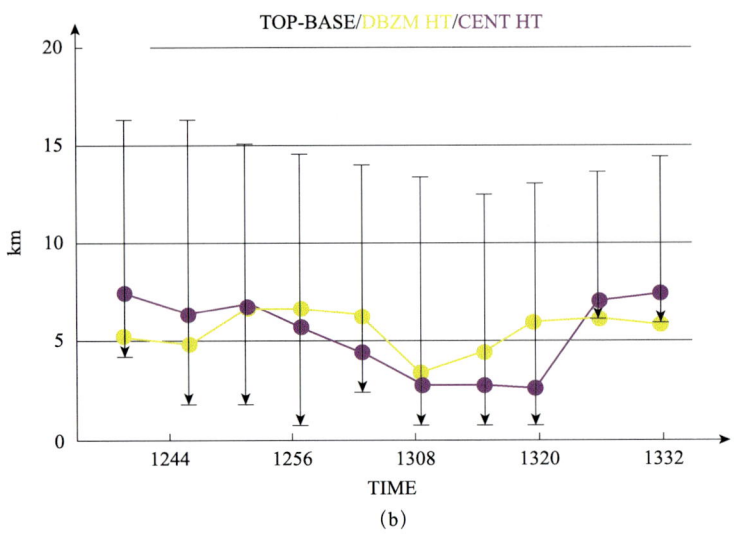

(b)

图 3-18 2015 年 6 月 1 日风暴单体 B0 的属性演变图（a：红色线表示 dBZM，绿色线表示 VIL，蓝色线表示 TOP，褐色线表示 MV，竖线表示风暴的底和顶的高度，紫色方框的时间段为超级单体风暴阶段，b：紫色线表示 dBZM hT，黄色线表示 CENT hT）

特点（图 3-19）：弓形回波前沿存在明显的反射率因子梯度区，入流一侧存在 WER，回波顶位于 WER 之上（图略）；弓形回波后侧存在弱回波通道——后侧入流缺口宽大，在 9.9° 仰角 9.4 km 高度对应有超过 27 m/s 的入流急流，该后侧入流急流向下沉气流提供干燥的和高能量的空气，通过垂直动量交换和增加的雨水增发，增强了地面附近出流的强度；0.5° 径向速度图上弓形回波前凸处有中气旋（黑箭头所指处）和 17 m/s 速度大值区（白色箭头所指处，0.8 km 高度）存在，SRM 产品显示该速度大值区达到了 24 m/s。21:32（图略），0.5° 径向速度图上白色箭头所指的速度大值区较前一个体扫（21:26）范围减小，减小后的速度大值区仍停留上个体扫所在的位置，高空入流急流仍然存在，仔细核对沉船事故产生的地点（29.76°N，112.92°E），可以确定极端大风是由该速度大值区产生的，由

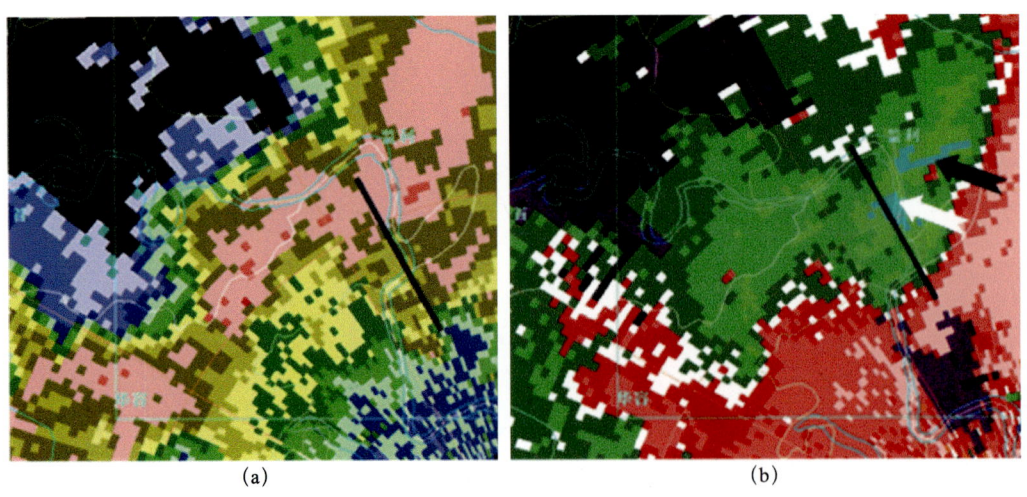

(a)　　　　　　　　　　　　　　(b)

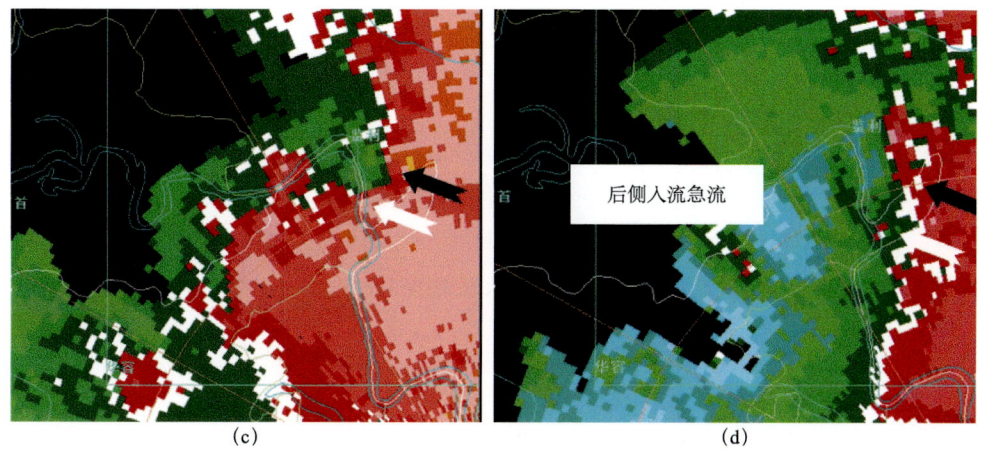

图 3-19　2015 年 6 月 1 日 21:26 回波特征分析（a：0.5° 反射率因子，b：0.5° 径向速度，
c：2.4° 径向速度，d：9.9° 径向速度）

于该速度大值区的存在，加上系统的移动性，导致了强辐散。如图 3-20 所示，沿着 21:26 的速度大值区做径向（黑线所示）剖面发现 10 km 高度以上有强辐散、底层速度大值区（红色圆圈）、中层有径向辐合（紫色方框）。沿着速度大值区径向的垂直方向做剖面，沉船事故产生地点的东北侧 2～3 km 高度和 9 km 高度有气旋式（紫色圆圈），该旋转是由图中黑箭头所指的中气旋 B0 产生的，而此时中气旋 B0 相比前期强度减弱、底部明显升高，达到了 1.6 km。沿着 21:32 对应的速度大值区做剖面，高层强辐散、底层速度大值区、中层径向辐合特征仍然存在，前一个体扫的中气旋 B0（黑色箭头所示）中气旋特征明显减弱。因此从地点、强度上基本可以排除其导致沉船事故极端大风产生的可能。

图 3-20 给出了超级单体 B0 的反射率因子垂直结构演变（剖面点经过弓形回波的头部），其中 21:03 时单体刚移入监利，大于 40 dBZ 的强回波顶高而言，21:03—21:15，高度有所升高，21:15—21:20，高度几乎不变，21:20—21:32，高度明显下降。此外，21:15—21:32，大于 50 dBZ 的反射率因子核有明显的下降，由原来的 5.0 km 降到了 1.0 km 高度，强反射率因子核的下降并伴有中层的径向辐合的产生，意味着下击暴流的即将产生。

风暴单体的中气旋 B0 在 21:20 达到最强，此后旋转速度下降，底部、顶部均向上扩展，快速减弱为弱中气旋，极端大风产生（21:28）在中气旋衰减时刻，中气旋和速度大值区相隔不超过 4 km 距离，且速度大值区位于中气旋前进方向的右前方，初步推断很有可能是因为中气旋处于减弱阶段，上升运动减弱，无法维持大的承载物粒子，承载物的粒子突然下沉，而导致下沉气流的增强，形成了微下击暴流。据幸存者反映，船倾覆时暴雨如注，因此，这次微下击暴流也是湿下击暴流。

（6）极端大风预警着眼点分析

20:40，0.5° 仰角上出现了明显的径向速度辐合线和速度大值区（≥17 m/s）（图略），图 3-21 给出了 20:46—21:26 0.5° 仰角速度图演变，速度大值区出现在速度辐合线的前沿，移动速度相当缓慢，随着系统的东移南压，21:09 该速度大值区对应的高度为 1 km，21:20，该速度大值区发生了分裂，其中北面的于 21:26 演变成类似于距离库到距离库的正负速度对 TVS，但是强度远没达到 TVS 标准，而南面的速度大值区导致了极端大风的产生。速度辐合线带动速度大值区东移南压是本次监利大风的最重要的预警特征之一。

本次监利大风过程的反射率因子相比以往研究的大风天气而言，反射率因子偏弱，虽有弓形回波的出现，但也不是强弓形回波，PUP 上中气旋属性列表、风暴趋势这 2 类产品还是有一定的预警指示，比如中气旋属性列表显示 21:06 其底部已经降到了 0.6 km 高度，此时应提高一定的警觉，此外，风暴趋势显示风暴底部、质心在大风天气产生前也有明显的下降。

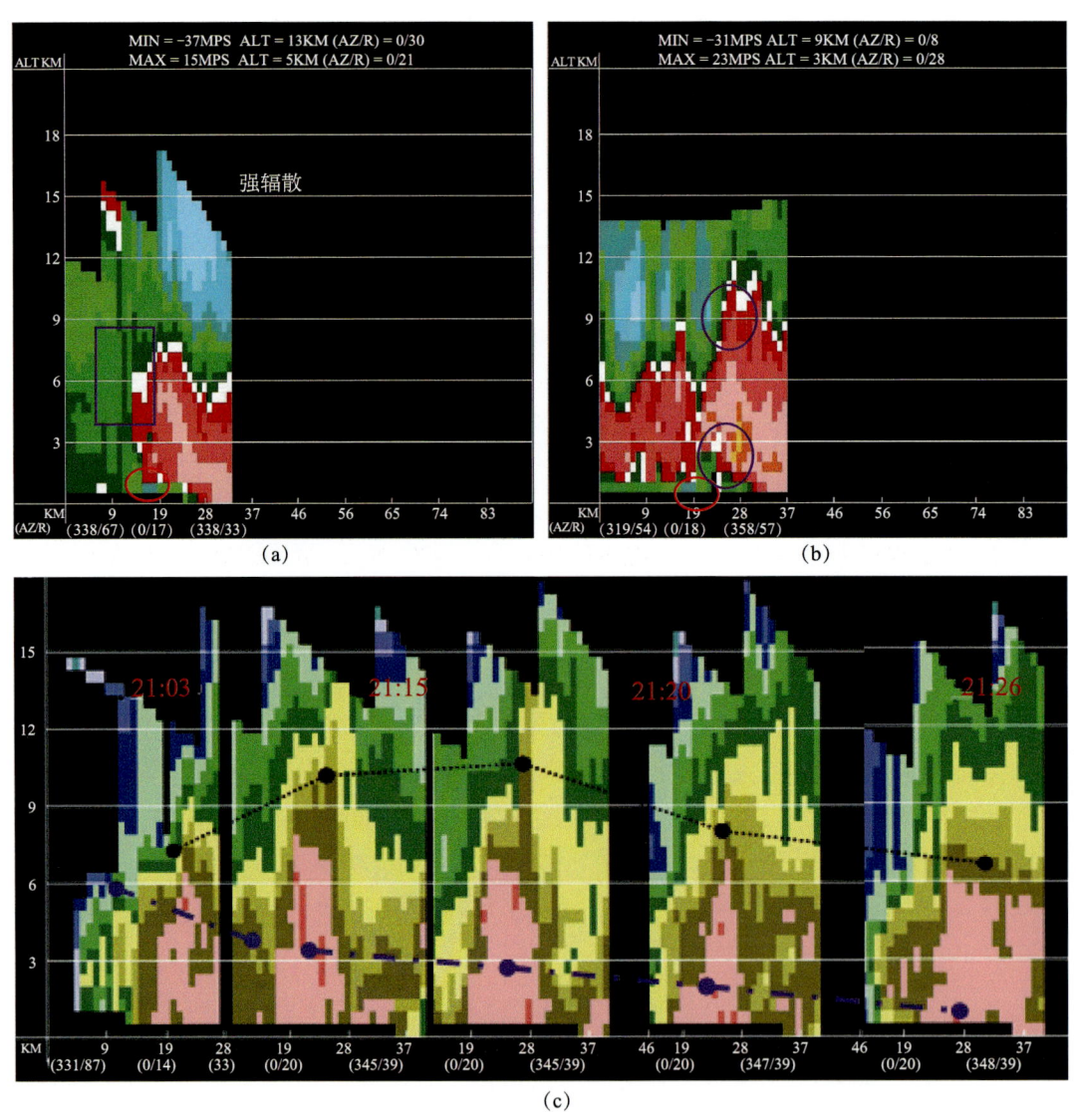

图 3-20　2015 年 6 月 1 日弓形回波中超级单体 B0 垂直结构分析（a：沿着径向的速度剖面，b：垂直于径向的速度剖面，c：反射率因子剖面演变图）

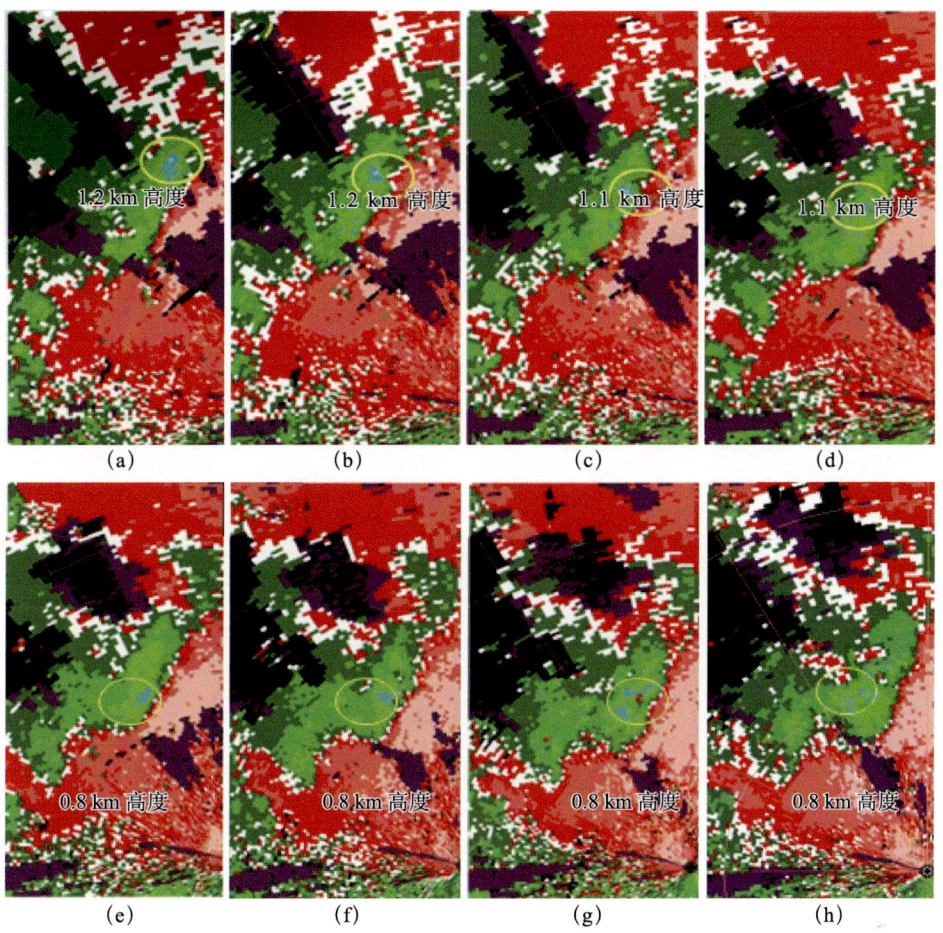

图 3-21　2015 年 6 月 1 日 0.5° 仰角径向速度图演变（a：20:52，b：20:57，c：21:03，d：21:09，e：21:15，f：21:20，g：21:26，h：21:32）

2. 2016 年 4 月 17 日（低层暖平流强迫类转斜压锋生类）

（1）强对流实况

本次过程自西向东影响湘桂粤赣闽五省（区），暴雨中心主要出现在华南北部南岭沿线至闽西，大暴雨集中于湘赣南部到福建中部一带，华南强降水主要集中于 4 月 17 日 09—12 时以及 14—20 时两个时段，过程最大降水量（132.7 mm）出现在江西安远南部，最大小时雨量（59.8 mm）17 日 13 时出现在江西崇义北部；冰雹及雷暴大风主要分布在广西北部至江西南部南岭山脉沿线，最大风速超过 22 m/s，最大冰雹直径达 30 mm，见图 3-22。

（2）大尺度天气系统分析

过程发生前（4 月 16 日 20 时），西北地区地面冷高压前沿已至四川西部至河套一带，云贵低压向华中地区发展，华中为高低压过渡区域，850 hPa 暖舌伸至河套一带，700 hPa 四川盆地有低涡切变，500 hPa 高原东部有明显低槽东移；17 日 08 时，随着西北地面冷空气南下、西南低压倒槽向东北方向发展，广西北部出现地面辐合线，925 hPa 辐合线位于黔桂交界及广东北部,850 hPa 低空切变线位于华南北部,且与 700 hPa 切变线位置距离减小,500 hPa 高原槽东移至四川东南部,后倾形势减弱,锋面坡度加大,华南南岭西段低层处于高湿状态,其上空 500 hPa 为干区,低空急流出口位于湖南中部,华南西部 850 hPa 与 500 hPa 温度差为 25 ℃ 以上,大气层结不稳定,具有发生强对流天气的潜势。17 日 20 时地面锋线至华南沿海,850 hPa 切变位于两广中北部,700 hPa 切变位于贵州至湖南南部,随 500 hPa 槽线移至湘黔交界处,雨区南移。18 日 08 时,华南高空 500 hPa 转为西北气流,过程结束,见图 3-23。

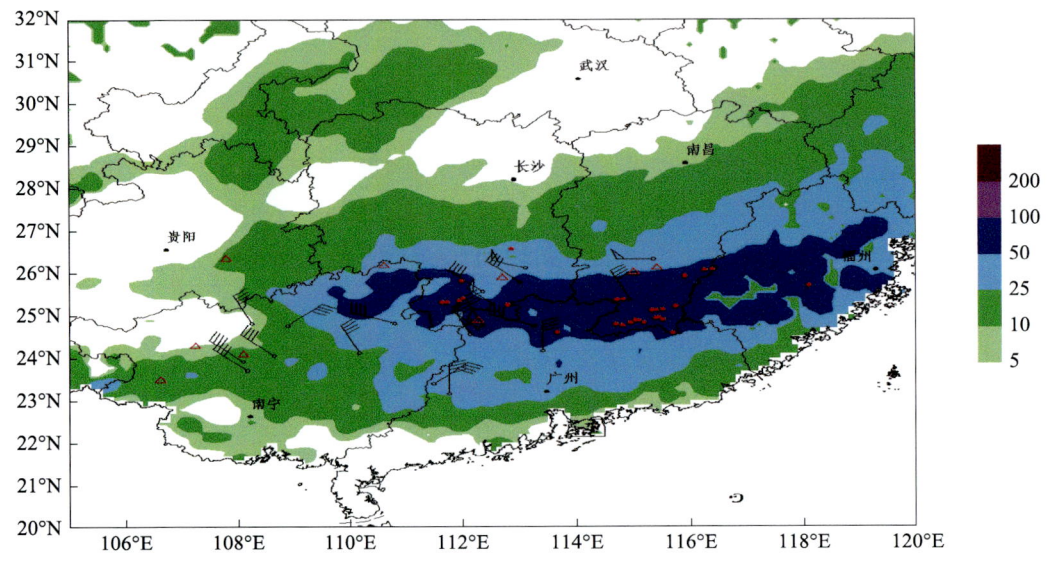

图 3-22 2016 年 4 月 17 日 08 时—18 日 08 时华南地区 24 h 累积降水量(含区域站,下同)分布(单位:mm)以及强对流天气实况(红点、风向杆、空心红三角分别代表大暴雨、大风和冰雹站点)

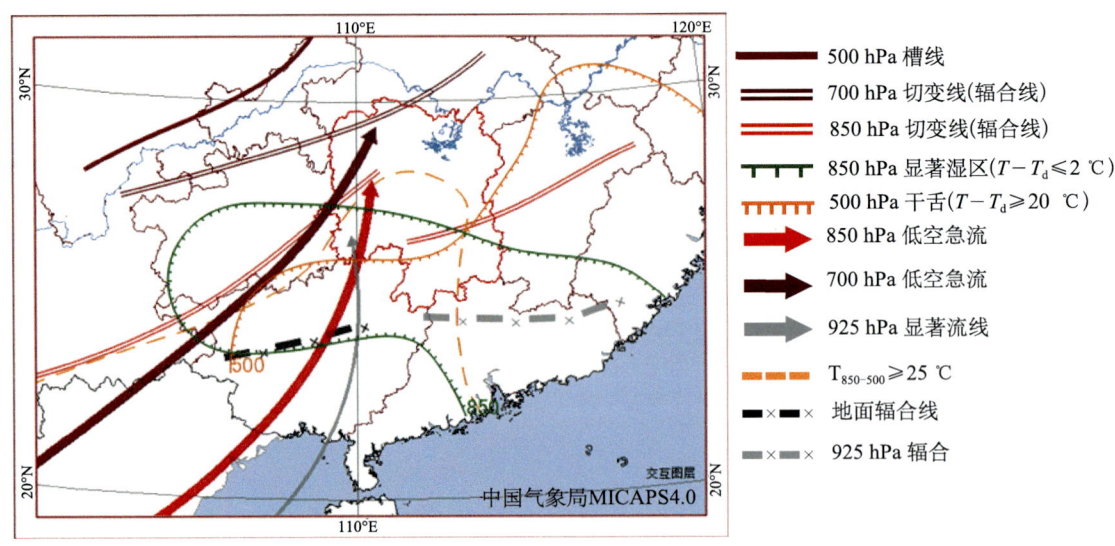

图 3-23 2016 年 4 月 17 日 08 时主要天气影响系统分析

第3章 强对流灾害天气的发生发展机理研究

（3）探空资料分析

针对4月17日08—20时南岭附近强天气类型分布的差异，利用实况探空和EC再分析资料的T-logP探空数据对出现不同类型强天气站点作对比分析（图略）。湖南郴州多个国家站在09:55—10:31出现雷暴大风，同时在10—11时出现多站短时强降水，此外，桂阳站还伴随出现了直径为1 cm小冰雹。17日08时郴州站实况探空显示低层有明显的逆温层，温度层结具有一定上干下湿的特征，550 hPa以下为较为深厚的相对湿层，0 ℃层高度为4.6 km，0~6 km垂直风切变为24 m/s，具备对流加强潜势，下沉对流有效位能（DCAPE）为968 J/kg。上述探空层结特征表明郴州站附近具备出现短时强降水和雷暴大风的潜势，而相对较高的0 ℃层高度和上层干区不是特别显著可能是未出现直径2 cm以上大冰雹的原因。

连南站12:44出现大冰雹（直径3 cm），12:36出现22 m/s的雷暴大风，13时小时降水量达到40.7 mm。由于连南本站没有实况探空资料，参考清远站08时实况探空，湿层主要在750 hPa以下，600 hPa以上为显著干区，0~6 km垂直风切变超过22 m/s，具备对流加强条件，CAPE为1678 J/kg，0 ℃层高度为4.5 km，满足出现大冰雹的3个潜势条件；连南站14时再分析资料探空显示为上干下湿层结，0 ℃层高度降至4.3 km，0~6 km垂直风切变超过30 m/s，DCAPE达到939 J/kg，表明随着强降水发生，大气环境具备出现下击暴流的潜势。由于此时连南的上述强对流天气已经出现，此时刻的分析资料探空显示的相关物理量及层结条件可能较发生时段已经减弱，推测强天气发生时段的环境条件可能更有利于冰雹等天气的出现。

定南站周边4月17日13—15时为强降水发生时段，无冰雹和雷暴大风出现，14时再分析资料探空显示，整层温度露点差非常小，显著湿层扩展到600 hPa，且DCAPE较小，为典型的短时强降水层结特征。比较上述站点强天气类型及强度的探空差异，认为连南附近更为深厚显著的上层干区和中低层更好的湿度条件更加有利于大冰雹的产生，更大的0~6 km垂直风切变更加有利于冰雹的增长；大的DCAPE值是预报雷暴大风的一个重要指标；而整层温度露点差小和DCAPE值小是判断强天气类型只出现短时强降水的一种可行方式，见图3-24。

（4）雷达回波特征分析

对4月17日08时—18日08时主要短时强降水落区及出现雷暴大风和大冰雹的部分有代表性站点的雷达回波进行追踪分析。08—13时，短时强降水主要出现在广西东北部至湖南南部，桂林、永州、郴州雷达均显示该区域有大片35 dBZ以上降水回波。桂林雷达10:42组合反射率因子（图3-25a）显示，桂林南部存在减弱的超级单体A和成熟超级单体B与A云团的<72 ℃的区域对应，其中超级单体A呈逗点状，其VIL（垂直累积液态水含量）仅为25 kg/m²，但在此之前的10:24 VIL达65 kg/m²，仅持续一个体扫后迅速减小，同时低层径向速度出现正负速度对（图略），超级单体A影响的桂林南部在10—11时出现多站短时强降水，大的VIL区域持续时间短且没有在测站上空可能是没有观测到冰雹的原因。桂林雷达10:42的2.4°仰角基本反射率（图3-25b）显示，A前侧存在V形缺口，表明入流气流强，后侧的V形缺口可能会导致强的下沉气流，同时发现A强回波延伸高度降低非常迅速，具有低质心降水特征（图略），减弱后的超级单体A呈现较明显的

强降水特征，A 前后仅持续 2 h。

B 处为成熟的超级单体（图 3-25a），10:42 呈现典型的回波悬垂和有界弱回波区（图 3-25c），VIL 达到 70 kg/m²，具有明显的大冰雹特征，低层径向速度图也呈现了较明显的辐合，但中气旋特征不明显（图略）。此后，超级单体 B 往东偏南方向移动，移动过程中最大回波强度一直维持在 60～70 dBZ。12:12 连州雷达显示该超级单体低层出现明显的前侧入流缺口（图 3-25d 红色箭头）和后侧 V 形缺口（图 3-25d 白色箭头），表明后侧有强的下沉气流，可导致破坏性大风，同时低层 0.5° 径向速度出现较明显的正负速度对（图 3-25e 白圈处），径向速度最大达 −33 m/s，距离雷达较近的低层大风区预示地面可能出现雷暴大风；至 12:35 永州雷达组合反射率显示超级单体 B 移动至连南站，呈现明显的逗点状（图 3-25f），其 >50 dBZ 回波最高达到 11 km，具有明显的高质心强降水回波特征，悬垂回波维持在 4～8 km 高度，强度最大超过 60 dBZ（图 3-25g）。由于永州雷达距离连南站太远只能监测到连南附近中高层，而连州雷达又只能监测到低层的情况，因此结合连州雷达 12:36 的回波进行分析（图 3-25h、i），高悬的回波悬垂和低层有界弱回波区非常明显，

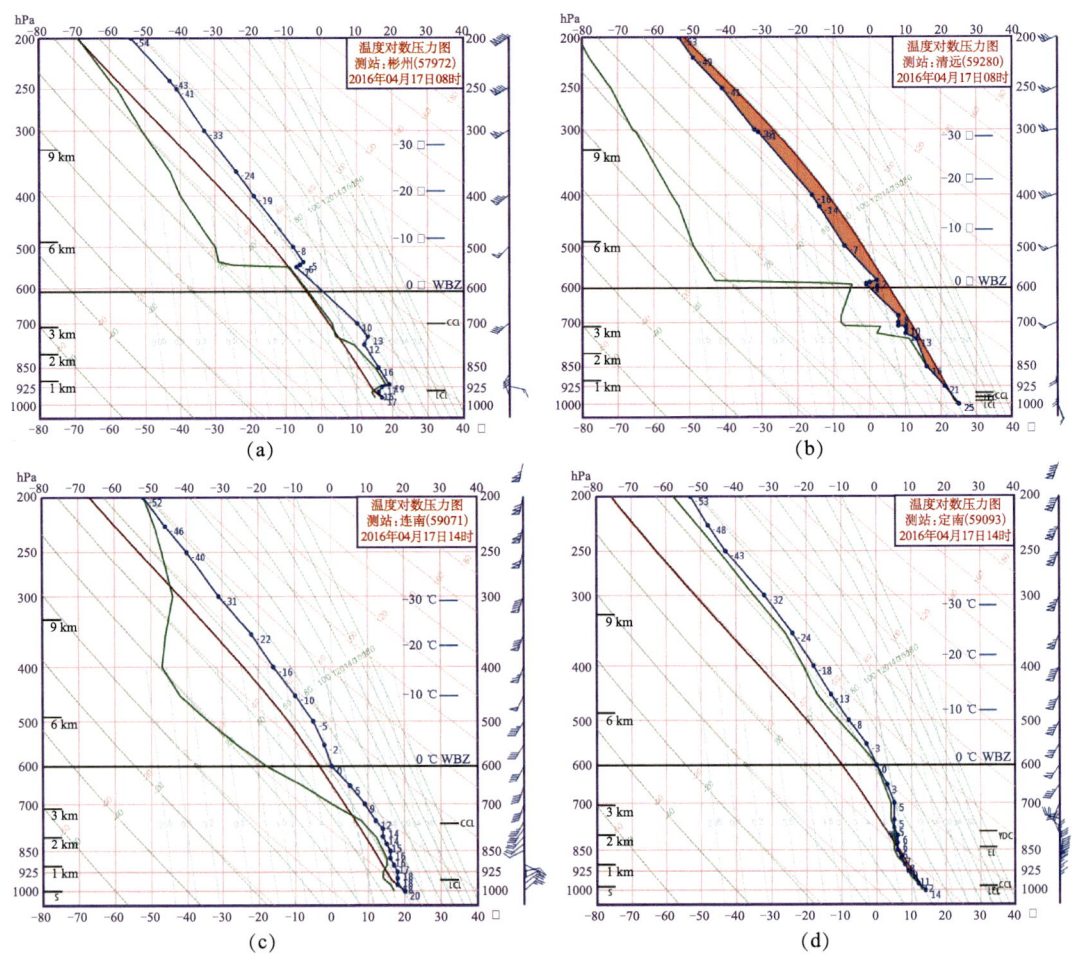

图 3-24　2016 年 4 月 17 日 08 时郴州（a）、清远（b）实况 T-logP 分析，
14 时连南、定南 EC 再分析资料 T-logP 分析

第 3 章 强对流灾害天气的发生发展机理研究

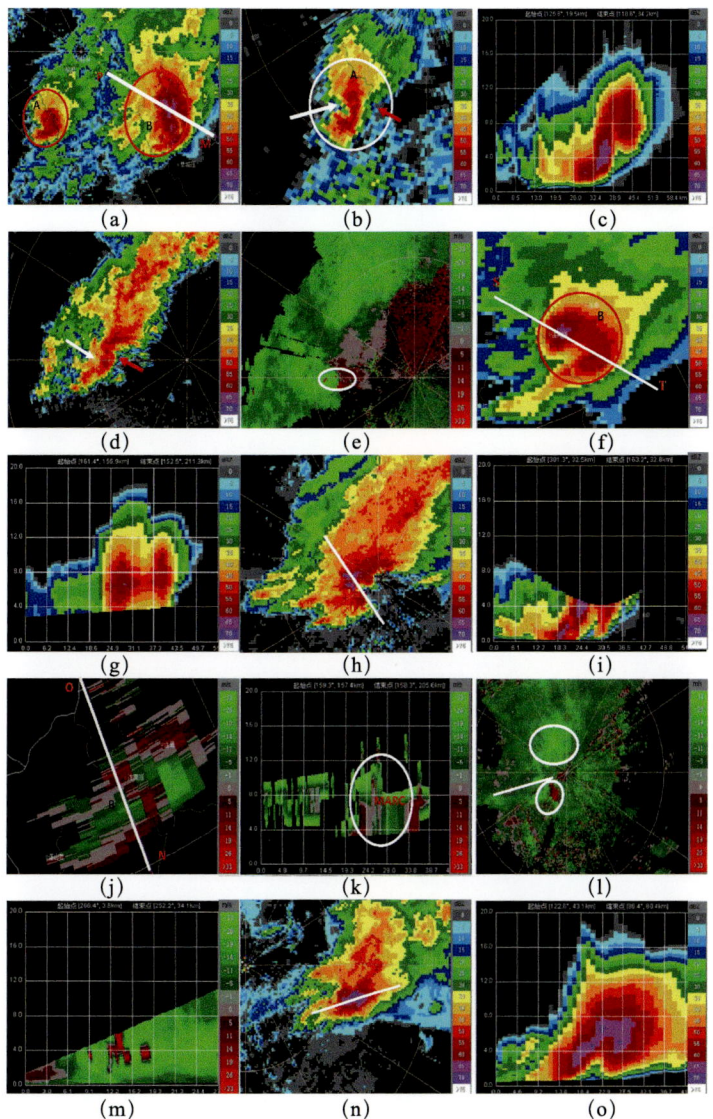

图 3-25　2016 年 4 月 17 日 10:42 桂林雷达组合反射率因子（a）、2.4° 仰角反射率因子（b）与沿图 a 中线段 PM 所做的反射率因子垂直剖面图（c）；12:12 连州雷达 3.4° 仰角反射率因子（d）、0.5° 仰角径向速度（e）；12:35 永州雷达组合反射率因子（f）、沿图 f 中线段 ST 所做的反射率垂直剖面图（g）；12:36 连州雷达组合反射率（h），沿 h 中白色线段的反射率垂直剖面（i）；12:35 永州雷达 0.5° 仰角径向速度图（j）与沿 j 中线段 ON 所做的径向速度垂直剖面图（k）；13:35 连州雷达 0.5° 仰角径向速度（l）与沿图 l 中白色线段所做的径向速度垂直剖面（m）；13:36 连州雷达组合反射率因子（n）与沿 n 中白色线段所做的反射率垂直剖面（o）

A、B 及其红色圆圈所示为超级单体及其所在位置；MARC 表示中层径向辐合

连南站 12:37、12:44 降雹，且 12:44 冰雹明显增大（直径为 30 mm），很好地印证了该回波的大冰雹特征。12:35 永州雷达 0.5° 仰角径向速度出现明显的正负速度对（图 3-25j），中气旋特征明显，同时沿图 3-25j 中线段 ON 的径向速度垂直剖面显示出明显的中层径

向辐合特征（图 3-25k），此外 12:36 连州雷达 0.5° 仰角（图 3-25l）显示存在径向速度大风区和明显的正负速度对，沿图 3-25l 线段的剖面（图 3-25o）显示低层至中层存在明显的径向辐合与图 3-25k 的中层径向辐合结合，可以印证连南站雷暴大风的发生（12:36；22 m/s）；其后，超级单体继续向东南方向移动，强度在 13:36 达到最大的 65 dBZ，仍然呈现明显的回波悬垂结构（图 3-25n、o），之后强度开始减弱，至 15:00 基本减弱为普通单体，其减弱过程所经区域大多以短时强降水为主，未观测到冰雹和大风。

超级单体 B 为伴随短时强降水及大冰雹和雷暴大风的经典超级单体，整个生命史超过 8 h，整个生命史中 50 dBZ 回波伸展高度几乎均在 8 km 以上，其移动过程中的水平形态和垂直结构存在差异，由于篇幅的原因，本书暂不作展开。其生命史超长的原因除大尺度环境条件之外，超级单体移动路径上的地形在此过程中的作用值得探讨。

14 时之后，在广西东北部至湘粤交界处再次出现多站短时强降水。柳州雷达资料显示，14:57（图 3-26a）组合反射率呈现组织结构较为松散的近似于线状的多单体风暴特征，桂林西南部不断有新的雷暴单体生成并朝东北偏东方向移动，其南压速度非常缓慢，雷达回波有较明显的"列车效应"特征，华南北部其他雷达观测也有类似情况。17 时后，回波东移南压至南岭南部之后（图略），其整体南移速度较之前明显加快，究其原因，除高空引导气流的作用外，可能还有南岭特殊地形造成冷锋越山之后云团移速增快。图 3-26b 为图 3-26a 红实线位置的垂直剖面，其多单体风暴特征明显，大于 30 dBZ 的回波多在 8 km 以下（图 3-26b：A-F），多以低质心特征为主，此时段的短时强降水主要是低质心降水回波的"列车效应"导致。

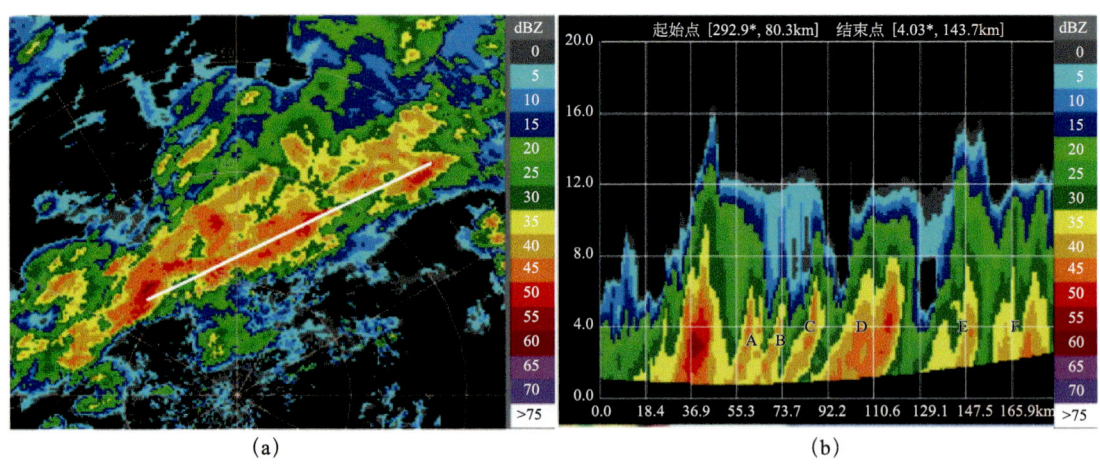

图 3-26　2016 年 4 月 17 日 14:57 柳州雷达组合反射率因子（a）与沿图 a 中白色实线所做的反射率因子垂直剖面图（b）

通过对比具有暖区降水特征的云团和具有锋面降水特征的云团发生发展过程的雷达特征，发现暖区降水特征的云团亮温 <−72 ℃ 的区域与高质心的超级单体强回波形成了较好的对应，其短时降水的出现是由于高质心降水回波更强的降水效率而导致，云团的其他位置主要对应于回波强度在 35 dBZ 左右；而锋面降水特征云团的回波主要为多单体风暴，其亮温 <−72 ℃ 的区域与较强的雷暴单体或多单体对应，回波发展高度最高可超过 12 km，

但除个别较强单体外,很少有大于 30 dBZ 的回波达到 8 km(−20 ℃层)以上,此时段短时强降水多发为低质心降水回波的"列车效应"所导致。

综合天气实况及上述雷达及卫星分析,大冰雹和雷暴大风主要出现在暖区时段,暖区短时强降水主要以降水效率更高的高质心降水为主,而锋面越山之后的强天气主要为具有"列车效应"的低质心短时强降水为主,且雷暴大风及大冰雹出现较少。此外,暖区强天气的对流发展高度较锋面越山之后更高,破坏性更大。

3. 2018 年 4 月 4 日(斜压锋生类)

(1)强对流实况

2018 年 4 月 4 日 18 时 40 分至 19 时 50 分(北京时间,下同),受超级单体风暴影响,邵阳市隆回县西洋江镇、南岳庙镇等乡镇出现一次冰雹、雷暴大风等强对流天气(图 3-27),此次超级单体风暴移动速度快,伴随的冰雹、雷暴大风等强对流天气持续时间短,局地性和致灾性强,在短临预警服务中难度大,据新闻媒体报道,南岳庙镇芭蕉塘村村民房顶的瓦片被大风吹走,受灾最严重的村为南岳庙镇造端村,油菜、烟叶、药材、庄稼等被冰雹砸个稀烂,最大冰雹有鸡蛋大小,部分树木被大风吹倒或连根拔起,经政府部门实地测量统计,造端村 3 户养殖大户栏舍损失面积达 620 m^2,油菜受灾面积 17.3 hm^2,房屋受损 25 户,受灾人口 109 人。

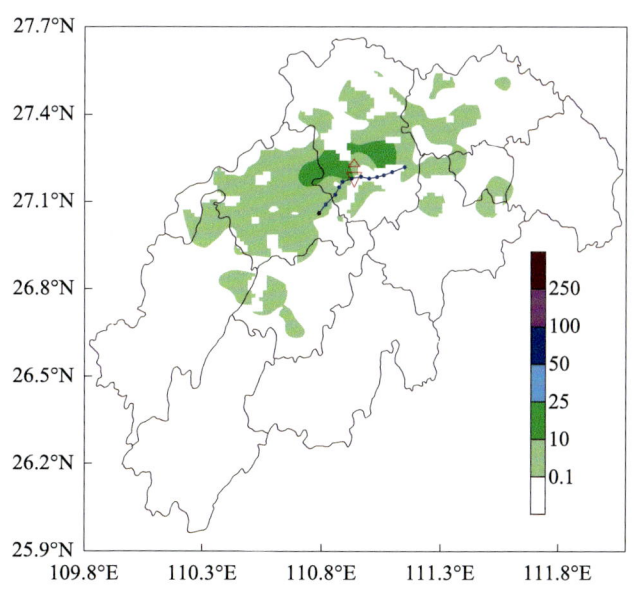

图 3-27　2018 年 4 月 4 日 08—20 时降雨量色斑图(单位:mm),冰雹、风暴移动路径图

(2)大尺度天气系统分析

此次超级单体风暴是在高空槽、地面冷锋与低压倒槽共同作用下产生的。4 月 4 日 08 时,500 hPa 中高纬度呈多波动形势,鄂霍茨克海高空冷涡后部不断引导干冷空气南下,南支槽稳定维持,有利于冷暖空气在长江流域以南地区交汇。20 时,500 hPa 南支槽前有一短波槽东移发展,槽前云南、广西、湖南等地区西南风速明显增加到 20 m/s 以上,为强对流天气发展提供了动力条件,中底层有切变线与低空急流发展,见图 3-28。4

日白天，湘西南在西南倒槽控制下明显增温增湿，邵阳市最高气温29～30 ℃、露点温度18～19 ℃，为超级单体风暴产生提供有利的水汽和不稳定能量条件，内蒙古东部到东北地区受地面冷高压控制，冷高压南部冷锋南下侵入地面倒槽引起强烈锋生，且邵阳市中部存在中尺度辐合线，冷锋及中尺度辐合线为超级单体风雹产生提供有利的动力条件。14时，邵阳市武冈及其以北地区为明显的偏东北风，其南部存在偏南风，地面中尺度辐合线位于新宁、武冈、绥宁一带，17时，随着对流层中层500 hPa西南气流明显增加，武冈地区转为偏南风，在隆回、洞口、武冈、邵阳县地区存在明显中尺度气旋中心，由于风暴发生地的南岳庙镇位于雪峰山脉迎风坡，偏东北气流在雪峰山脉迎风坡地形抬升作用下，其气旋性环流的偏南风为超级单体风暴输入水汽条件，其东北气流与对流层中层干冷空气形成有组织的上升和下沉运动，形成了超级单体风暴。

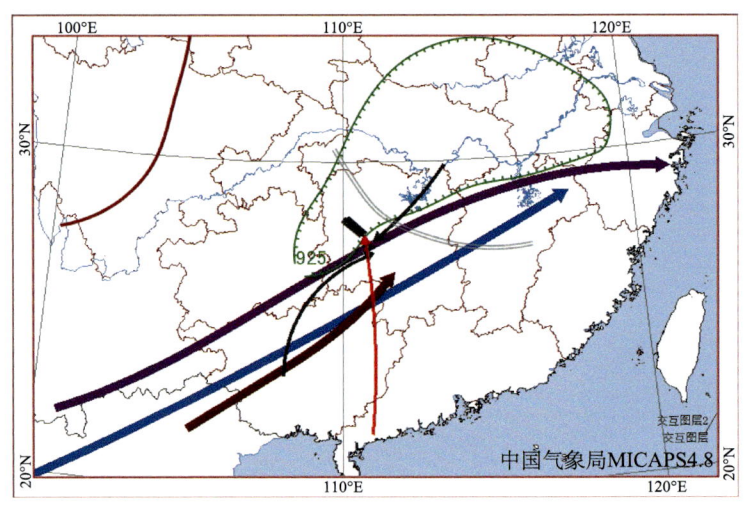

图3-28　2018年4月4日20时主要影响系统分析

（3）探空资料分析

4月4日08时，700 hPa以下为明显湿层，700～400 hPa附近为干层，上干下湿有利于大气层结不稳定，−30 ℃层高度位于8.5 km，−20 ℃层高度为7.2 km，−20 ℃到−30 ℃层高度厚度约1.3 km，DBZ层高度约为4.3 km，其附近温度露点差接近9 ℃，mICAPS4数据显示的WBZ高度约为3.2 km，比DBZ高度明显低了约1 km，700～400 hPa附近干层显著降低了冰雹融化层高度，此次超级单体风暴过程中适宜的−20 ℃层与冰雹融化层WBZ高度是冰雹发生的一个非常有利条件，SI指数−1.6，K指数29 ℃，T850-500的温差25 ℃，从低层到高层风随高度顺转，有明显暖平流，温度露点曲线呈喇叭口形状，大气层结为不稳定状态；20时K指数38 ℃，T850-500的温差27 ℃，925 hPa以下有偏北风入侵，500 hPa、700 hPa风速分别增加到20 m/s、14 m/s，说明4日白天大气层结在中层西南急流与地面中尺度辐合线共同作用下逐渐变得更加不稳定，近地面层偏北风入侵进一步加大了大气层结不稳定，有利于锋生，触发强对流天气，见图3-29。

从再分析资料南岳庙镇造端村的探空图看出，4月4日08时，400 hPa以下呈上干下湿型，湿层厚度浅薄，干层主要位于400～700 hPa附近，与怀化实况探空的干层基本一致，CAPE 值为 784 J/kg，CIN 为 33 J，500 hPa 以下风随高度顺时针旋转，有明显的暖平流，900 hPa 以下为静风，1000 hPa 风向为东南，大气层结具有明显的不稳定特征，500 hPa 西南风速为 14 m/s；14 时，500 hPa 西南风明显增加到 20 m/s，1000 hPa 有明显的东北风入侵，东北风速达到 6 m/s，地面东北干冷空气入侵，引起地面倒槽锋生，有利于在地面辐合线附近触发强对流天气，且 0～6 km 垂直风切变明显增加，垂直风切变线的增强有利于组织完好的对流风暴的发展，CAPE 值增加到 1044 J/kg，且相对风暴螺旋度 SREH 由 12 明显增加到 298 m²/s²，K 指数由 27 ℃ 增加到 35 ℃，说明白天随着气温的升高与对流层中低层西南气温的增加，有利于增加大气层结不稳定，SREH 的明显增加有利于增加风暴旋转潜势，有利于中气旋的产生，见图 3-30。

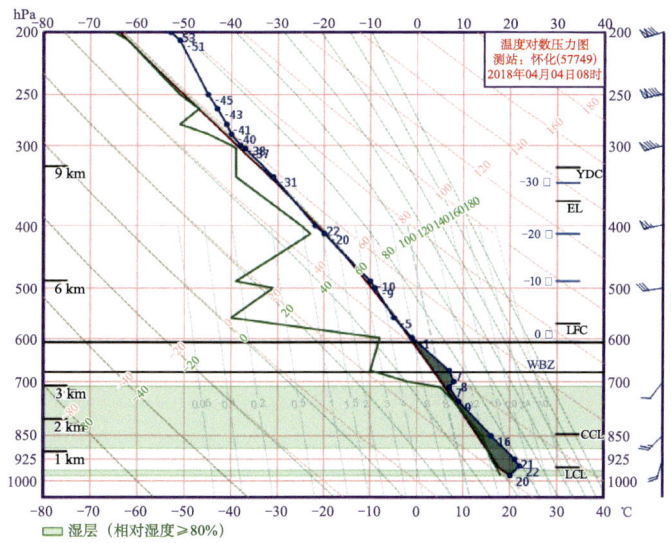

图 3-29　2018 年 4 月 4 日 08 时怀化探空图

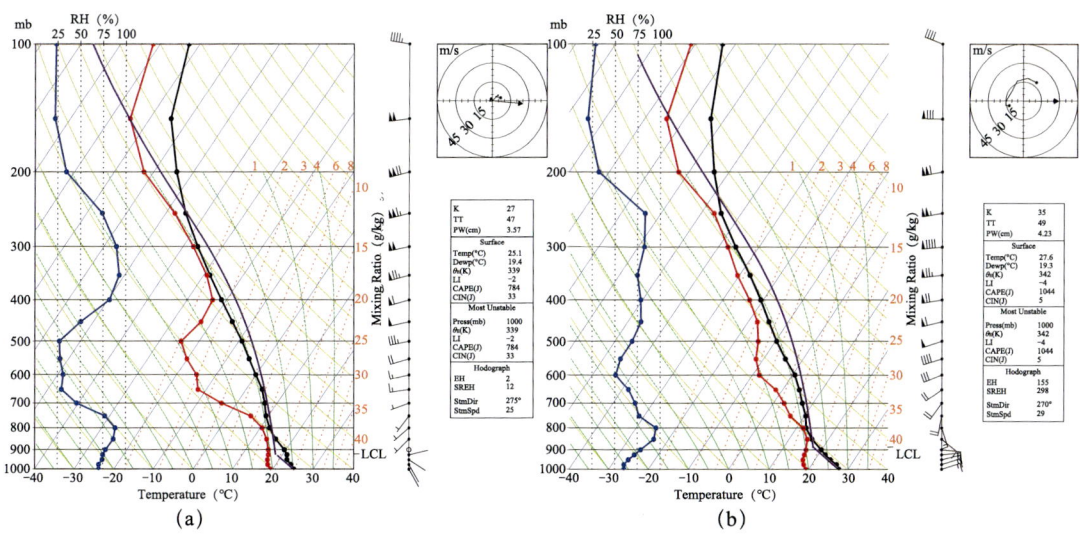

图 3-30　2018 年 4 月 4 日造端村 08 时（a）、14 时探空图（b）

（4）超级单体风暴环境场分析

①垂直风切变与CAPE值对超级单体风暴生命史的影响分析

采用NCEP再分析资料分析此次超级单体风暴过程中的1000~500 hPa垂直风切变与热力特征。4月4日08时，湘西南超级单体风暴发生地的隆回县南岳庙镇（图3-31中黑色正方形地区）1000~500 hPa垂直风切变14~16 m/s、CAPE值为400~500 J/kg，14时，随着500 hPa西南风速明显增加，隆回县南岳庙镇地区的1000~500 hPa垂直风切变明显增加到25 m/s以上，其明显比周边地区垂直风切变大，CAPE值较08时明显增加到600~700 J/kg，在南岳庙镇以东地区CAPE值明显减小。风暴发生地1000~500 hPa垂直风切变显著增加是超级单体发展的一个有利的动力不稳定机制，白天CAPE值的增加与地面增温增湿都为超级单体风暴的发生提供有利的背景条件，从隆回县的下游地区看，下游的垂直风切变与CAPE值显著减小，也是这次超级单体风暴持续时间短的原因之一。

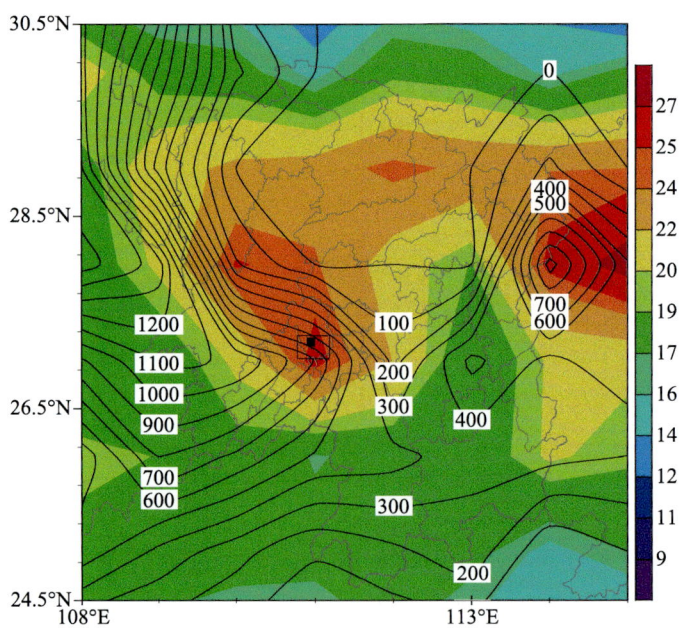

图3-31　2018年4月4日14时CAPE值（等值线）、1000~500 hPa垂直风切变（阴影，单位：m/s）

②风暴相对螺旋度分析

风暴相对螺旋度是衡量风暴旋转潜势的重要指标，也是判别超级单体的辅助指标。当沿流线方向的显著水平涡度与风暴内较强上升气流结合时，风暴相对螺旋度或旋转潜势尤其大。Davies-Jones将风暴相对螺旋度等于150 m^2/s^2 界定为有利于产生超级单体风暴的最低值，而当风暴相对螺旋度大于150 m^2/s^2 时，也可作为预报有强对流天气的参考指标之一。从4月4日14时至20时的风暴相对螺旋度分析出，14时，风暴发生地的风暴相对螺旋度在150~200 m^2/s^2，北侧地区有一高值区，20时，风暴发生地的风暴相对螺旋度明显增加到450~500 m^2/s^2，风暴相对螺旋度的明显增加是超级单体发生的一个有利指标，见图3-32。

（5）雷达回波特征分析

通过对雷达回波移动路径分析，此次超级单体风暴生命史分为3个阶段：初始阶段（17:00—18:44），风暴起源于洞口与绥宁交界处，在洞口县境内向东北方向移动，呈多单体风暴；成熟阶段（18:44—19:36），18:32开始，在洞口县东部演变为超级单体风暴，并维持超级单体风暴强度，向东北方向移动到隆回县，此阶段造成隆回县西洋江镇、南岳庙镇等出现强对流天气，从自动站雨量与灾情分析，超级单体风暴造成的灾情主要出现在此阶段；消亡阶段（19:36—22:26），19:50开始，减弱为普通单体风暴，风暴向东经过新邵县，一直向东移动，22:26于涟源市消亡。

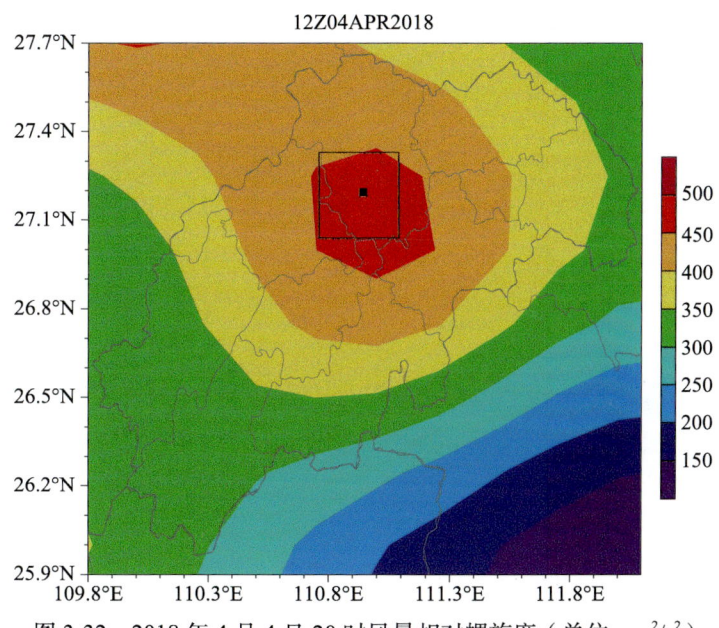

图3-32 2018年4月4日20时风暴相对螺旋度（单位：m²/s²）

①超级单体风暴演变特征

初始阶段。17:00，湘西南绥宁、洞口交界地区，反射率因子上有5个单体组成的多单体风暴，此回波不断发展加强并向东北方向移动；17:51开始，2.4°仰角上最强回波达60 dBZ，强回波开始向上发展；17:57，2.4°仰角开始呈现TBSS特征，此时TBSS在径向方向上伸展距离11 km；18:14，0.5°仰角上演变为呈南北向排列的3个单体，回波结构变为密实的积云回波，中心强度达55 dBZ；18:32，低层大于45 dBZ回波演变为离散状，大于65的强回波扩展到6 km高度，TBSS的特征较前期更加明显，从1.5°～4.3°均出现了TBSS的特征，低层右后侧呈现一个弱回波、高层悬垂回波特征，并且此时雷达识别出中气旋特征，中气旋持续4个体扫。

成熟阶段。18:44，0.5°上多单体合并加强，结构密实，其右后侧出现钩状回波特征，TBSS特征伸展到6.0°，速度图上有中气旋，造端村、芭蕉塘村此时位于超级单体风暴的前侧、中高层悬垂回波的下方；19:01，0.5°上大于60 dBZ强回波位于造端村附近，右后侧钩状回波特征明显，1.5°～6.0°上均有明显的TBSS特征，并伴有旁瓣回波，大于60 dBZ

强回波达到 9.9°，9.9° 高层仰角上具有 TBSS 特征，速度图上识别出明显的中气旋特征。

19:07，从图 3-33 和图 3-34 邵阳雷达基本反射率可以看出，0.5° 上大于 60 dBZ 强回波范围扩大，中心达 65 dBZ 以上，强回波区位于受灾最为严重的造端村、芭蕉塘村等，6.0° 上旁瓣回波特征较前期更加显著，伸展宽度变宽，0.5° 钩状回波、9.9° 悬垂回波，大于 60 dBZ 强回波区扩展到 9.9°，从对应时刻的基本速度图可以看出，速度图上具有明显中气旋特征，对应时刻的反射率因子剖面图上，大于 50 dBZ 发展到 9 km 以上，风暴顶部出现了明显的假尖顶回波特征，中高层有明显的回波悬垂特征，此时仍具有典型超级单体风暴特征。19:36，0.5° 上回波强度减弱，最强回波 55～60 dBZ，大于 45 dBZ 回波范围移出造端村、芭蕉塘村，TBSS 特征沿径向上的长度明显减弱。

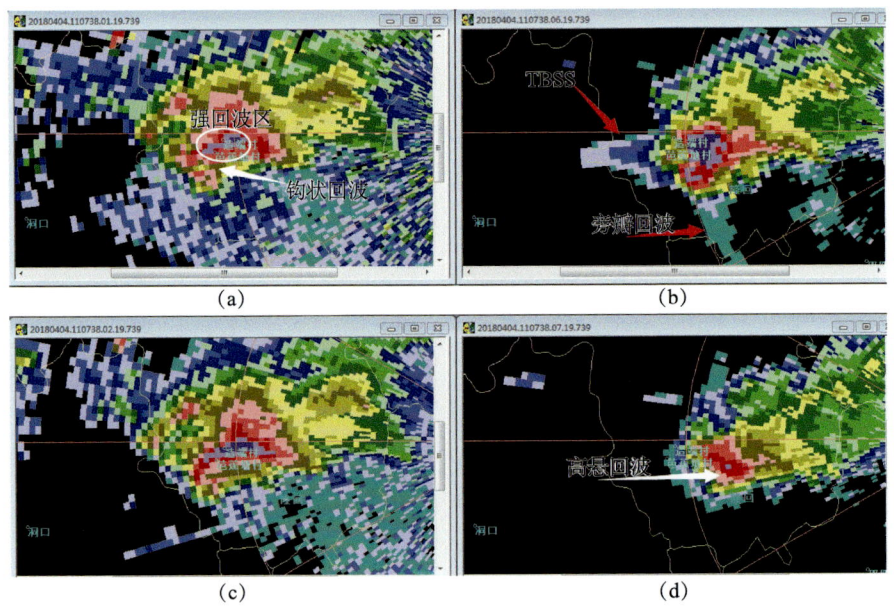

图 3-33　2018 年 4 月 4 日 19:07 邵阳雷达 0.5°（a）、1.5°（b）、6.0°（c）、9.9°（d）基本反射率

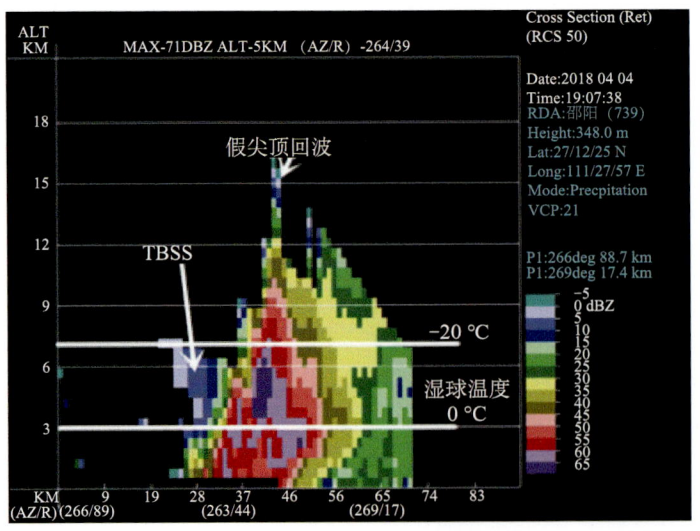

图 3-34　2018 年 4 月 4 日 19:07 邵阳雷达反射率因子剖面图

②超级单体成熟阶段分析

图 3-35 为超级单体风暴 M0 成熟阶段风暴参数演变情况，分别有风暴单体底、风暴单体顶、最大反射率因子高度、基于单体 VIL、最大反射率因子。18:44 风暴单体底、风暴单体顶分别位于 3.5 km、6.3 km 处；18:50，底、顶向下、向上分别发展到 2.3 km、9.2 km 处，风暴单体顶高度超过了 −30 ℃ 层高度，最大反射率因子 63 dBZ，基于单体 VIL 值由 13 kg/m² 增加到 36 kg/m²；18:55，底高度开始低于 0.8 km，VIL 值明显跃增到 70 kg/m²，最大反射率因子达到 70，最大反射率因子高度由 4.5 km 升高到 5.9 km，此时强冰雹概率 POSH、冰雹概率 POH 均为 100%，最大预期冰雹尺寸 MEHS 达到 8.89，超级单体风暴开始接地，风暴前部已经达到隆回县南岳庙镇，此超级单体风暴已经造成南岳庙乡镇出现大风、冰雹；19:01—19:19，底部一直低于 0.6 km，顶、最大反射率因子、VIL 值一直维持较高值，18:55—19:19 是超级单体风暴强度最强阶段，也是致灾最强时段，此时超级单体风暴经过隆回县南岳庙镇地区，造成造端村、芭蕉塘村等树木被大风吹倒，农作物被冰雹砸烂等。

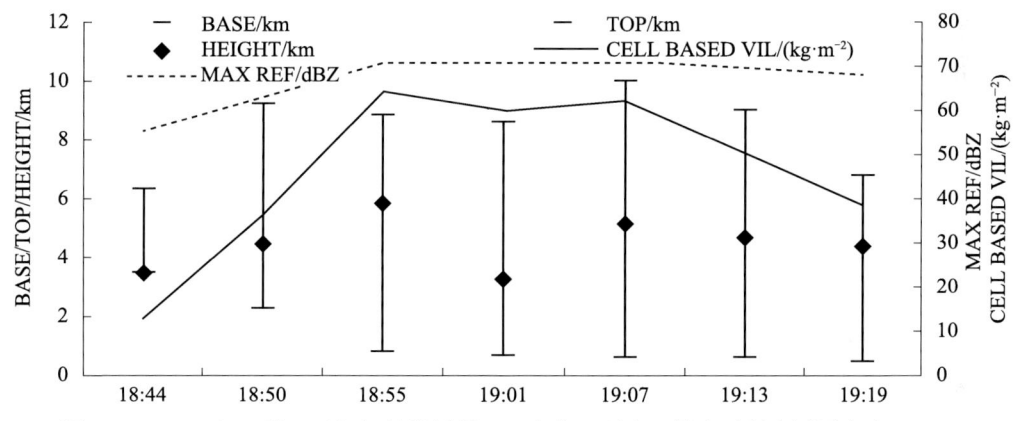

图 3-35　2018 年 4 月 4 日超级单体风暴 M0 底高、顶高、最大反射率因子高度、VIL、最大反射率因子高度时序图

BASE：底高；HEIGHT：顶高；MAX REF：最大反射率因子高度；
TOP：最大反射率因子高度；VIL：垂直累积液态水含量

③冰雹参数特征分析（图 3-36 和表 3-7）

从 POSH、POH、0.5°MAX REF、MAX EXPECTED SIZE 的时序图可以看出，0.5° 最大反射率因子 55 dBZ 以上持续时间与 POSH、POH 有明显的正相关，MAX EXPECTED HAIL SIZE 的数值达到了 8 以上，这些特征表明此超级单体风暴均出现了明显的强冰雹回波特征。TBSS 存在的持续时间也是强冰雹预警的关键因素之一。从表 3-7 中可以看出，TBSS 出现的初始时间是 18:20，结束时间是 19:25，连续存在持续时间长达 12 个体扫，其中 3.4° 仰角上持续存在 0.5° 仰角上由于高度太低而观测不到 TBSS 特征，14.6° 仰角上由于高度太高未出现 TBSS。1.5° 仰角最大长度达到 19 km、2.4° 最大长度达 19 km、3.4° 最大长度 23 km、4.3° 最大长度 30 km，从 1.5° 到 4.3°，TBSS 长度逐渐增加，6.6° 最大长度达 21 km，到 9.9° 仅有两个时次出现了 9～10 km 长度的 TBSS，6.6° 开始到 9.9°，TBSS

长度明显减小。

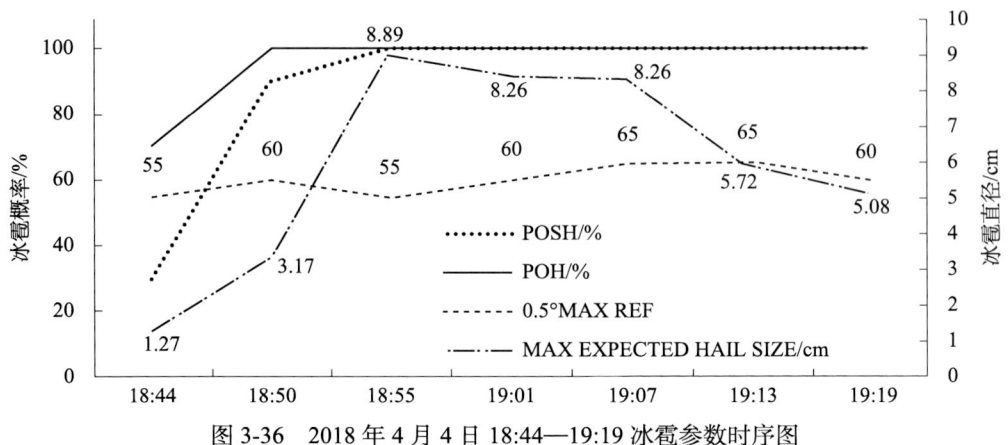

图3-36　2018年4月4日18:44—19:19冰雹参数时序图

表3-7　不同时刻、不同仰角的TBSS长度　　　　　　　　　　　　单位：km

	1.5°	2.4°	3.4°	4.3°	6.0°	9.9°
18:20	12	—	6	—	—	—
18:26	12	8	8	14	—	—
18:32	14	18	11	9	—	—
18:38	18	8	10	8	—	—
18:44	16	8	9	8	—	—
18:50	19	6	9	9	—	—
18:55	—	10	15	30	21	—
19:01	15	19	23	20	18	9
19:07	13	9	20	23	19	10
19:13	—	15	18	21	21	—
19:19	—	15	14	17	19	—
19:25	—	17	15	15	21	—

4. 2018年3月4日（低层暖平流强迫类转斜压锋生类）

（1）强对流实况

2018年3月4日过程可分为两个阶段。图3-37给出了第一阶段（4日08—14时），湘中以南地区出现了成片的雷暴大风（19站次），其中7站次风速超过9级，最大风速达到24 m/s，伴随局地小冰雹（2站次）和短时强降水，该阶段雷暴大风是最主要的强对流天气。14—16时，湖南强对流天气短暂间歇。16时之后，进入过程的第二阶段（4日16时—5日08时，下同），该阶段以冰雹天气为主，湘南为冰雹相对集中区，并伴随局地的雷暴大风和短时强降水。两阶段风雹天气影响区域在湘南叠加性明显，该次过程造成永州、株洲、衡阳等6市17个县（市、区）17.3万人受灾，直接经济损失1亿元。

第3章 强对流灾害天气的发生发展机理研究

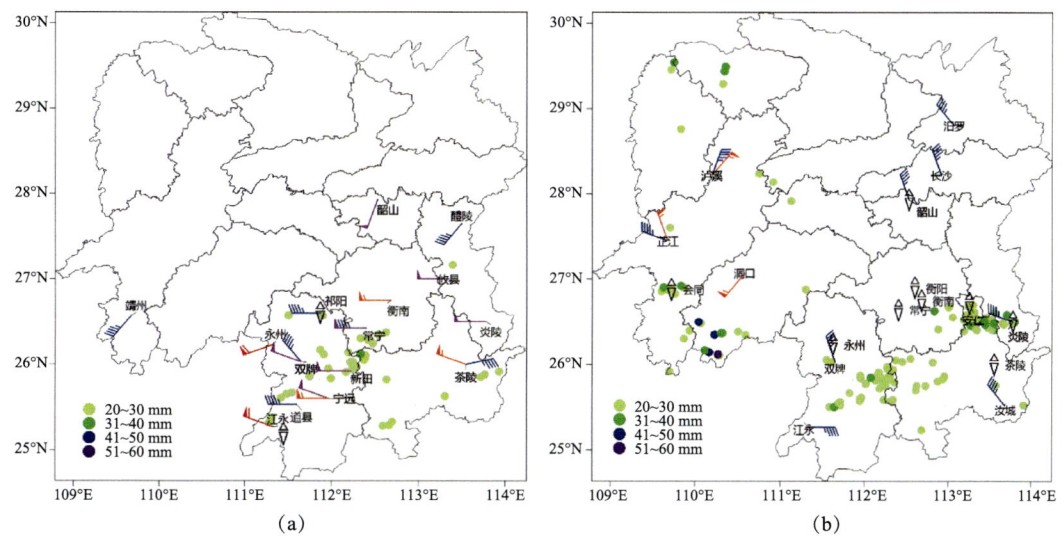

图 3-37 2018年3月4日08—14时（a）及4日16时—5日08时（b）
雷暴大风、冰雹及短时强降水分布图

（2）大尺度天气系统分析

该次过程可细分为两个阶段，因而分别选取与风雹实况发生时间接近的08时及20时高空、地面资料来对比分析两个阶段的大尺度环流背景差异。图 3-38 给出了 2018 年 3 月 4 日 08 时和 20 时天气系统配置及环境条件分析图。08 时湖南位于南支槽前，500 hPa 有中空急流建立，风速达 34 m/s，加剧了中低层垂直风切变的发展；925 hPa 切变线位于湘西北一带且切变线南侧西南急流发展旺盛，最强中心达 28 m/s，地面冷锋位于江淮地区，湖南在倒槽南侧的暖区中。500 hPa 冷槽叠于 850 hPa 暖脊之上，上干冷下暖湿特征明显，湘南有中尺度辐合线存在。对流在广西东北部触发，强盛的西南风引导其东移北上，有利的环境条件使得对流在湘南加强，导致了风雹的产生。

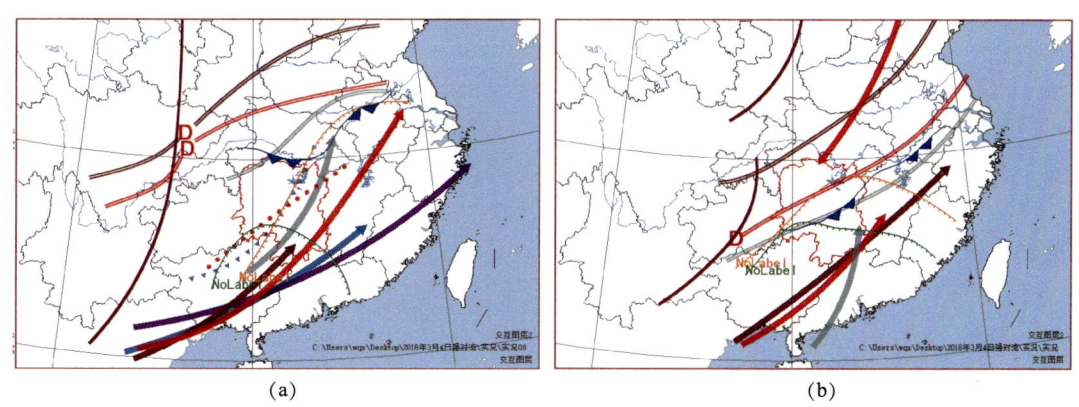

图 3-38 2018年3月4日08时（a）、20时（b）主要影响系统分析

14时之后对流风暴移出湖南影响江西、湖北，地面倒槽在湘南得到发展，回温明显使能量再度积累。16时开始湖南受冷空气扩散南下影响，对流在冷锋前沿被触发，湖南进入风雹过程的第二阶段。20时500 hPa高空槽分裂东移，西南地区低涡东移南落，850 hPa、

83

925 hPa冷切变线压至湘中一带，其南侧的西南急流依然维持；且北支急流开始建立，850 hPa锋区明显，冷暖气流强烈交汇，在锋面的触发下导致风雹在湘南地区再次发生。

（3）探空资料分析

本次风雹过程初始对流触发在广西地区，3月3日夜间对流集中在广西东北部，从桂林3日20时探空来看（表3-8），SI指数小于−4 ℃，CAPE值达到1269 J/kg，说明该地区层结极不稳定，此外，0～6 km和0～2 km垂直风切变分别为24 m/s和12 m/s，对流增强条件较好，这也是此次对流得以长时间维持的主要原因。桂林的探空曲线上干下湿特征明显，0 ℃层和−20 ℃层高度适宜，总体来看，有利于风雹天气的发生。

表3-8 2018年3月3日20时桂林探空站强对流参数表

名称	K指数/℃	SI指数/℃	CAPE/(J·kg^{-1})	0～6 km垂直风切变/(m·s^{-1})	0～2 km垂直风切变/(m·s^{-1})	0 ℃层高度/km	−20 ℃层高度/km
数值	−5	−4.5	1269	24	12	4.3	6.9

3月4日对流中心移至湖南地区，在影响湖南期间的两个阶段均影响湘南地区，故选取郴州站2018年3月4日08时和20时探空资料来分析两阶段对流潜势差异，并探讨其灾害天气强度及类型差异原因，从表3-9的2018年3月4日08时、20时郴州站探空参数分析可得：①两阶段垂直风切变异常偏大，0～6 km垂直风切变超过30 m/s，0～2 km垂直风切变也达到了10 m/s及以上，这与中空急流的密切相关，强的垂直风切变有利于强对流加强和维持；也正因为垂直风切变大，风暴移动速度相对较快，导致本次过程两阶段的小时雨强均相对偏弱，最大仅49 mm/h。②两阶段均有较强的层结不稳定性，SI指数明显偏低。

表3-9 2018年3月4日08时和20时郴州探空站强对流参数表

时间	K指数/℃	SI指数/℃	CAPE/(J·kg^{-1})	0～6 km垂直风切变/(m·s^{-1})	0～2 km垂直风切变/(m·s^{-1})	0 ℃层高度/km	−20 ℃层高度/km
08时	26	−2.2	575	30	10	4.3	7.1
20时	32	−2.4	1168	36	12	4.5	7.7

对比两阶段，08时K指数仅26 ℃，较典型湖南强对流阈值偏小，这是由K指数自身定义决定的，700 hPa刚好存在明显干层，其将使得K指数降低，该层的干冷空气夹卷作用能一定程度上加强下沉气流，进而使得地面风力加大；而20时湿层向上扩展至700 hPa，K指数随之增大；此外，仅从0 ℃和−20 ℃层高度分析，第一阶段高度更有利于冰雹生长，但实况却是第二阶段冰雹特征更明显，细致分析认为，20时地面锋面还未影响到郴州，但随着冷锋南压，郴州站0 ℃层和−20 ℃层均将有所下降，有利于冰雹碰并增长，使得后阶段冰雹区域扩大、强度增强。

（4）雷达回波特征演变及临近预警分析

图3-39给出2018年3月4日11:29、20:02郴州雷达1.5°仰角的径向速度图，第一阶段（图3-39a），速度零线基本呈直线，为一致的西南急流，其强度最强超过27 m/s；第二阶段（图3-39b），正负相嵌的区域较前一阶段明显，并伴有多个中气旋发展，湘南地区受

多个超级单体先后影响，出现区域性冰雹、局地雷暴大风天气。

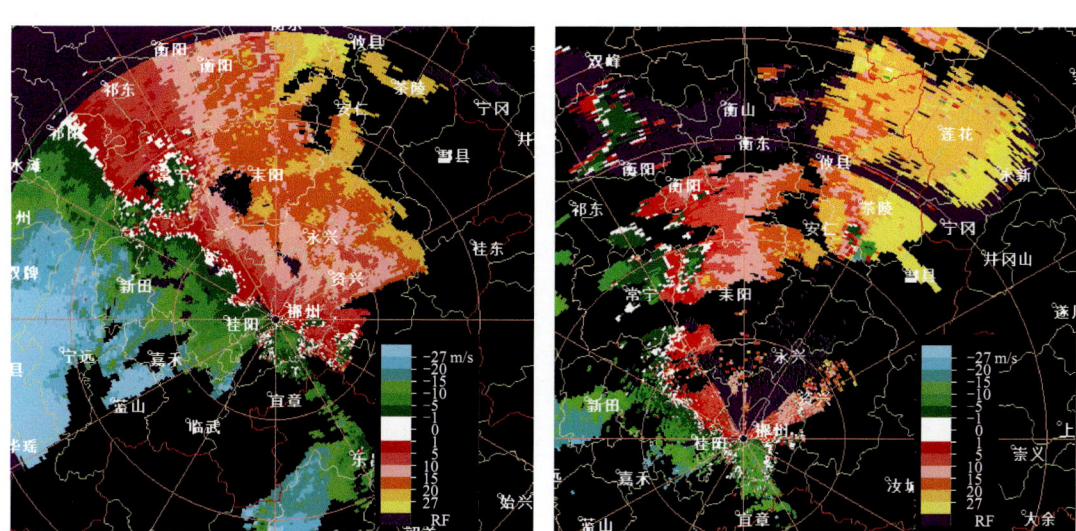

图 3-39　2018 年 3 月 4 日 11:29（a）、20:02（b）郴州雷达 1.5° 仰角径向速度图

2018 年 3 月 4 日 18:30—20:30 是此次过程冰雹集中发生时段，期间共监测到 9 站次冰雹，主要出现在永州东北部、衡阳北部、株洲中部等湘南地区。湘南的区域性冰雹和超级单体发展密切相关，图 3-40 给出郴州雷达监测到的造成湘南区域性冰雹的超级单体 K1 的中气旋顶、中气旋底及 VIL 的时间演变图。图中显示，18:09 中气旋首次生成，持续时间长达 2 h，其间中气旋顶伸展高度较高（19 个体扫，≥6 km），最高达 8 km；而中气旋底则偏低（16 个体扫，1 km 左右），深厚中气旋的发展，有利于超级单体风暴维持。此外，垂直积分液态水含量（VIL）前期有明显跃增，随后 17 个体扫 VIL≥60 kg/m²，是强冰雹出现的重要指标。结合 K1 的风暴趋势（图略）来看，整个过程中，风暴质心高度没有明显下降，而最大反射率因子的两次下降分别对应两次降雹过程。识别出中气旋后，若短临预警人员能提前预判其在有利的环境条件下会维持并加强，对下游地区提前发布冰雹预警，那么衡阳（19:11）、衡南（19:25）冰雹预警提前量为 20 min，常宁（19:40）、安仁（19:54）、茶陵（20:02）冰雹预警提前量可达 30 min。

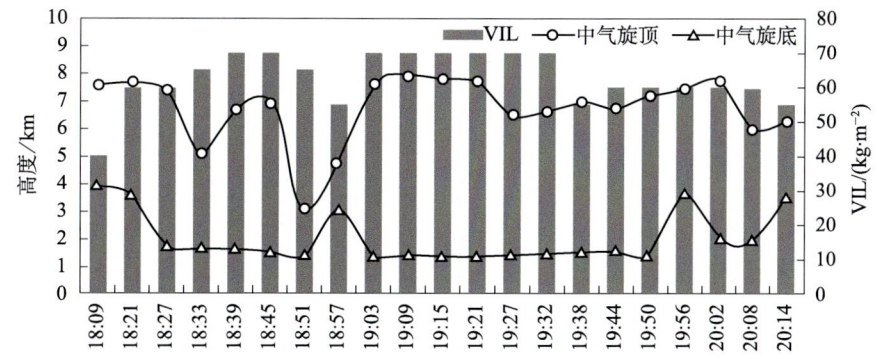

图 3-40　2018 年 3 月 4 日超级单体 K1 的中气旋顶、中气旋底及 VIL 的时间演变图

图 3-41 给出了郴州雷达 2018 年 3 月 4 日 19:44、20:02 的反射率因子、径向速度及垂直剖面图，选取的是强冰雹灾情最严重的茶陵。从图 3-41 中可以看出，4 日 19:44 低仰角出现了明显钩状回波（强度≥65 dBZ），前侧 V 形缺口说明上升气流强盛；结合同时刻径向速度图（图 3-41b）分析发现，在低层弱回波区之上有中等强度中气旋发展，旋转速度达 17 m/s，切变值达 35×10^{-3}/s。19:56 出现首个旁瓣回波，20:02 旁瓣回波更加明显（图 3-41c）；从图 3-41d 反射率因子垂直剖面图来看，≥50 dBZ 强回波扩展到 10 km，明显高于 −20 ℃ 层高度，适宜的高度有利于冰雹生成，且强回波（≥60 dBZ）已着地，说明已有冰雹落地，而在上述分析的有利环境条件为超级单体风暴维持提供了持续的水汽、能量及上升运动条件，使得新的雹胚不断新生发展，导致在风暴移动方向上出现"雹打一条线"的特征。

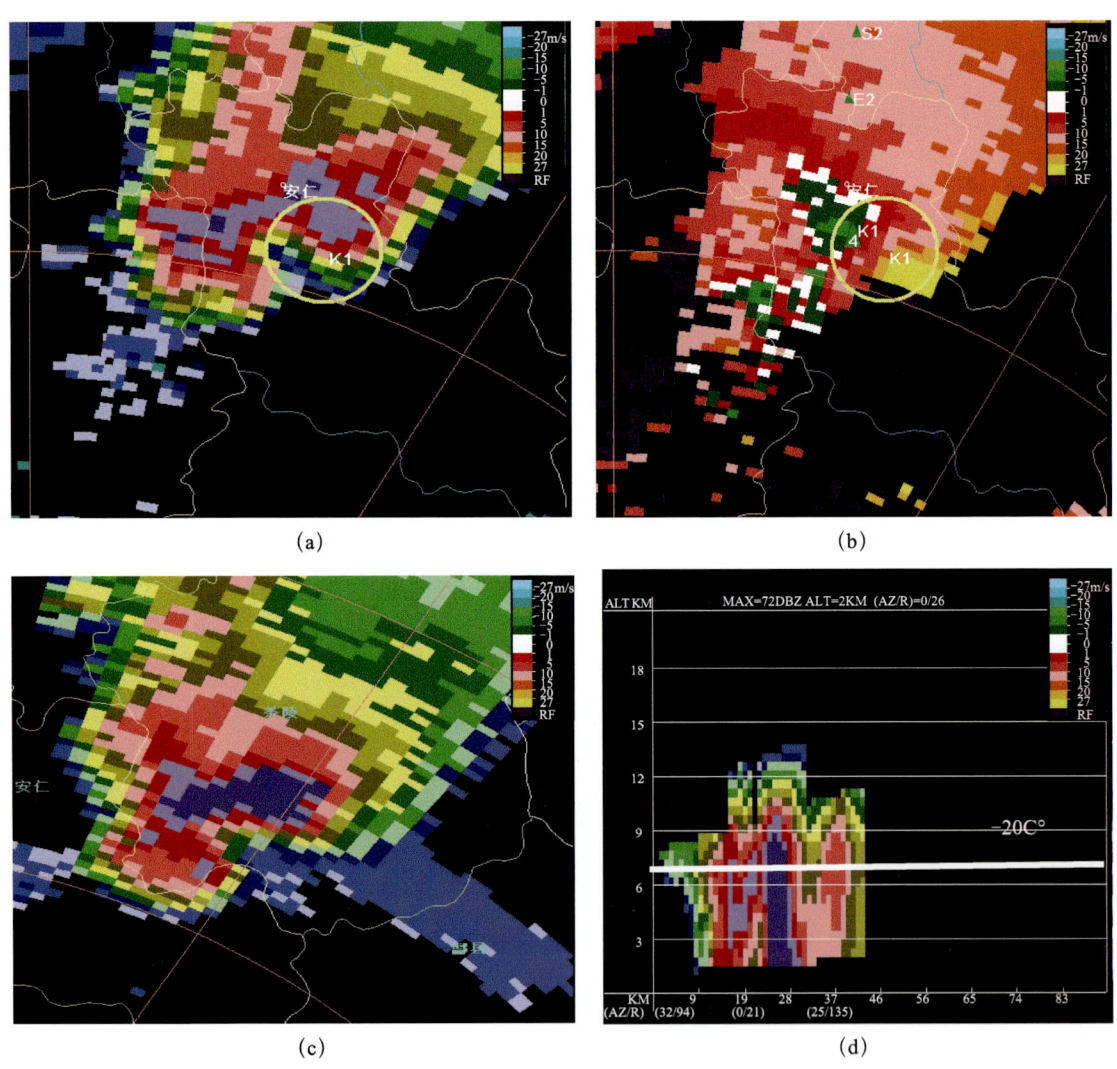

图 3-41 2018 年 3 月 4 日 19:44 郴州雷达 0.5° 仰角基本反射率因子（a）及径向速度图（b）、20:02 反射率因子图（c）及反射率因子剖面图（d）（a、b 中黄色圆圈标注区为中气旋所在位置，d 中白色横线为 −20 ℃ 温度所在高度）

5. 2020 年 3 月 21 日（低层暖平流强迫类转斜压锋生类）

（1）强对流实况

2020 年 3 月 21—22 日湖南省先后出现 28 县次冰雹（最大直径 6 cm，21 日 19 时，怀化市沅陵县官庄镇，图 3-42a），区域站上共出现 65 县次雷暴大风（极大风力 30.7 m/s，11 级风，22 日 02 时，益阳市桃江县）和 252 县（市）短时强降水（最大小时雨强 83.2 mm，22 日 03 时，湘西州永顺县）等强对流天气。21 至 22 日湘中偏北、湘东北、湘西南局地出现暴雨，共计 108 个乡镇降雨超过 50 mm，其中益阳桃江、安化和怀化沅陵 3 县（市）的 9 个乡镇降雨超过 100 mm，最大 156.6 mm（桃江县鸬鹚渡镇，图 3-42b）。

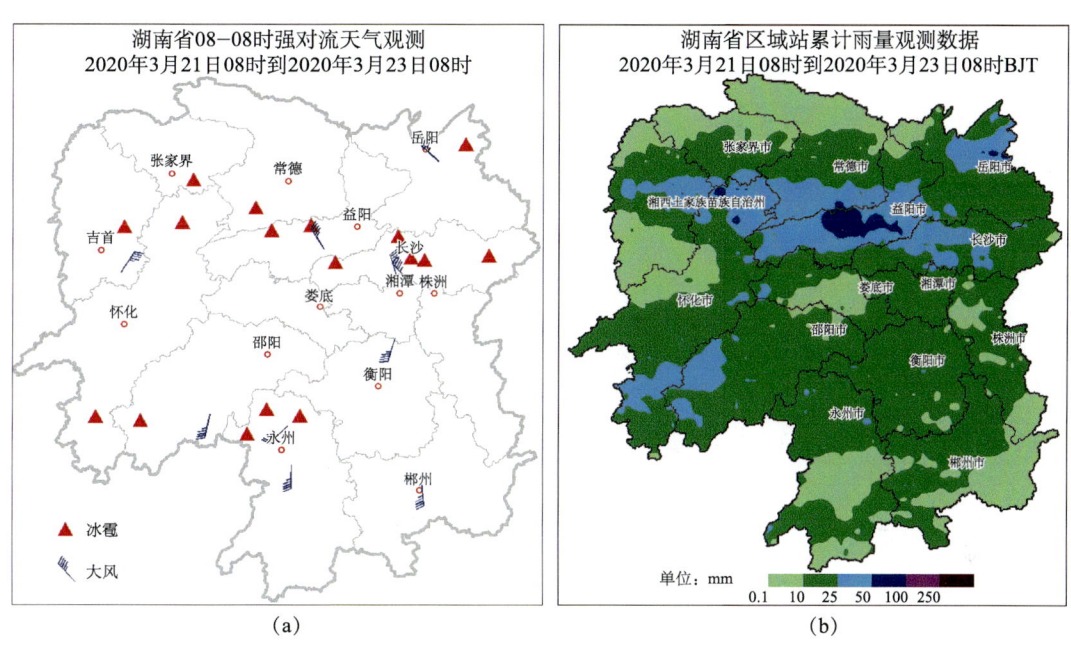

图 3-42　2020 年 3 月 21 日 08 时—23 日 08 时湖南省雷暴大风、冰雹（a）及累计降水分布图（b）

（2）大尺度天气系统分析

该次过程可细分为两个阶段，因而分别选取与风雹实况发生时间接近的 08 时及 20 时高空、地面资料来对比分析两个阶段的大尺度环流背景差异。图 3-43 给出了 2020 年 3 月 21 日 08 时和 20 时天气系统及环境条件分析图。08 时（图 3-43a）200 hPa 长江流域中上游为一条狭长的高空急流，500 hPa 川南—滇南有一低槽，湖南处于高空急流入口区右侧强辐散区，冷槽槽前正涡度平流中；850 hPa 暖式切变达 18 m/s，延伸至湖南省西部，切变南侧暖脊位于湘东~湘东南，垂直温度递减率达 27 ℃以上。地面上暖低压显著发展，低压中心 1002.5 hPa 从黔中伸至湘西地区，地面辐合线与低空切变线位置基本重叠，中小尺度动力条件进一步得到加强。同时 700 hPa、850 hPa 中低空急流建立。上干冷下暖湿特征明显，对流从湖南西部开始发展。从天气形势配置场看，这一阶段强对流发生符合"低层暖平流强迫类"。

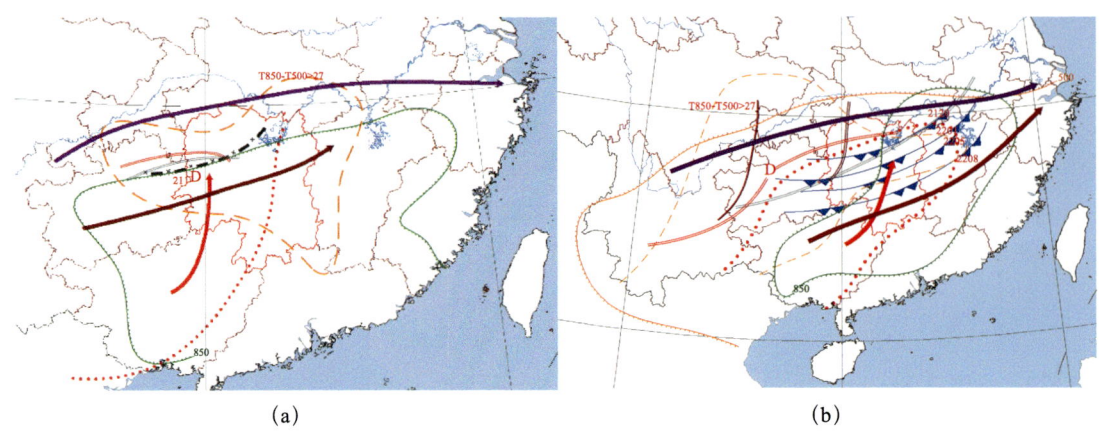

图 3-43　2020 年 3 月 21 日 08 时主要影响系统分析（a）；2020 年 3 月 21 日 20 时主要影响系统分析（b）

21 日 20 时分析可知（图 3-43b），500 hPa 短波槽移至黔中，700 hPa 槽位于鄂中~湘西，前倾槽结构直接导致第二阶段对流天气的发生。850 hPa、925 hPa 切变稳定维持在湘西至湘北，雪峰山脉地形加强了辐合，导致低空切变与超低空切变之间，山麓北侧有强对流云团不断新生发展。700 hPa 冷切位于湘西地区，地面冷空气快速南下影响湖南省，22 日 08 时前锋已达湘南地区，冷暖气流交汇导致湘西、湘南对流加强发展。从天气系统整体配置看，这一阶段强对流发生符合"斜压锋生类"。

（3）探空资料分析

这次强对流过程主要发生在湘北，主要发生时段在 3 月 21 日夜间。选取 21 日 20 时怀化和长沙探空曲线分析，见图 3-44。CAPE 接近 2000 J/kg，K 为 38 ℃，$\Delta T_{850-500}$ 为 28 ℃，说明该地区层结强热力不稳定；0~6 km 垂直风切变为 26 m/s，0 ℃层和 -20 ℃层高度有利于冰雹天气产生。中层风速超过 20 m/s，动量下传，具有一定 DCAPE，比湿 11 g/kg，有利于雷暴大风和短时强降水的产生。

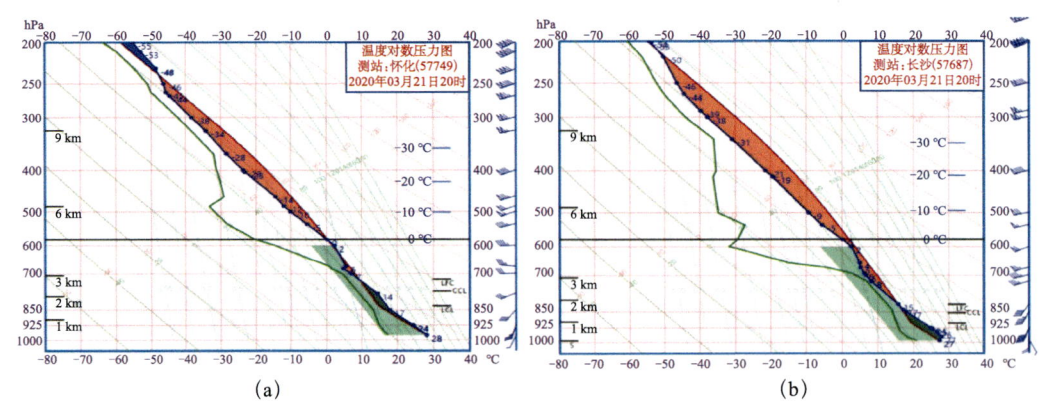

图 3-44　2020 年 3 月 21 日 20 时怀化站（a）、长沙站探空图（b）

从怀化探空对流参数可看出（表 3-10），08 时至 20 时 K 指数增大，LI 明显减小，CAPE 稳定维持在 1000 J/kg 以上，能量螺旋度显著增大。能量螺旋度综合考虑不稳定能量和动力因子，能更好地反映气块的真实运动情况。张玲等（2008）研究表明，能量螺旋度增大时，出现超级单体可能性增大。从白天到夜间，3月21日对流天气出现了多个超级单体共存的现象。

表3-10　2020年3月21日08时、20时怀化探空站强对流层高度参数表

时间	K /℃	SI /℃	订正后 CAPE /(J·kg^{-1})	LI	0~6 km垂直风切变 /(m·s^{-1})	g-850 /(J·kg^{-1})	0℃层高度 /km	-20℃层高度 /km	△T850-500 /℃	能量螺旋度
21日08时	27.4	-5.04	1882.1	-0.93	23	12.02	4.16	6.87	27.6	552.2
21日20时	38.4	-2.76	1180.8	-4	21	11.04	4.6	7.0	28	2425.4

（4）雷达回波演变特征

此次强对流天气过程主要表现为超级单体在湖南西北部生成加强，并向东移动，造成湖南北部湘西州、张家界、怀化北部、常德、益阳、长沙、岳阳多地冰雹和雷暴大风天气，局地短时强降水发生，见图3-45。雷达回波形态主要表现为孤立对流风暴形态，单体面积小，呈团状分布，强回波下风向伸展出层状云回波，单体独立发展直到消亡。

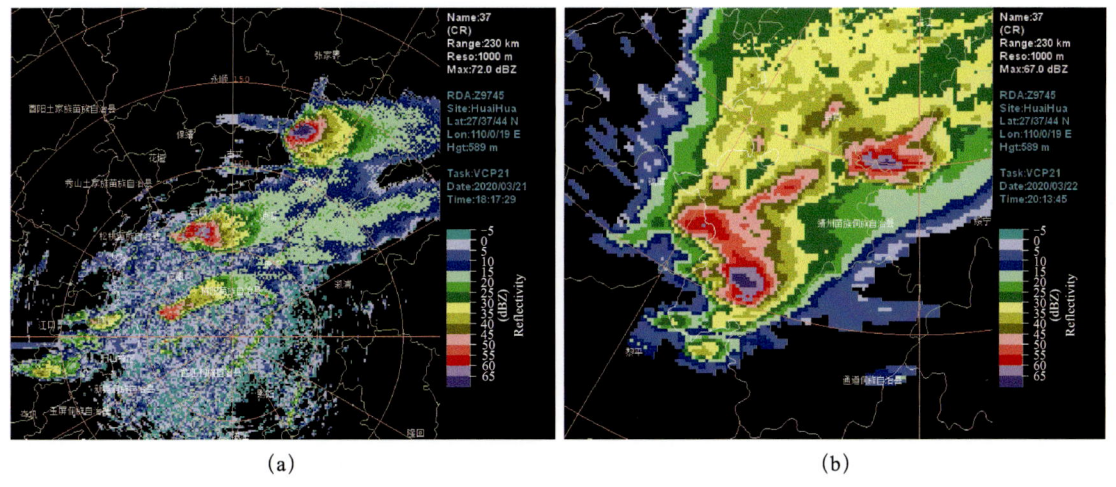

图3-45　2020年3月21日雷达回波形态：孤立对流风暴（a）3月21日18:17；（b）3月22日20:13

3月21日17:00贵州铜仁新生回波单体，向东北移动过程中不断加强，回波强度达60 dBZ以上，造成湘西州和怀化北部多乡镇风暴天气，20:30移动到张家界南部减弱消亡，另怀化北部18:00对流单体L0生成，跟随环境风迅速增强，强度达60 dBZ以上，19:25（图3-46a）4个对流单体回波中心强度均达50 dBZ，20:30其他3个单体消亡，L0单体强度维持在60 dBZ以上，伴随强中气旋，为超级单体，60 dBZ强回波持续5 h，东移过程造成湘北多地风暴天气，局地短时强降水，其中沅陵19:00出现6 cm强冰雹。从19:37常德风廓线产品（图3-46b）来看，低层特别是2 km以下均为南风或偏南风为主，到了2 km逐渐转为西南风，风随高度顺转，具有明显暖平流特征，对应700 hPa风速达12 m/s，暖湿气流为此次强对流天气提供水汽和热量条件，属于低层暖平流强迫类。

3月21日23:00—22日04:30，张家界南部对流单体新生，强度迅速增强，02:00（图3-47a）在常德南部时达60 dBZ以上，东移过程中分裂成2个超级单体，强度维持，造成

常德南部、益阳西部、长沙北部多地风暴天气，其中益阳桃江 02 时出现 11 级（30.7 m/s）大风天气。从 02:03 常德风廓线产品（图 3-47b）来看，此时 1.5 km 以下均转偏北风，说明低层冷空气侵入触发强对流单体新生发展。

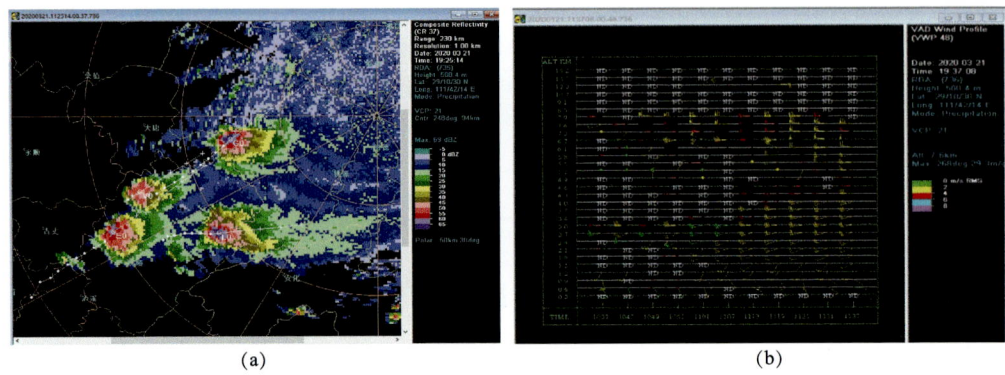

图 3-46　2020 年 3 月 21 日 19:25 常德雷达组合反射率因子图（a）、19:37 常德风廓线图（b）

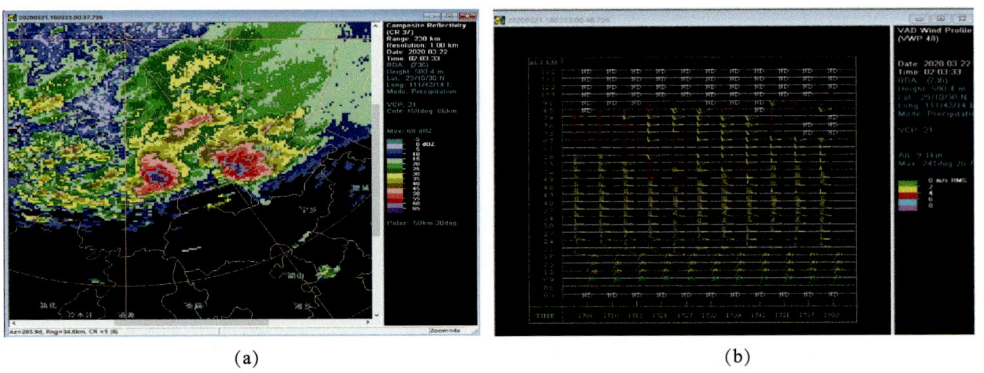

图 3-47　2020 年 3 月 22 日 02:03 常德雷达组合反射率因子图（a）、02:03 常德风廓线图（b）

3 月 22 日 02:00—10:00，重庆东南部回波移入湖南省，迅速加强中心强度超过 60 dBZ，造成湘西州保靖出现 2 cm 以上大冰雹，而后强度略减弱，仍存在 45～55 dBZ 的积状云回波，积层混合回波前侧不断有回波单体新生，类似"列车效应"经过湘西、湘北地区，湘中以北多乡镇出现暴雨，益阳、怀化局地达大暴雨，其中永顺 22 日 04 时小时雨强达 83.2 mm，见图 3-48。

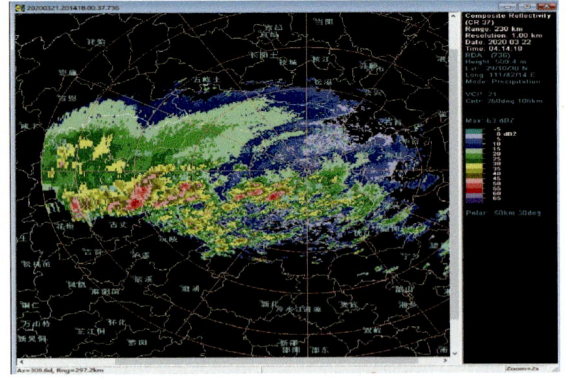

图 3-48　2020 年 3 月 22 日 04:14 常德雷达组合反射率因子图

图 3-49 给出了本次强对流天气中气旋持续期间对应的超级单体风暴的 L0 的 dBZM、dBZM hT、TOP（单体的高度）、VIL（单体的垂直累积液态水含量）的演变，分析出以下特征：dBZM 持续偏高，强度最大值达到了 68 dBZ，平均值为 65 dBZ；dBZM hT 位于 5 km（0 ℃层高度）上下小幅度摆动，VIL

值在18:23以前一直处于增大状态,最强一个体扫增大了9,后期呈下降一个态势;TOP(单体的高度)持续偏高,达到了10 km以上。

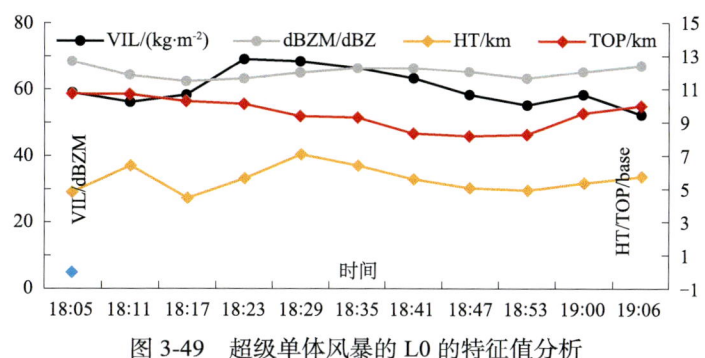

图3-49 超级单体风暴的L0的特征值分析

(5)强对流预报预警分析

①冰雹雷达回波特征分析及其可预警性

3月21日18:30—23:00是冰雹集中发生时段,在湘北的湘西州－怀化－常德－益阳－岳阳出现了"雹打一条线",出现在低层暖平流强迫类阶段,暖湿气流抬升导致强对流天气发生。

分析造成沅陵西北部强冰雹的强风暴单体M0(图3-50a)发现,强回波中心回波强度达65 dBZ以上,呈钩状,并出现明显的旁瓣回波和三体散射特征,表明有大冰雹。其剖面图(图3-50b)上表现为典型的雹暴结构:高悬垂穹窿结构,65 dBZ以上强回波伸展至−20 ℃层高度以上,有较弱回波区。速度图(图3-50c)上也识别出中气旋特征。因此,判断该单体发展为超级单体风暴。

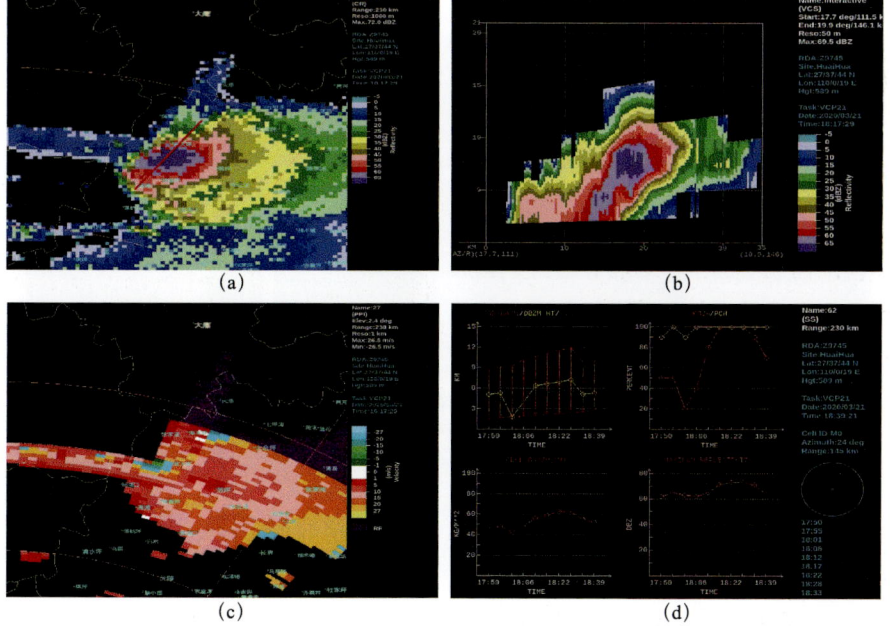

图3-50 2020年3月21日18:17超级单体M0特征(组合反射率(单位:dBZ),红线表示剖面位置(a);反射率因子垂直剖面(单位:dBZ)(b);2.4°仰角径向速度图(单位:m/s)(c);风暴趋势图(d))

进一步分析超级单体风暴 M0 趋势图（图 3-50d）发现，M0 从 17:22 开始被雷达产品软件自动编号，并往东北方向移动发展，17:50 M0 风暴单体 VIL 增加到 47 kg/m^2，最大反射率因子强度达 62 dBZ，高度 5.1 km，超过 0 ℃ 层高度。之后 VIL 维持在 40 kg/m^2，最大达 63 kg/m^2。最大反射率因子强度维持在 62 dBZ 以上，最强达 73 dBZ，直到 19:17 基本移出沅陵。过程中最大反射率因子高度多次出现明显下降，表明这期间发生多次降雹。

预报员结合本地冰雹天气气候背景和潜势，当回波刚开始发展起来不久，17:47 就发布了沅陵冰雹预警，提前量较大，取得了较好的社会效益。但即使只根据回波特征分析，17:50 左右强回波中心强度刚达 60 dBZ 以上，并首次出现旁瓣回波等回波特征时，可以及时发布冰雹预警。

② 雷暴大风雷达回波特征分析及其可预警性

3 月 22 日 02 时冷空气已渗透南下，影响湘北地区，属于斜压锋生阶段。此次湘北雷暴大风是由超级单体的中气旋强烈旋转造成的。02:03 低仰角反射率因子图显示益阳桃江受两个超级单体影响，回波中心强度达 60 dBZ 以上，2.4° 仰角（图 3-51a）具有明显的三体散射特征，对应的速度图（图 3-51b）显示桃江西部受中气旋影响，旋转速度达 15 m/s，造成桃江雷暴大风的单体风暴属性表（图 3-51c），发现 MVT 达 19 m/s，其中最大达 21 m/s。

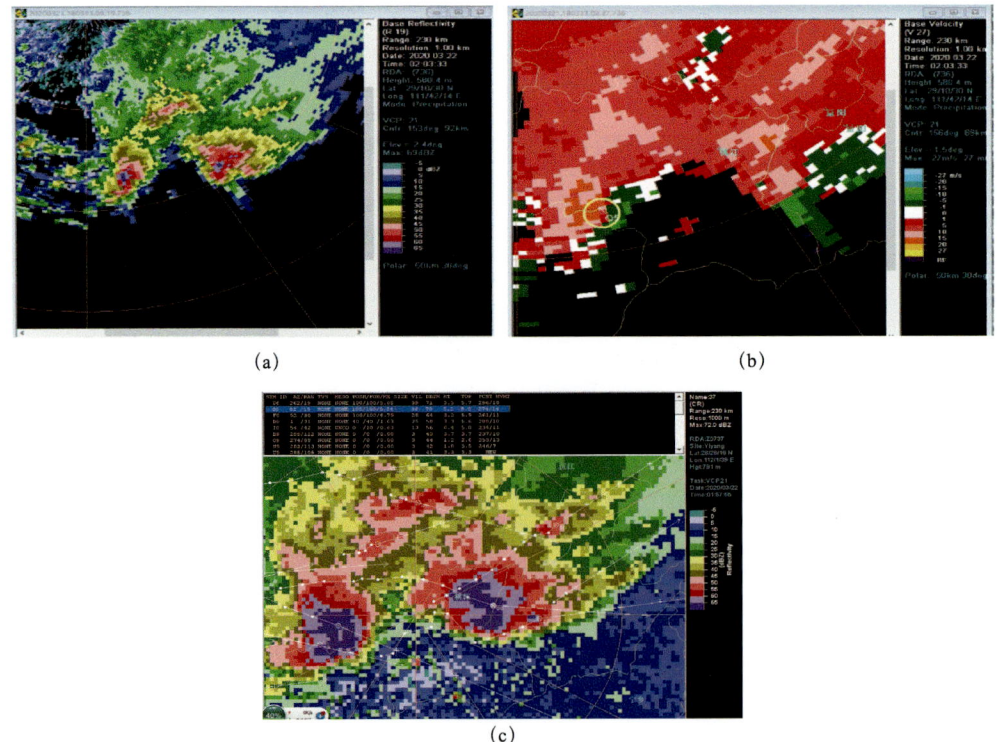

图 3-51　2020 年 3 月 22 日 02:03 常德 2.4° 仰角反射率因子图（a）；1.5° 仰角径向速度图（b）；风暴属性表（c）

3.3.3.2 强降水型超级单体风暴

1. 2016年5月4日（低层暖平流强迫类）

（1）强对流实况

2016年5月4日20时—5日08时湖南西南部出现强降水，永州、郴州12 h降水≥50 mm出现158站、≥100 mm出现44站，永州道县降雨量达193.7 mm，最大小时雨强为65.4 mm，此外，湖南道县在5日03—06时3 h降水量达到131.2 mm，见图3-52。

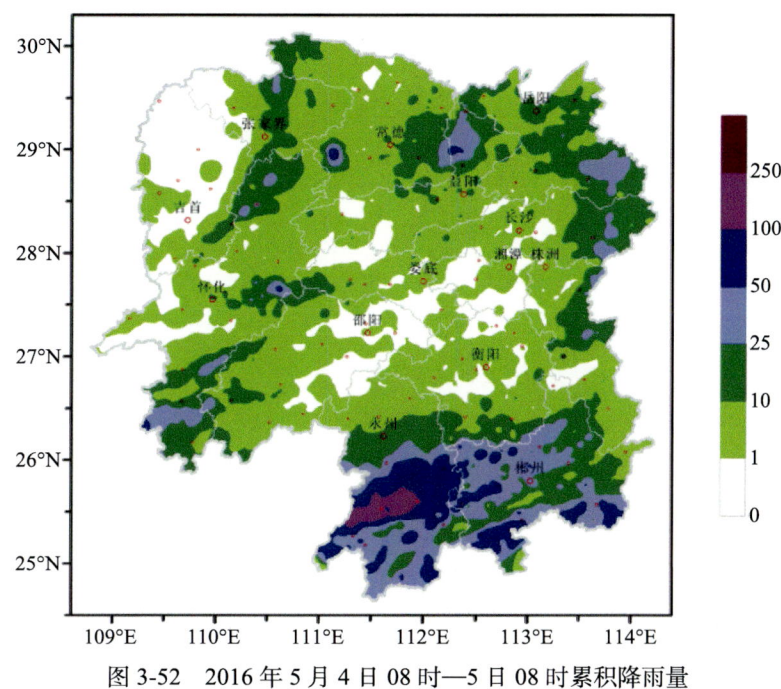

图3-52　2016年5月4日08时—5日08时累积降雨量

（2）大尺度天气系统分析

本次过程为典型的上下一致偏南风中出现的强低层暖平流强迫类暴雨，如图3-53所示，湖南南部及广西东北部位于上下一致强盛西南风中，西南地区东部500 hPa高空槽经向度较大，东移动速度较慢，地面辐合线位于广西东北部及湖南中部；华南大部湿层深厚，850 hPa与500 hPa温差在25 ℃以上，925 hPa低空显著流线及850 hPa和700 hPa急流和200 hPa高空急流耦合于湘桂黔交界附近，湖南中南部及广西大部CAPE>900 J/kg，上述暴雨发生前的天气形势及相关物理量条件表明，此次过程具备较好的大气不稳定层结、水汽和热力能量条件，也具备一定的触发及动力条件，具有发生对流天气的潜势。

（3）探空资料分析

5月4日20时，湘东不稳定能量增大，且热力不稳定条件比4日08时更明显；5日08时，随着系统的东移及降水的发生，湘南的不稳定能量得到释放，CAPE值快速下降，热力不稳定条件也比4日20时要差，但是从郴州探空来看，整层湿度和垂直风切变条件仍然较好，湘东南降水强度虽有减弱，但仍将维持，见图3-54。

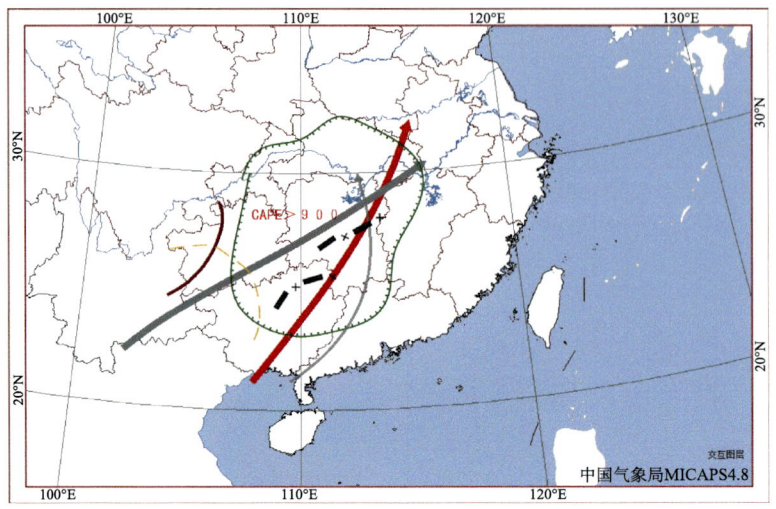

图 3-53　2016 年 5 月 4 日 20 时主要影响系统分析

(a)

(b)

(c)

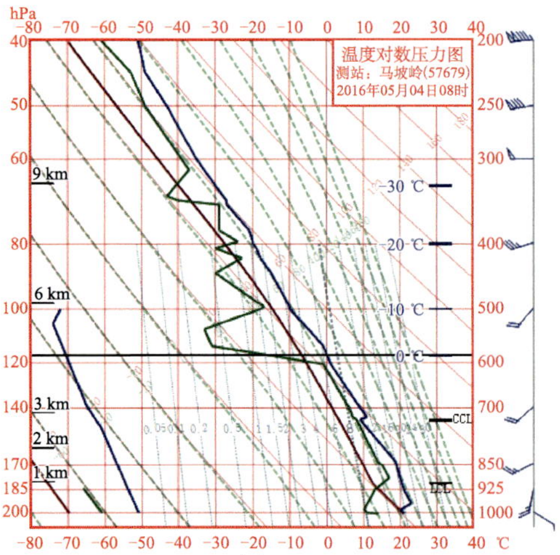

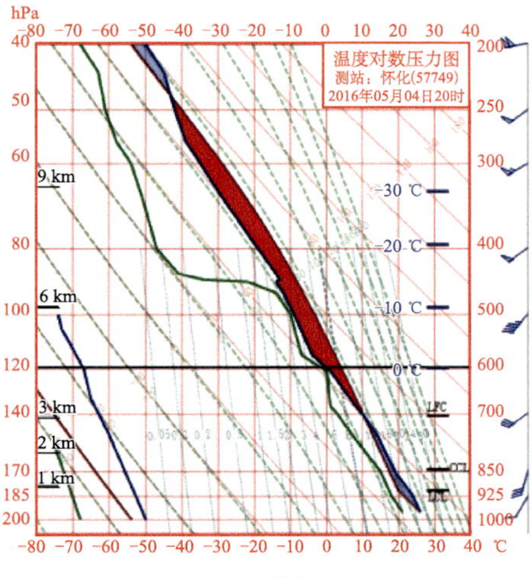

图 3-54　2016 年 5 月 4 日 20 时马坡岭、怀化、马坡岭三站 T-lnP 探空曲线

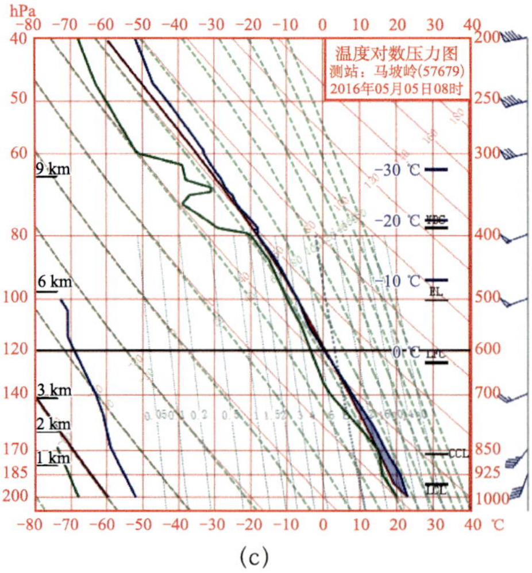

为了更好地分析各特征值对降水的指示意义，表3-11给出探空站的热力学特征指数来进行详细分析。5月4日08时，怀化和长沙的K指数较郴州大，达到了40 ℃以上，SI指数也均小于 -3.0 ℃，达到了湖南强降水发生的阈值，实况在4日白天，确实出现了范围较广的降水，但降水强度不大。随着降水的发生，20时这两站K指数略有下降，长沙SI指数增大，热力不稳定条件有所减弱；相反，郴州站的K指数则从35 ℃增大到40 ℃，SI指数由 -2.55 ℃减小到 -3.31 ℃，同时CAPE值达到1823.3 J/kg，CIN也由248.8降低到26.5 J/kg，这些指数的变化对于4日夜间湘南地区强降水的发生发展均有较强的指示作用，是预报员做出预报的关键参考因子。

表3-11　长沙、怀化、郴州三站的特征指数

站点	时间	K /℃	SI /℃	CAPE/ (J·kg^{-1})	CIN/ (J·kg^{-1})
长沙	0408	41	−5.02	0	0
	0420	39	−3.78	83	306.6
	0508	33	−1.08	30.3	212.6
怀化	0408	40	−3.31	0	0
	0420	36	−4.02	1482.4	134.2
	0508	38	−1.31	123.9	118.6
郴州	0408	35	−2.55	237.3	248.8
	0420	40	−3.31	1823.3	26.5
	0508	37	−1.02	137.7	105.1

（4）雷达回波特征分析

① 5月4—5日雷达特征分析

分析永州雷达回波组合反射率因子演变：22:52永州北部开始受分散性回波影响，有弱降水出现；23:46成片的层状云回波移至永州地区，但回波强度较弱，降水也弱，5日02:00之前，最大降水强度为永州11 mm/6 h。02:00之后，表现为层积混合降水回波，前侧为多单体风暴和反射率因子梯度大值区，后侧为成片的层状云回波相随，回波强度有所增强，过程最强单体风暴回波强度>60 dBZ，回波范围扩大，覆盖永州及郴州南部大部分地区6 h以上，回波整体以多单体风暴形式排列成东北-西南向带状，回波东移并缓慢南压，造成永州及郴州南部地区成片暴雨天气，5日08:00之后降水回波强度减弱，并逐渐南压移出湖南。其中永州南部自03:05开始前后受多个风暴单体影响，新单体不断在西侧生成，后向传播及"列车效应"显著，其是造成道县194 mm/6 h、宁远115 mm/6 h局地大暴雨的主要原因，见图3-55。

平均径向速度图：02:00之前永州地区为西南风，形成低空西南急流，风速最强达到22 m/s，随着暖湿气流的输送，02时前后低层零等速度线由近乎直线转而呈现S形结构，风随高度顺转，低层暖平流显著，即短时暴雨出现时西南低空急流及低层暖湿特征明显。在回波带南侧的积状云回波活跃区，出现逆风区，正负相间的回波反复通过永州南部，造成局地大暴雨天气，见图3-56。

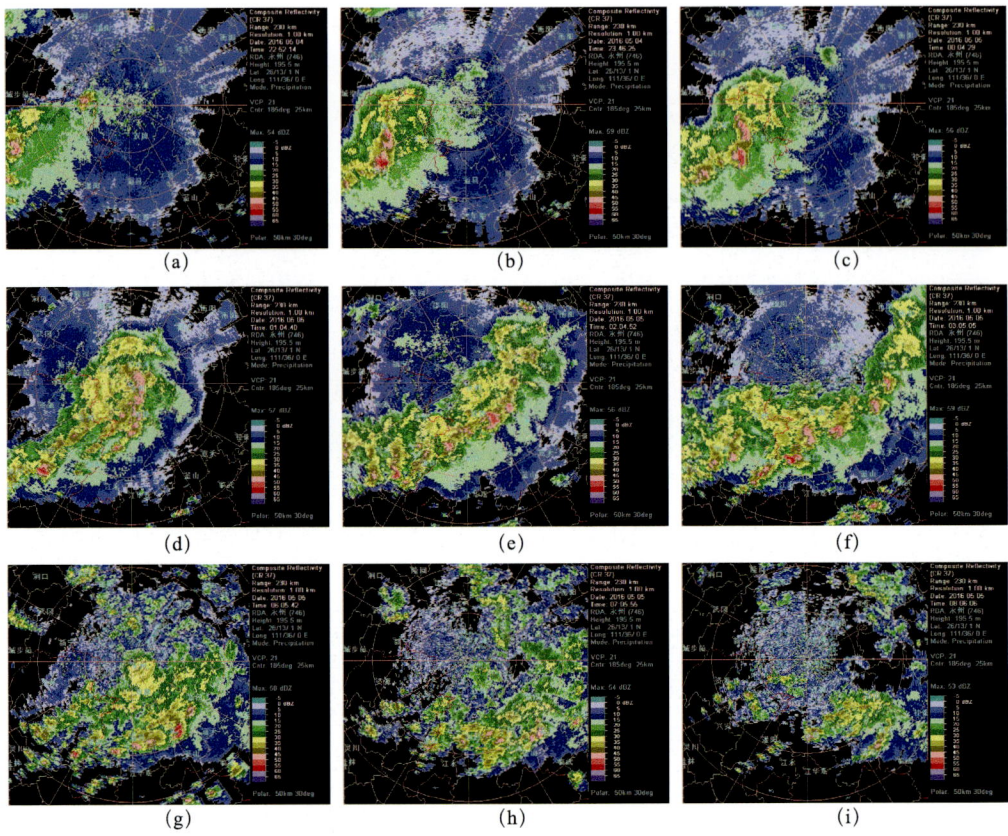

图 3-55 2016年5月永州雷达组合反射率因子演变图（a：4日22:52，b：4日23:46，c：5日00:04，d：5日01:04，e：5日02:04，f：5日03:05，g：5日06:05，h：5日07:05，i：5日08:06）

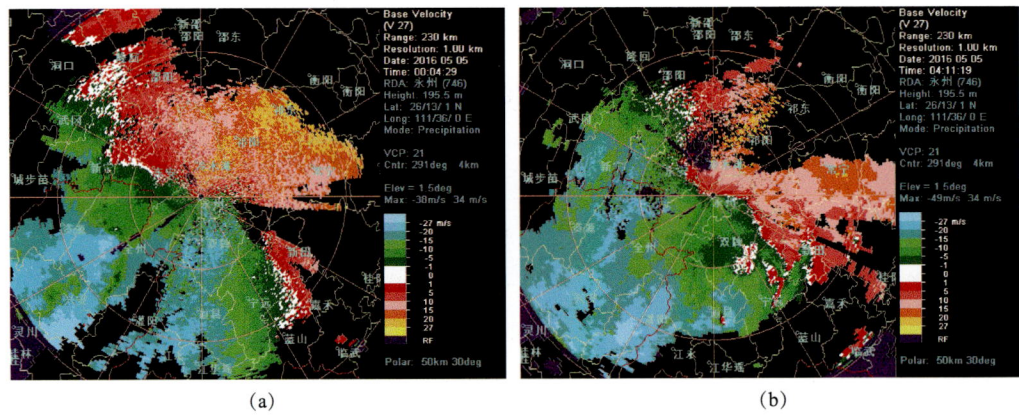

图 3-56 2016年5月5日平均径向速度图（a：00:04，b：4:11）

从风廓线产品（VWP）中可以看出，本次过程暴雨产生前（5月5日02:00以前），西南风已扩展到了9 km以上，最强风速达到了24 m/s，中空急流、低空急流、超低空急流均得到发展（图3-57a），此时无降水发生。但随着底层0.3 km由西南风转为南风（图3-57b紫色方框所示），垂直风切变得到增强，开始出现降水。此后乃至暴雨维持期间，底层主要是南风为主（图3-57c），且随着高度的增加顺转为西南风，有利的垂直风切变导致

3 h（03:00—06:00）累计降水超过了 100 mm（图略）。07:00 以后风廓线资料发生变化（图 3-57d）：ND 数据增多，2～4 km 高度的西南风被破坏，0.3 km 高度南风又转为西南风为主（图略），且垂直风切变变弱，对应的降水也减弱。ND 的出现，表明此前有利的水汽输送条件遭到破坏；垂直风切变变弱，表明动力条件变差，均不利于强降水的维持。

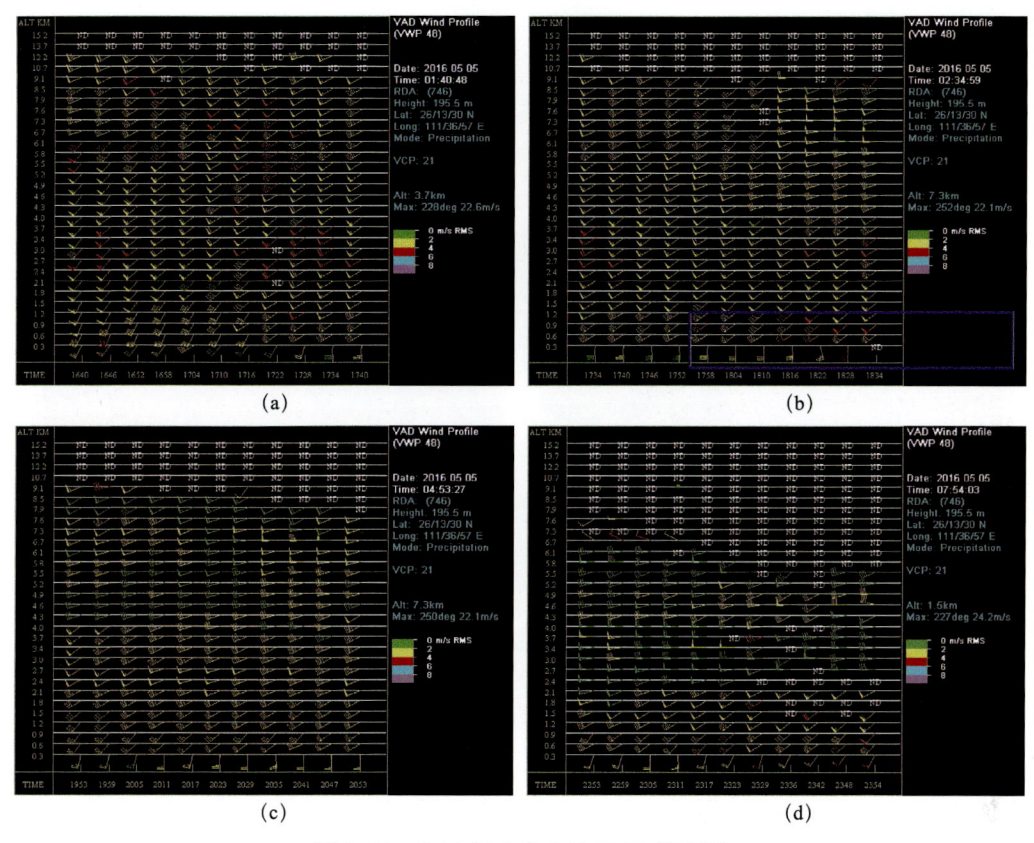

图 3-57　2016 年 5 月 5 日 VWP 演变图
（a：00:40—01:40；b：01:34—02:34；c：03:51—04:43；d：06:54—07:54）

②短时暴雨雷达回波特征分析及其可预警性

图 3-58 给出 2016 年 5 月 5 日过程最强降水时段的反射率因子演变图，积层混合性降水回波中有中气旋的发展，120 km 回波带上多个体扫出现 3 个中气旋，可见对流回波带上中小尺度特征明显。强降水最集中时段也即 5 日 03:00—06:00，该强降水时段的维持体扫大于 2 的中气旋进行统计，共捕捉到 12 个中气旋，4 个中气旋（E1、Z9、Y8、F2）维持 1 h 以上，最长的维持了 17 个体扫，长达 140 min，这 4 个中气旋和经典超级单体风暴的中气旋对比而言，风切变明显偏弱，属于中等偏弱的中气旋，但中气旋的出现导致了剧烈上升运动，有利于低层水汽向上输送，促使云滴凝结增长和降水粒子降落而产生更强的对流性降水，中等偏弱的中气旋出现的时间越长，强降水维持的时间就越长，导致这 3 h（03:00—06:00）累计降水达到了 132.1 mm，见图 3-59。因此，中气旋的存在表明对流系统具有较高的组织程度，不会很快消散，为"列车效应"产生或继续维持提供了有利的条件，因而可提前预警大暴雨的发生，或是若在预警发布过程中，前期已出现暴雨，则此时应考虑适当提高暴雨预警等级。

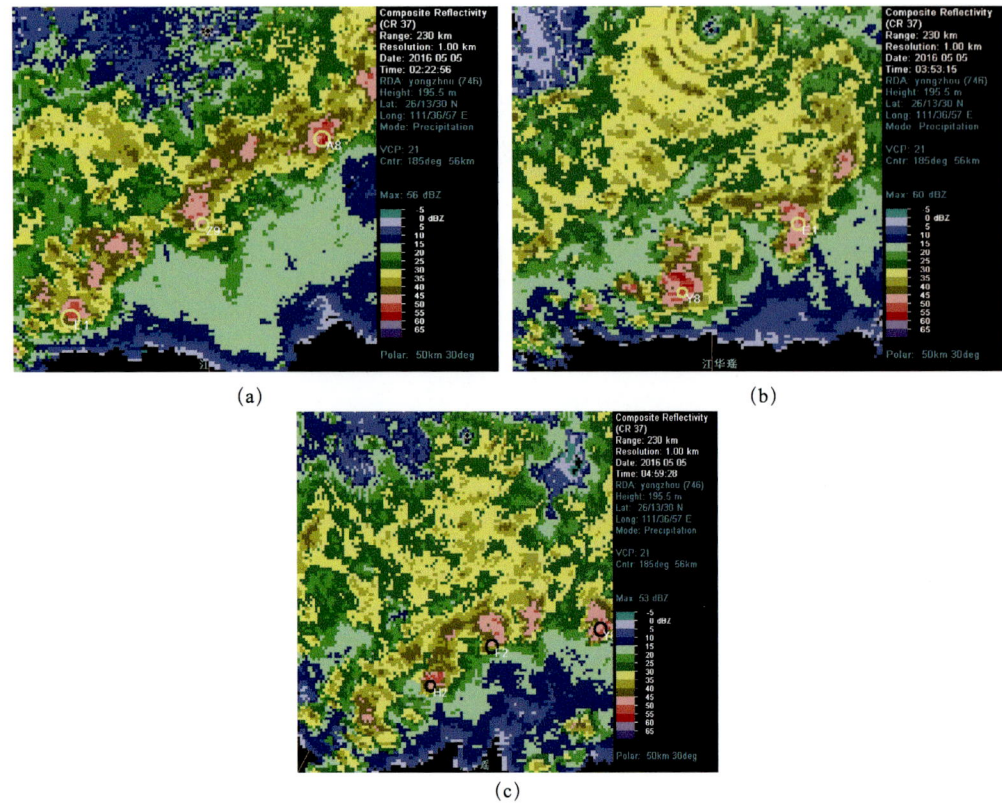

图 3-58　2016 年 5 月 5 日永州雷达最强降水阶段的反射率因子叠加中气旋分析
（02:22（a）；03:53（b）；04:59（c））

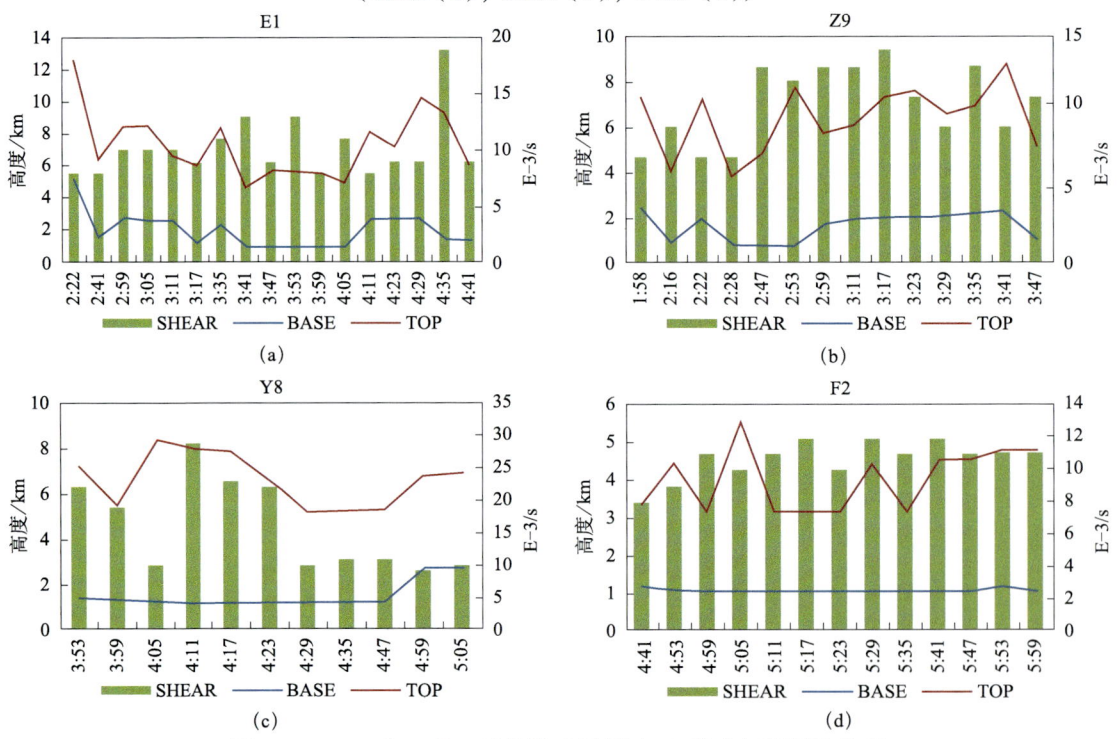

图 3-59　2016 年 5 月 5 日维持时间超过 1 h 的中气旋属性分析

2. 2016年7月17日（准正压类）

（1）强对流实况

2016年7月17日白天湘西北出现了暴雨天气（图3-60a），降水时段集中，小时雨强大，局地性强，12 h最大降水量为古丈默戎203.1 mm，1 h最大降雨量达104.3 mm（17日11—12时），据区域自动站统计，12 h雨量达到50～99.9 mm有96个站，达到100～199.9 mm有21个站，2个站超过200 mm。从默戎单站降水时序图来看，降水主要出现在上午，1 h最大降水量为104.3 mm（17日11—12时）。

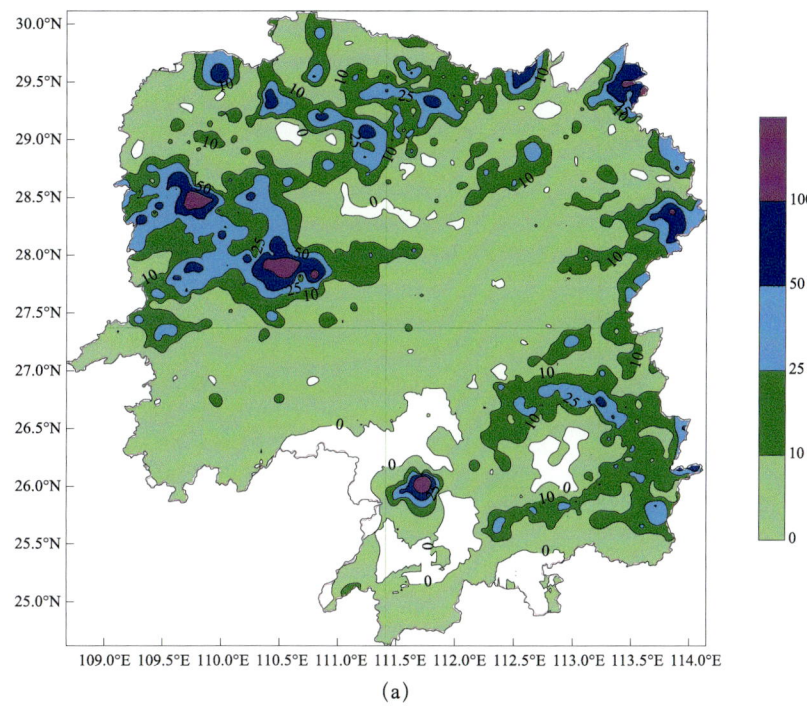

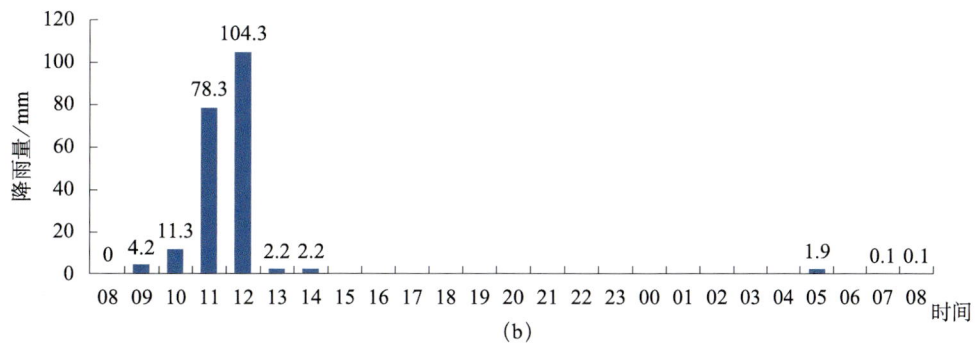

图3-60　2016年7月17日08时—20时12 h降雨量（a）和默戎降水时序图（b）

（2）大尺度天气系统分析

2016年7月17日08时588线控制湖南省，700 hPa湘西北有弱切变、850/925 hPa切变位于湘西北，西南急流达12 m/s，湘西北处于急流左前侧及受切变影响，出现强降水；20时588线南移，湘北处于副高边缘，随着中低层切变线东移南压，降水东移南压，湘东北、湘西南和湘东南受副高边缘和切变线影响局地出现强降水。7月17日白天发生时湘西北处于副高控制下,属于副高内部型暖区暴雨,副高内部具有较高的热力不稳定能量,中低层弱切变具有一定动力抬升作用,在 700 hPa 干线和地面中尺度气旋共同触发下,局地出现暴雨,见图3-61。

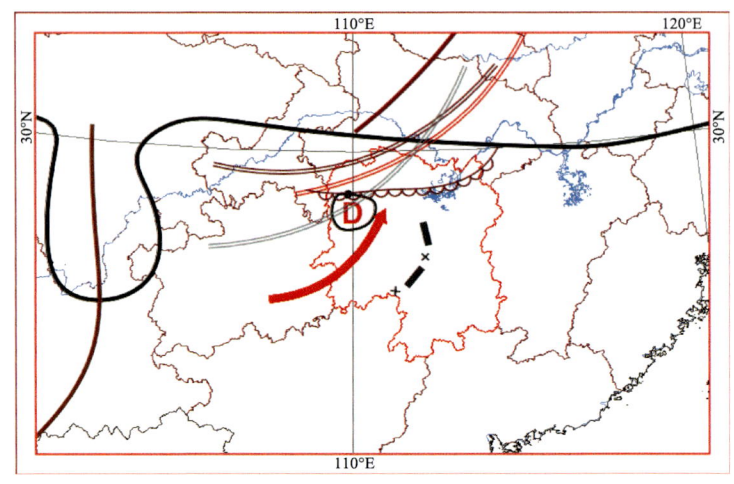

图3-61　2016年7月17日08时主要影响系统分析

（3）探空资料分析

探空曲线显示出当天湘北地区的湿度较好,湿层深厚,600 hPa 以下大气基本接近饱和状态,同时不稳定能量也较高,特别是怀化站,达到了 2242 J/kg,两站低层的西南风速都比较大,说明湘北地区受低空急流的影响较大,这些都为该地区的对流发展提供了有利的条件,见图3-62。

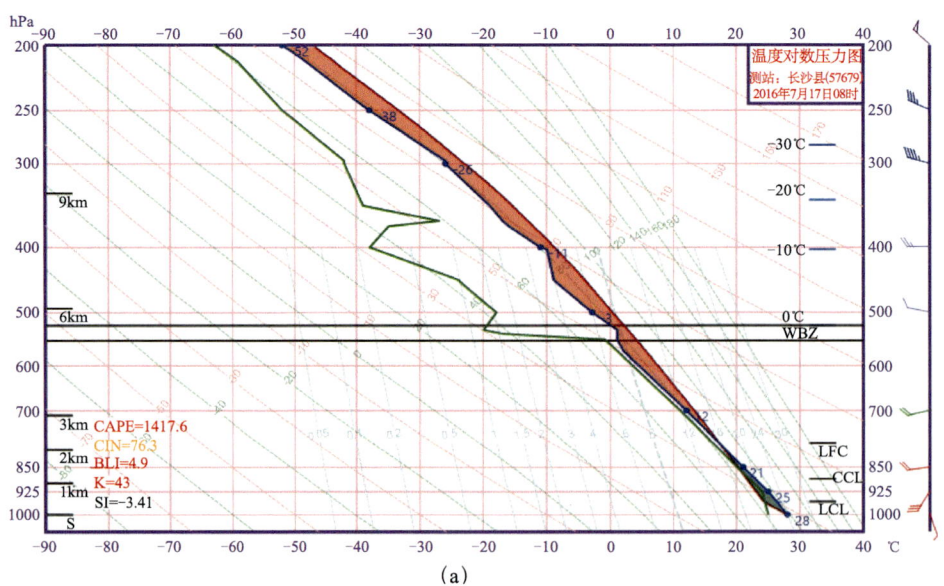

(a)

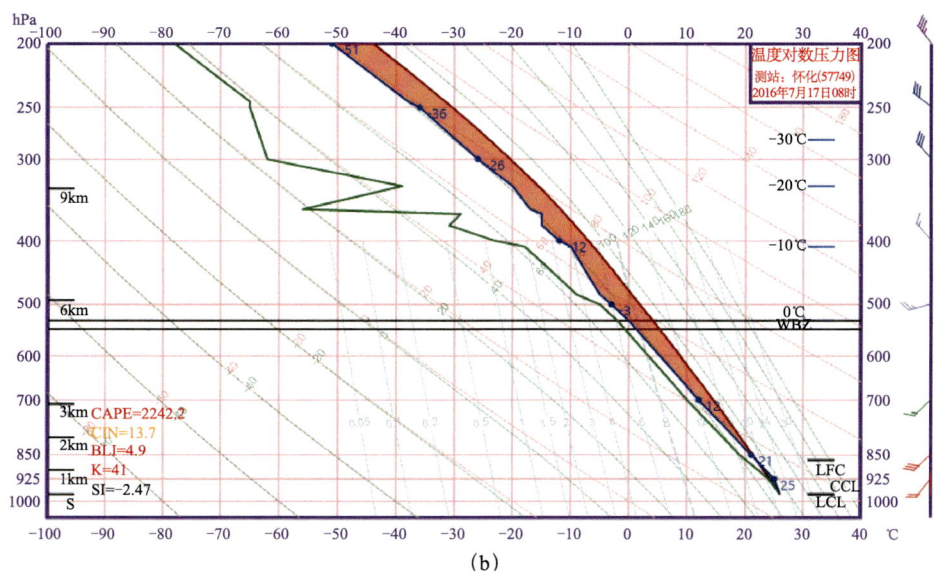

图 3-62　2016 年 7 月 17 日 08 时长沙（a）与怀化（b）探空

从长沙和怀化的热力参数变化来看，怀化 7 月 17 日 08 时到 20 时 K 指数增强，抬升指数为 -2.47 ℃下降到 -4.82 ℃，CAPE 值为 2242.2 J/kg 上升到 3531.4 J/kg，由于处于副高边缘及地面倒槽控制，热力条件较好，在地面辐合线触发下产生暴雨。随着降水发生，不稳定能量有所释放，因此 18 日 08 时不稳定能量减小。长沙 17 日 20 时 CAPE 达 3965 J/kg，18 日 08 时减小，不稳定能量释放。郴州处于副高内部，虽然热力不稳定条件较好，CIN 也较其他站大，而且无切变线影响和地面辐合线触发，因此降水不明显。综上所述，此次发生强降水的时间都有较好的热力和不稳定条件，见表 3-12。

表 3-12　长沙、怀化、郴州站的特征指数

站点	时间	K/℃	SI/℃	CAPE/（J·kg^{-1}）	CIN/（J·kg^{-1}）
长沙	1708	43	-3.41	1417.6	76.3
	1720	38	-1.12	3965	0.1
怀化	1708	41	-2.47	2242.2	13.7
	1720	43	-4.82	3531.4	10.3
郴州	1708	39	0.4	1541.9	60
	1720	41	-5.18	2008.8	130.8

螺旋度不仅考虑了大气旋转的特性，又考虑了水平和垂直方向的输送作用。不同于 CAPE 等动力学参数表示潜在不稳定能量，在相应触发条件才能产生暴雨，螺旋度可有效表征不稳定能量的释放，可用于天气预报及分析研究的动力因子。垂直螺旋度是垂直涡度和垂直速度的乘积，它的大小反映了垂直方向上旋转与沿旋转轴方向运动的强弱程度。

这次过程暴雨发生前暴雨区垂直螺旋度迅速增大，很显著，有明显的指示意义。"07.17" 过程（图 3-63a）虽然处于副高控制下，但由于切变线的动力抬升作用，对副高稳定和副高内部下沉运动有一定影响，600 hPa 高度以下垂直螺旋度的负值区，表征了气旋性涡度

的垂直向上输送，负值区中心 -2.5×10^{-5} $kg^{-1} \cdot m^3 \cdot Pa \cdot s^{-2}$，位于900 hPa高度，说明该高度强气旋性旋转辐合最强，主要由近地层中小尺度系统影响造成暴雨，雨区上空对流层高层垂直螺旋度的正值区代表反气旋性涡度的垂直向上输送。古丈垂直螺旋度垂直时序图（图3-63b）显示暴雨发生前2～3 h低层900 hPa出现负螺旋中心，对暴雨发生有较好指示意义。

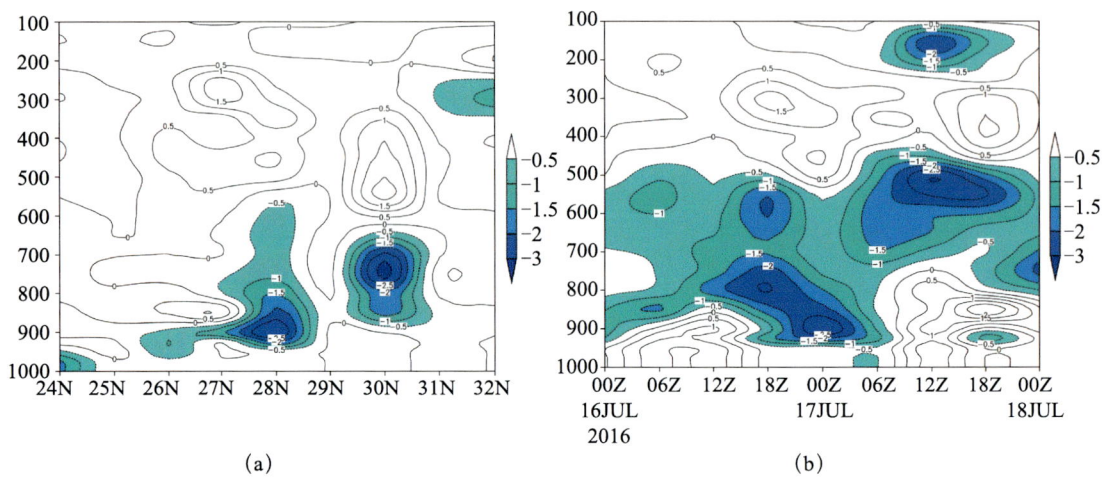

图3-63　2016年7月17日08时沿110°E垂直螺旋度经向剖面图（a）和沿古丈暴雨中心垂直剖面演变图（b）（单位：10^{-5} $kg^{-1} \cdot m^3 \cdot Pa \cdot s^{-2}$）

（4）雷达回波特征分析

7月17日09—10时小时雨强为11.3 mm，10—11时增加到78.3 mm/h，11—12时则达到了104.9 mm/h。从对应的反射率因子演变可以看出（图3-64a-c），默戎短历时强降水主要是由停滞型多单体强降水风暴造成的，回波结构密实，边界非常清晰，强回波在原地生成后，下游源源不断有回波补充进入合并得到加强。从反射率因子剖面来看（图3-64d），整个默戎上方在11:00—11:47都有40 dBZ以上的高反射率因子核心，且位于1.8～2 km，属于明显的低层高反射率因子核心，持续了10个体扫。分析可知，此次默戎的短时暴雨由此长时间影响的强回波造成。

11时36分径向速度剖面图显示，在默戎上空附近有一中气旋，从底部（2 km）一直向上扩展到6 km左右，由于距离较远（距离雷达96 km左右），最低仰角（0.5°）到了超级单体距离处已经接近2 km高。从图3-65中判断，中气旋还应该向下延伸。弱中气旋表明对流有组织性，不会很快消散，并且气流辐合有利于水汽辐合，加强上升运动和降水发展。

7月17日湘西州默戎09—10时雨强为11.3 mm，10—11时增加到78.3 mm/h，11—12时则达到了104.9 mm/h，给出了该过程强降水时段的VWP演变图：强降水发生初期，大片的ND（图3-66a）位于5 km及以上，和低空急流影响下的暖区暴雨的西南风速相比，水汽输送明显偏弱，但1.5 km以下风随高度顺转，存在暖湿平流，低层弱垂直风切变形成的上升气流使水汽抬升并集中在中下层，具有较高的降水效率，有利于短时暴雨发生，因此湘西北局地出现暴雨。12:00（图3-66b），西南风开始增强，ND数据范围明显缩小，水汽好转，并且中高层有弱冷空气侵入，副高逐渐东退，湘西南、湘东北、湘东南处于副

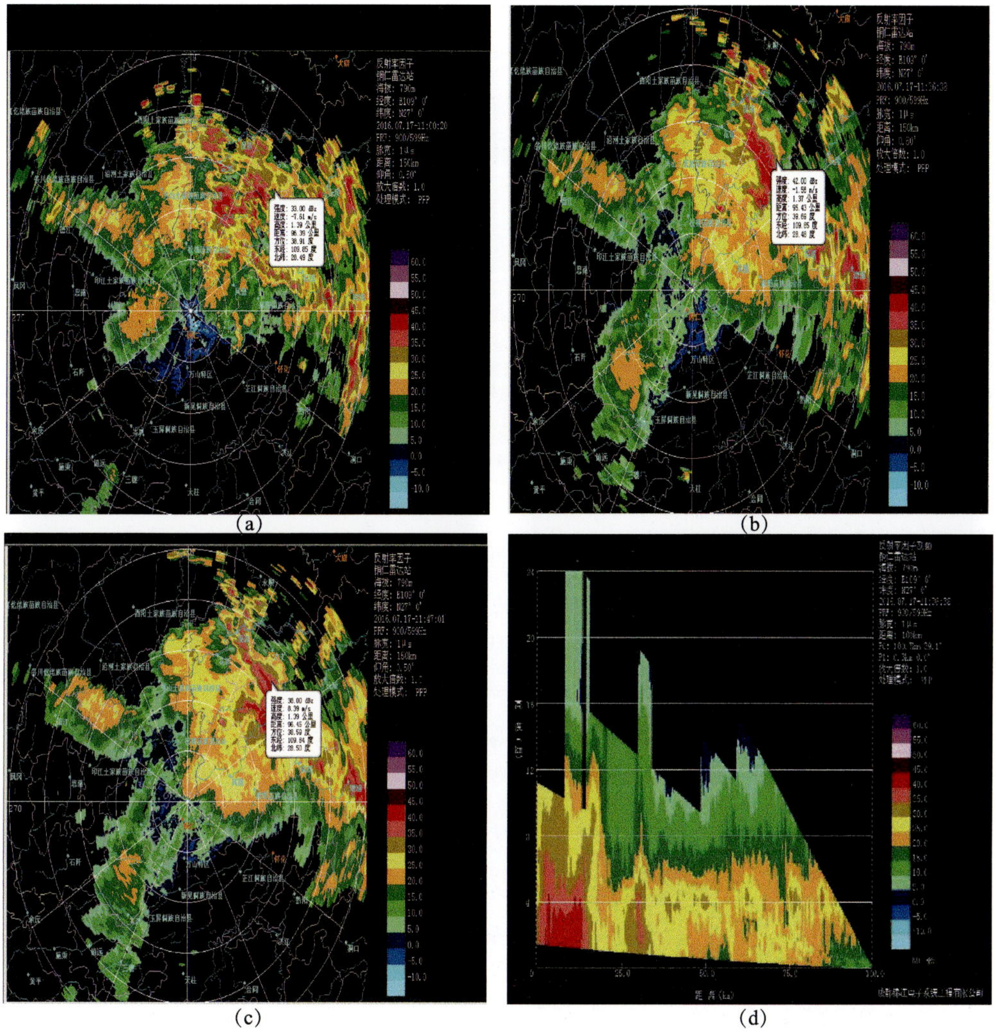

图 3-64　2016 年 7 月 17 日 11:00（a）、11:36（b）、11:47（c）铜仁雷达基本反射率、
11:36（d）铜仁雷达基本反射率剖面

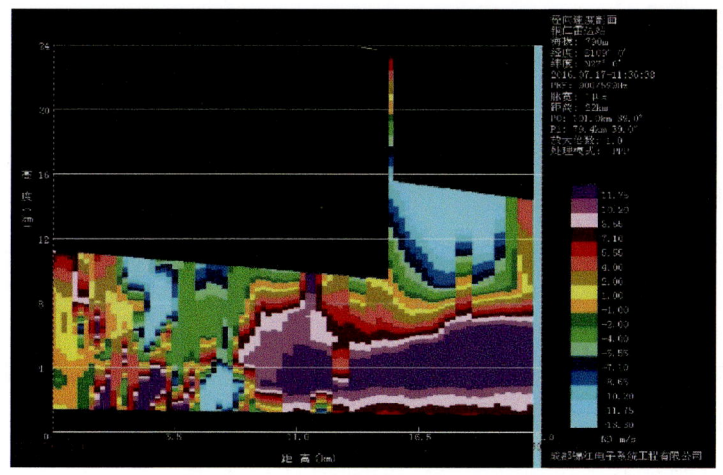

图 3-65　2016 年 7 月 17 日 11:36 铜仁雷达径向速度沿默戎到雷达方位剖面

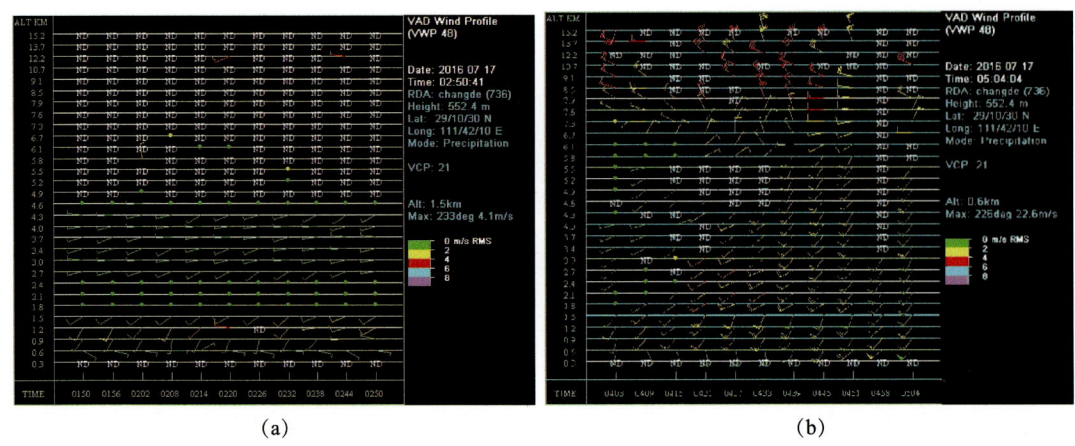

图 3-66　2016 年 7 月 17 日常德风廓线演变 9:50—10:50（a）、12:03—13:04（b）

注：右上角为世界时

高边缘，出现局地强降水。

本次过程的局地性强降水发生在非西南急流背景下，西南风明显偏弱，水汽输送明显有限，各种数值模式预报对此类局地性的暴雨的预报能力明显有限，若是在降水发生初期能从风廓线上监测到此类信息，特别是中高层 ND 数据范围明显缩小，转为了西北风，而低层西南风的增强，上干下湿的不稳定条件得到明显的增强，将导致降水的剧增，对暴雨预警的及时发布有一定的提前量，就算没有及时发布对应的暴雨预警，但是在出现一定的短时强降水后，还是可以根据上述风场特征导致雨强的变化来把握预警的补发或者考虑预警升级。

3.3.4　超级单体风暴的中气旋特征分析

3.3.4.1　经典型超级单体风暴的中气旋分析

1. 2012 年 4 月 12 日过程

2012 年 4 月 12 日傍晚前后，湖南出现了入汛后的首场强对流天气过程，湘北及湘东南出现了 7 个站次的大风，超级单体所经之处新宁北部、东安北部、冷水滩北部、祁阳、祁东、常宁南部、耒阳等 12 个乡镇出现冰雹、雷雨大风、短时暴雨等恶劣天气。湘南出现了 4 个站次的冰雹，其中位于湘东南的郴州及嘉禾出现雷雨大风并伴有冰雹，冰雹直径最大为 20 mm。

4 月 12 日 19:47，2.4° 仰角的径向速度图有一明显的正负速度对（图 3-67a），正负速度的差值达到了 23.5 m/s，切变强度为 13.7×10^{-3}/s，径向距离为 66.8 km，对应的高度为 3.3 km。抬高仰角到 6.0°，对应径向速度图表现为强辐散特征，0.5° 仰角反射率因子图有明显的 "V 形槽"（图 3-67b），表明强的上升气流，抬高仰角到 2.4°，可知强回波单体向东南方向倾斜，存在明显的有界弱回波，从对应的反射率因子等值线图可知，超级单体风暴强的反射率因子梯度位于东南侧，最强的反射率因子达到了 65 dBZ，面积超过 2 km×2 km。中气旋特征使得超级单体维持的时间长达 2 h。

第 3 章　强对流灾害天气的发生发展机理研究

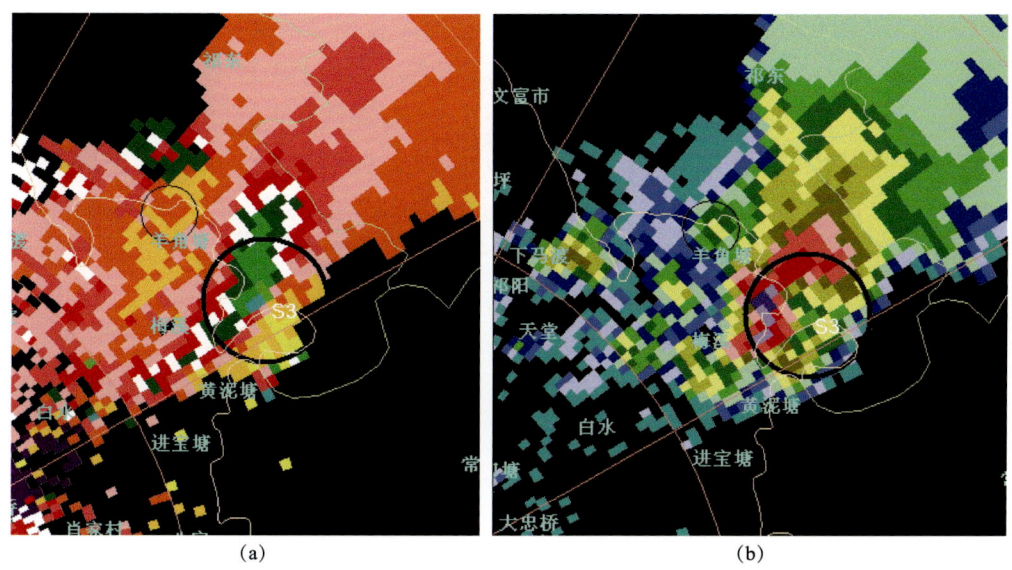

图 3-67　2012 年 4 月 12 日 19:47，2.4°仰角基本反射率因子和径向速度图

从中气旋 S3 的底、顶、最强切变高度随时间的变化分析可知，中气旋是从中低层发展起来的，18:36—19:25 中气旋 S3 的顶高一直有所增加，但底、最强切变高度先增后减，此后一体扫 S3 底高和最强切变的高度有所增加，但此后又再次降低，19:25—19:53 底高和最强切变持续增加，20:02—20:08 底高有所降低，而在消亡（20:14）前一个体扫，S3 的底、顶、最强切变高度有所增加。与实况分析对比可知，冰雹、雷雨大风出现在底、顶、最强切变高度第一次降低以后，见图 3-68。

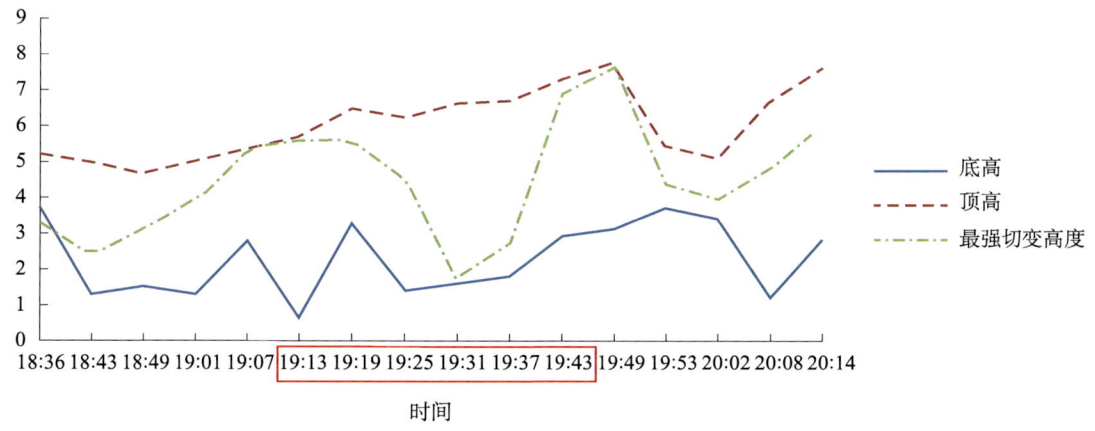

图 3-68　2012 年 4 月 12 日过程中气旋 S3 高度的演变
（红色方框时间为祁阳、祁东、常宁南部、耒阳等部分乡镇降雹、雷雨大风时间段）

2. 2015 年 6 月 1 日过程

单体 B0 在 20:52 发展成超级单体后，中气旋 B0 旋转速度逐渐增强，由 14.53 m/s 加速到 20.53 m/s，由弱中气旋发展成为中等偏强的中气旋，21:20 最强切变的高度、中气旋的顶高、底高达到最低，中气旋的旋转速度达到最大（20.50 m/s），中气旋 B0 的底由

2.9 km 高度下降到 0.6 km 并持续维持了 4 个体扫，旋转速度的增加意味着上升气流的增加。研究表明，探测到强中气旋或者探测到中气旋的底到地面距离小于 1 km 的中等强度的中气旋，发生龙卷的概率超过 40%，21:09—21:20 底部低于 1 km 的中气旋活动范围不超过 500 m，而据灾情调查，在沉船事故地点北岸几十米的地方有两棵树被吹倒的疑似龙卷的痕迹，从叠加流域、航线的雷达资料来看，龙卷痕迹的区域属于中气旋 21:09—21:20 时段所在的位置，见图 3-69。

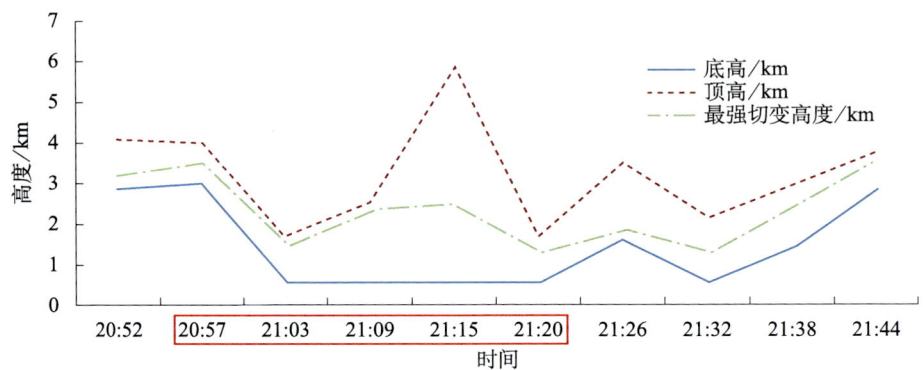

图 3-69　2015 年 6 月 1 日过程中气旋 B0 高度的演变（红色方框为雷雨大风主要时间）

3. 2018 年 4 月 4 日过程

在此次超级单体风暴过程中，18:44 前中气旋 M0 已经达到了中等偏强的强度，为中气旋 M0 18:44—19:36 的演变情况，包括底高 BASE、顶高 TOP、最强切变高度 HGT、切变值 SHEAR。中气旋底高 BASE 在 0.6~3.7 km，18:44—18:55，BASE 由 3.7 km 升高到 4.2 km，且顶高 TOP 也由 4.6 km 升高到 5.8 km；19:01，BASE 和 TOP 同时向下和向上发展，表明中气旋厚度增加，超出了朱君鉴等（2007）统计的中气旋厚度值，中气旋强度进一步加强；19:01—19:13，出现了"高顶低底"的中气旋结构，厚度很大；HGT 在 18:44 位于中气旋底部，随着中气旋的加强发展，18:44—19:01，HGT 位于中气旋顶部，HGT 19:01 为 5.2 km、19:07 为 7.1 km，此后出现明显下降，19:13 为 4.3 km。19:19 开始，中气旋强度减弱趋于消亡，对应的最强切变高度和底高明显上升，见图 3-70。

4. 2020 年 3 月 21 日过程

18:05 时中气旋已经达到了中等偏强的强度，对底高、顶高、最强切变高度进行分析：L0 生成时顶高高度已经发展到 11 km，最强切变区也出现在 9.8 km，几乎位于中气旋顶部，中气旋的底达到了 4 km，此后中气旋顶高、底高、最强切变的中心也随之下降，中气旋的底最低在 19:00 仅为 0.1 km，最强切变的高度也降至 5 km 以下，见图 3-71。

3.3.4.2　强降水型超级单体风暴的中气旋分析

1. 2005 年 5 月 31 日过程

2005 年 5 月 31 日夜间到 6 月 1 日白天，湖南省自北向南出现一次对流性强降雨过程，湘西和湘中及以南地区普降大到暴雨，而湖南省中部的新邵县太芝庙乡是此次暴雨过程中的最大雨量点，降雨主要发生在 5 月 31 日夜间，为锋前暖区局地对流降雨，虽然新邵气象站仅为小雨，新邵水文雨量点观测 5 月 31 日 20 时—6 月 1 日 08 时 12 h 雨量拓溪水库 134 mm，坪下水库 110 mm，而距太芝庙乡最近的坛溪雨量站（在其北侧 20 km 处）降雨 197.7 mm，其中 21—23 时 10 分，130 min 内降雨 163.13 mm，22—23 时 1 h 降雨 90 mm。

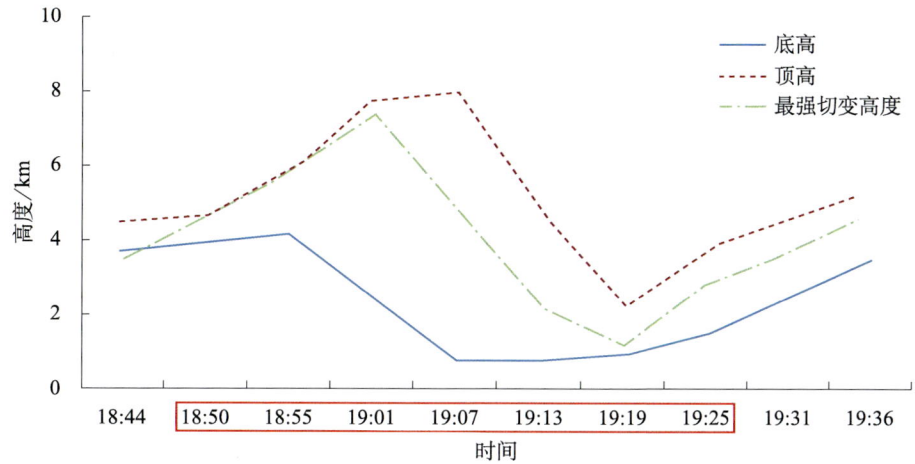

图 3-70　2018 年 4 月 4 日过程中气旋 M0 高度的演变（红色方框为强冰雹发生时间段）

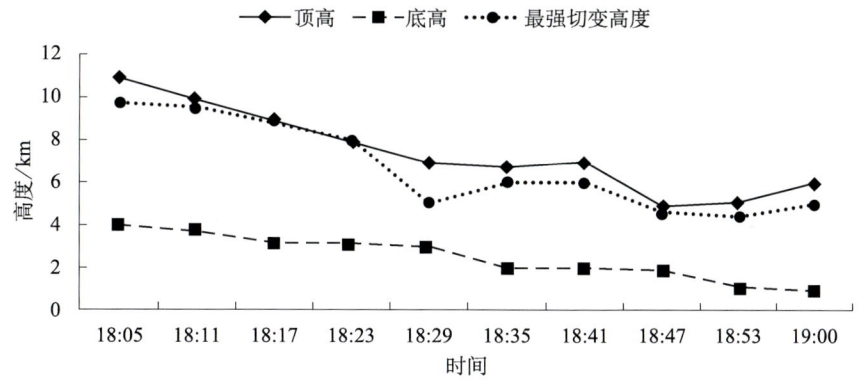

图 3-71　2020 年 3 月 21 日过程中气旋 L0 高度变化

结构特征分析：

5 月 31 日 22 时 30 分，0.5° 仰角的基本反射率图上，超过 50 dBZ 强反射率因子值宽度有 20 km 左右，最强反射率因子值超过 55 dBZ，其西北侧有 4 个小对流单体，在随后的演变过程中，依次发展并入超级单体中（图 3-72a），与其相对应的径向速度图为一中尺度气旋 M0（图 3-72b），探测距离为 147 km，高度为 4.0 km，切变强度为 8.5×10^{-3}/s，最强反射率因子值超过 60 dBZ，对应的 VIL 为 55 kg/m^2，在雷达回波反演的 3 h 降水量产品图，新邵、涟源交界处（太芝庙乡位于其中）有一狭长的雨带，雨量在 100～150 mm。实况太芝庙乡北侧的水文雨量点 22—23 时降雨就达 90 mm，垂直累积液态水含量有较大值，在超级单体的强盛期其最大值均超过 40 kg/m^2，在整个生命史中最大值达 53 kg/m^2。从中气旋 M0 的底、顶、最强切变高度随时间的变化分析可知（图 3-73），中气旋是从中层发展起来的，22:47—22:54 中气旋的底、顶、最强切变高度达到最低，中气旋又向上伸展，

23:13消亡，此后，超级单体风暴的反射率因子减弱，降低到50 dBZ。

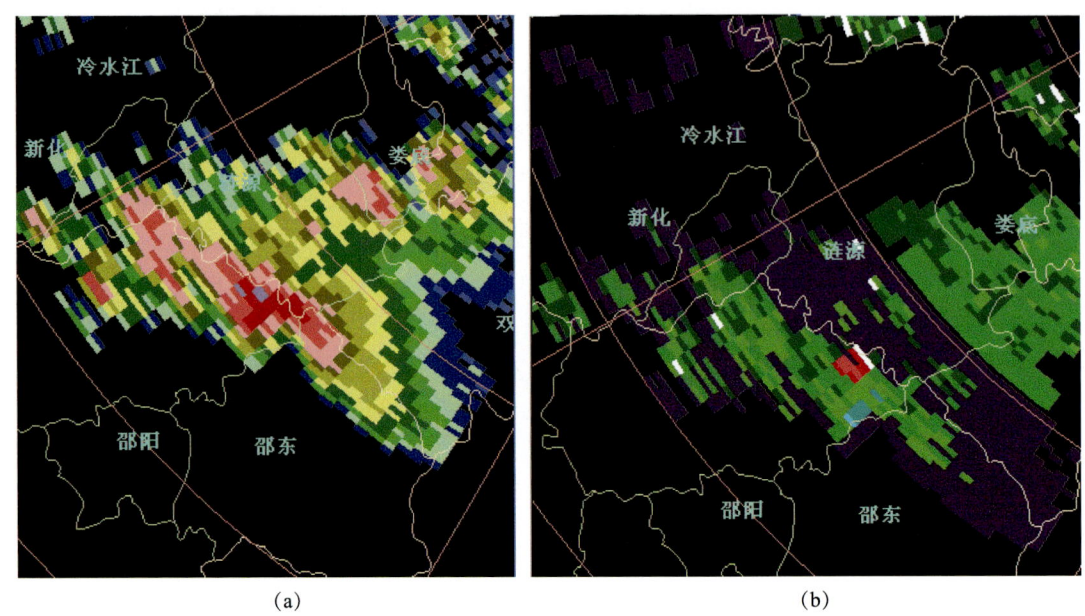

(a)　　　　　　　　　　　　　　　(b)

图3-72　2005年5月31日23:00 0.5°仰角基本反射率因子和径向速度图

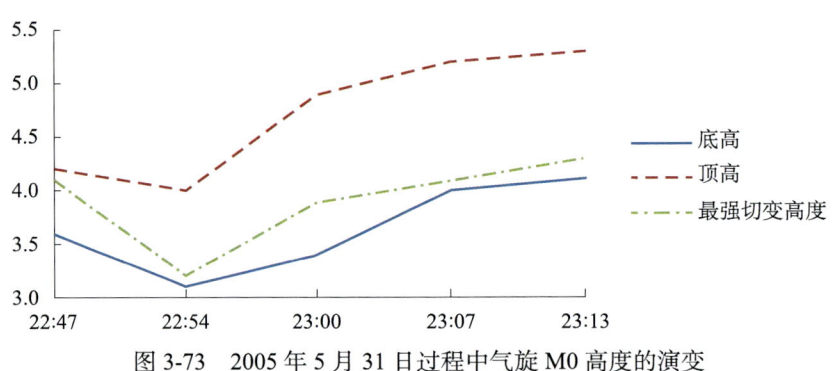

图3-73　2005年5月31日过程中气旋M0高度的演变

2. 2011年6月9日过程

受高空低槽和中低层低涡切变的影响，6月9—11日湖南出现了首场大暴雨天气过程，主要强降水时段在6月9日20时—10日14时，5站24 h降水量超过250 mm（全部集中于湘东北的岳阳市），其中过程临湘市羊娄司镇，最大1 h降水为96.2 mm，出现在23时—00时。此次过程具有降水不均、局地降水强度大、致灾性强等特点。

从6月9日23:09，0.5°仰角基本反射率因子（图3-74a）可见，在岳阳一带有55 dBZ的强回波存在，回波结构紧密，强回波伸展高度高，对比0.5°仰角和2.4°仰角的反射率因子图可知，超级单体风暴的高反射率因子从低仰角到高仰角向偏西北方向（入流一侧）倾斜，且入流区反射率因子梯度大。由径向速度图可以看出（图3-74b）：雷达显示区域整体为正速度，表明中低层的西南气流旺盛，而在整体正速度中在岳阳附近有明显的负速度区域，形成了典型的中气旋，探测距离为113.3 km，高度为4.4 km，切变强度为7.5×10^{-3}/s，

第3章 强对流灾害天气的发生发展机理研究

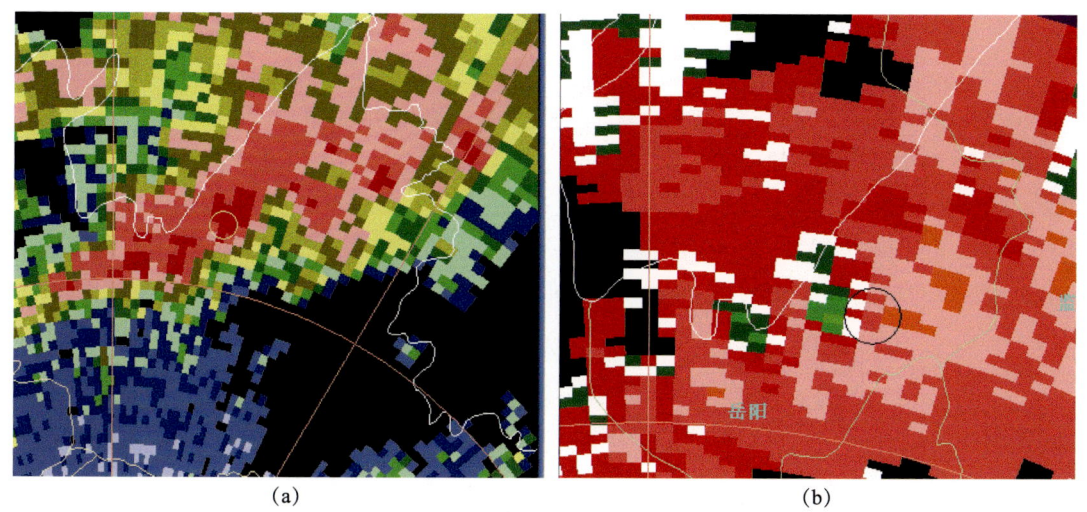

图 3-74　2011 年 6 月 9 日过程 23:09，0.5° 仰角基本反射率因子和径向速度图

有利于强对流的发生。23:00—00:00 雨强为 96.2 mm/h，中气旋在此时间段内出现，可见中气旋的存在使得雨强明显剧增。从中气旋 M0 的底、顶、最强切变高度随时间的变化分析可知，中气旋是从中层发展起来的，23:03—23:16 中气旋 Z1 的底、顶、最强切变高度达到最低，中气旋又向上伸展，23:22 消亡，此后，超级单体风暴的反射率因子减弱，对应的 VIL 也从持续 5 个体扫的 $\geqslant 55$ kg/m² 降低到 $35 \sim 40$ kg/m²，此后 1 h 雨量有所降低，见图 3-75。

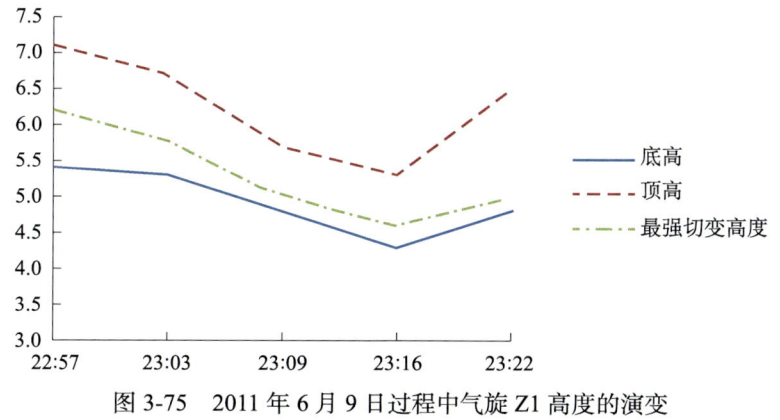

图 3-75　2011 年 6 月 9 日过程中气旋 Z1 高度的演变

综合以上分析，可知中气旋的底高、最强切变高度下降，表明中气旋有加强趋势，预示着强对流即将产生，特别警惕中气旋特征中心底部高度较低（低于 1 km）的风暴，往往预示着大风天气即将产生；在中气旋趋于消亡阶段，最强切变高度或底高有个明显上升。一般情况下，经典型超级单体风暴伴随的中气旋维持的时间明显比强降水型要长，结合其他雷达回波产品图，中气旋维持时间的长短可作为不同类型预警信号发布的依据。

3.3.5　超级单体风暴的分阶段特征研究

5 月 10 日 19 时至 22 时，受多个对流单体影响，冰雹主要发生在益阳南部和长沙西部，最大直径 8 cm 的冰雹出现在 20:50 的长沙宁乡巷子口。出现大冰雹的单体 19:17 前在娄底北部与益阳南部的山区初生，东北向移动过程中经历初生发展（19:17—19:34）、减弱（19:34—19:40）、再次发展（19:46—19:57）、合并加强（19:57—20:20）、跃增（20:26—20:37）、成熟降雹（20:43—21:24）、减弱消亡（21:29），沿途4站次记录降雹。长沙宁乡巷子口站地面观测资料显示，20:40—20:50，10 min内温度和露点降幅分别达3.4 ℃和3.7 ℃，温度骤降与周围形成较大的温度梯度，局地温度的剧烈变化造成风力加大到19.7 m/s，5 min降雨量从20:45快速加强，20:50达到26.7 mm，25 mm以上降雨维持15 min，降雨的蒸发冷却作用进一步加剧局地温度变化，21:05降雨迅速减弱，见图3-76。

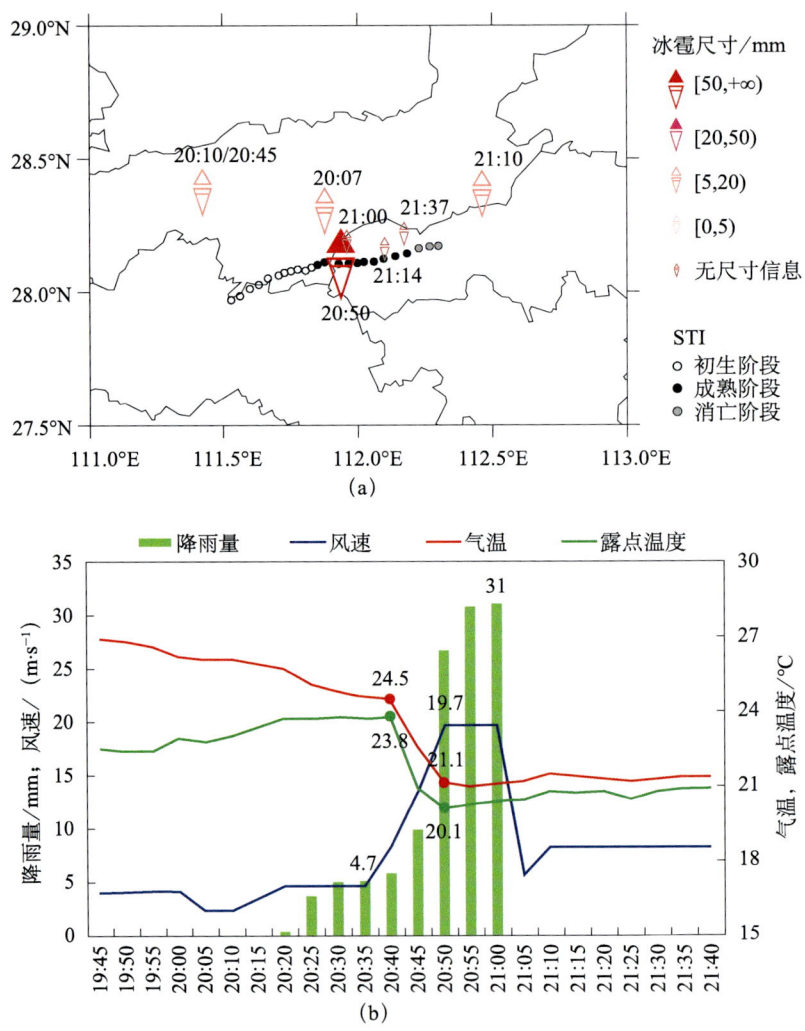

图3-76 5月10日19时至22时冰雹发生位置、强度和超级单体风暴轨迹追踪（STI）（a）；长沙宁乡巷子口站5 min降雨量、极大风力、温度和露点演变（b）

对流单体发展至成熟降雹阶段造成长沙宁乡最大直径8 cm的冰雹天气，分析由长沙雷达观测计算的单体强回波面积（$Z_h \geq 55$ dBZ记S_{55}，$Z_h \geq 60$ dBZ记S_{60}，$Z_h \geq 65$ dBZ记S_{65}）、最大水平反射率因子（DBZM）、垂直累积液态水含量（VIL）、质心高度（HT）和回波顶高（TOP）等主要风暴参数演变，可以反映风暴的发展过程。结果显示，该风暴大致分为初生、发展成熟和减弱消亡阶段，在初生阶段（19:17—20:20），前期（19:40前）S55 在 25 km² 以内，未发展到 WBZ 高度，TOP 和 HT 均较低，VIL 维持在 30 kg/m² 左右，19:40 之后，单体的 S55 增大，TOP 增高，HT 维持，对流单体逐步发展；20:20，S55 增长幅度加大，HT 迅速增高，TOP 达 14.1 km，上升气流加强，回波得到迅速发展，S60、S65 在 20:26 后开始迅速增大，DBZM 开始增大，VIL 出现跃增，1 个体扫跃增幅度 33 kg/m²，达到 90 kg/m²，HT 最大 7.4 km，达 –10 ℃ 层高度（6.3 km），已达冰雹的有效增长层（Witt et al.，1991；胡胜 等，2015；曾智琳 等，2019），为冰雹的翻滚增长提供了有利条件，20:49，HT 出现剧烈下降，降幅 3.8 km，仅为 3.5 km，上升气流无法承托大冰雹，S55、S60 和 S65 达到单体发展最大面积，分别为 182 km²、96 km² 和 48 km²，DBZM 达 74 dBZ，风暴迅速成熟降雹，此后，HT 再次增高，TOP、VIL 和 DBZM 持续下降，S55、S60 和 S65 持续缩小，风暴仍维持一定强度；21:24，风暴持续减弱，DBZM 降至 60 dBZ，强回波面积和强度均持续下降，风暴逐渐消亡，见图 3-77。

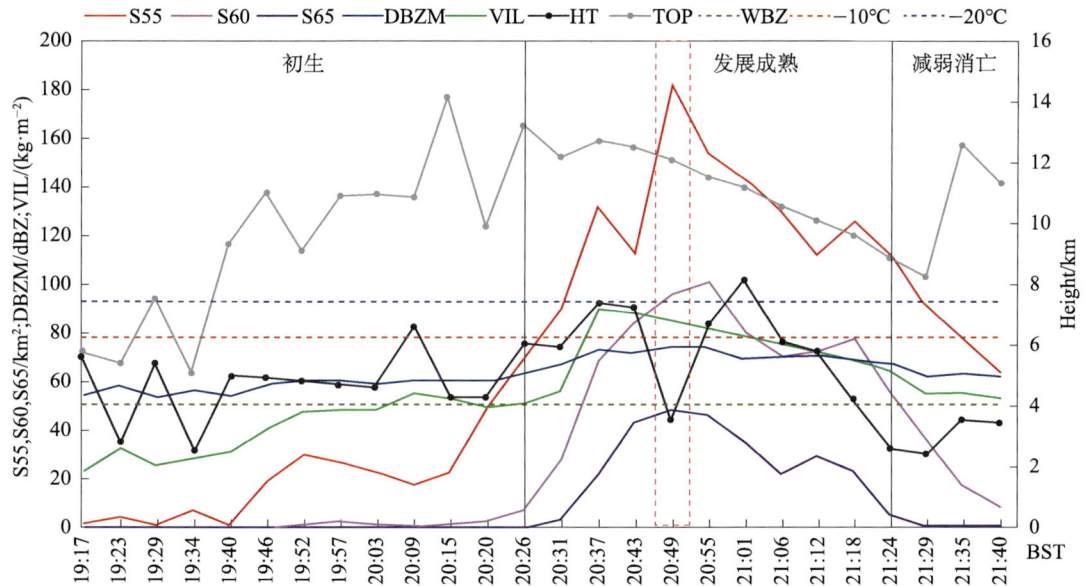

图 3-77 超级单体风暴初生、发展成熟、减弱消亡阶段的强回波面积（S55，S60，S65），最大水平反射率因子（DBZM），垂直累积液态水含量（VIL），质心高度（HT），回波顶高（TOP），WBZ、–10 ℃ 层高度（–10 ℃）和 –20 ℃ 层高度（–20 ℃）演变

3.3.5.1 初生阶段

对流单体在娄底北部与益阳南部的山区新生，在东移过程中不断新生—消亡—新生，长沙存在有利于对流发展的动力、热力条件、水汽条件，因此，回波移至长沙西部宁乡境内时再次发展，至 19:46，Zh 最大达到了 55 dBZ，强中心在 0 ℃ 层以上，说明对流云中的冰相粒子具有撞冻增长的条件。在 1.5° 仰角，Zh≥45 dBZ 区域南侧识别出中气旋，径向速度出现速度模糊，最大径向速度达 30 m/s，辐合的上升气流将雨滴向上输送，雨滴在上升过程中不断增长，使得 Zdr 不断增大，沿 AB 作垂直剖面，Zdr≥1 dB 垂直扩展到

WBZ 甚至 −20 ℃ 层以上，形成表征上升气流的典型偏振特征 Zdr 柱（刁秀广 等，2021a，2021b），对应位置的 Kdp 在 1.1~2.4°·k/m，雨滴向上输送碰并增长，CC 明显下降，在 0.9~0.96，说明上升的水凝物已出现混合相态，Zdr 柱内的过冷雨滴为冰雹发展提供了雹胚。此刻单体位置的降水相态以夹杂着大雨滴的水凝物为主，见图 3-78 和图 3-79。

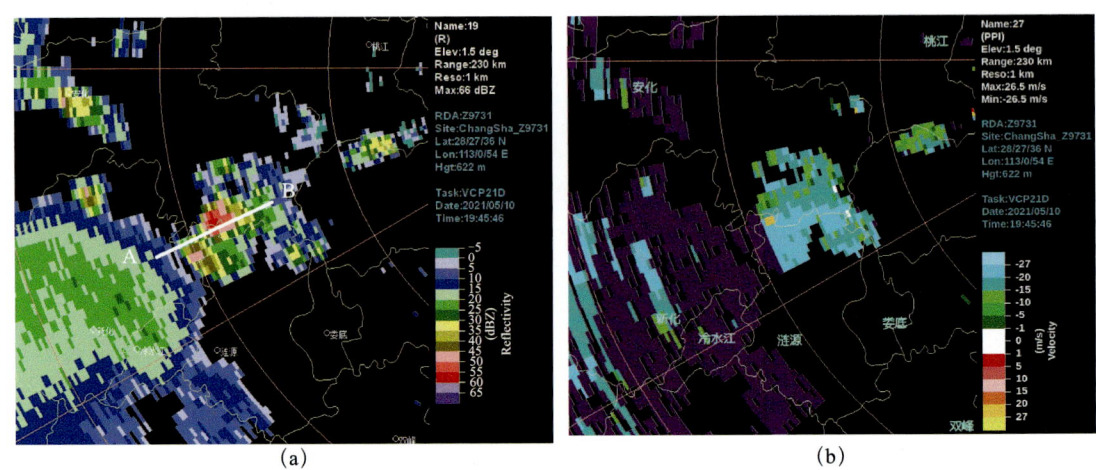

图 3-78　5 月 10 日 19:46 的长沙雷达站 1.5° 仰角水平反射率因子 Zh 和径向速度 V

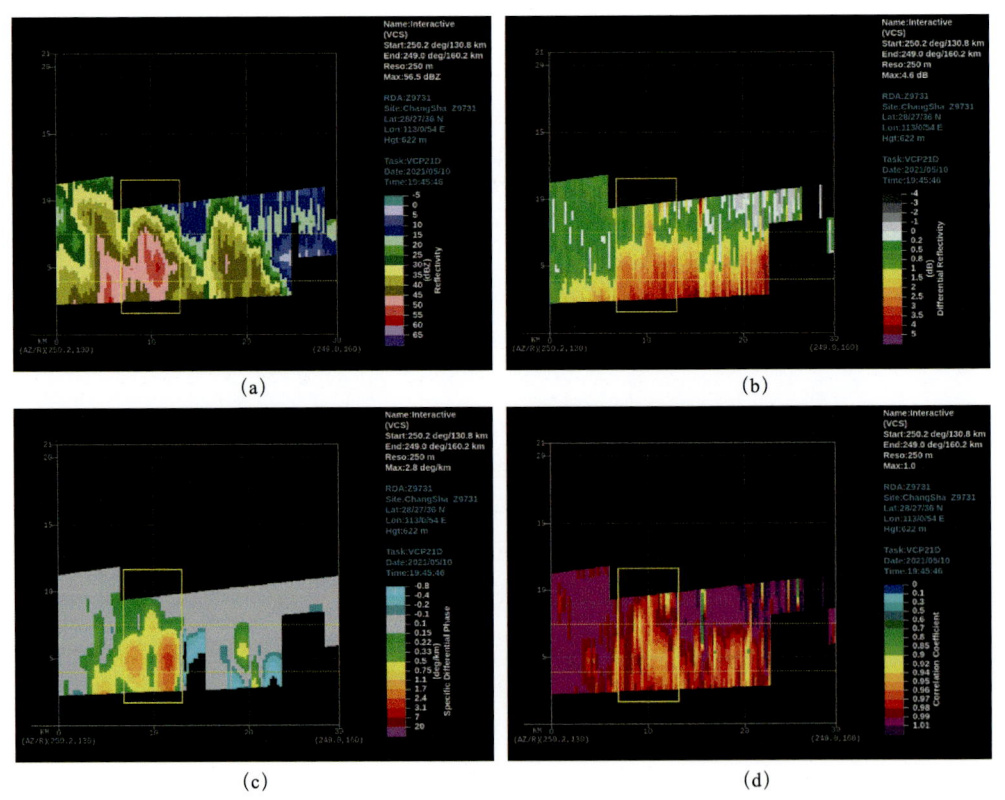

图 3-79　5 月 10 日 19:46，沿图 3-78 实线 AB 所作剖面的水平反射率因子 Zh（a）、差分反射率 Zdr（b）、比微差传播相移 Kdp（c）和相关系数 CC（d），黄色虚线为 WBZ 和 −20 ℃ 层高度

3.3.5.2 发展成熟阶段

通过对超级单体风暴的全生命周期演变进行分析，开展冰雹的识别、微物理结构变化和预警特征量提取的研究，可有效提升冰雹预警提前量（潘佳文 等，2020），因此，下文将本次超级单体风暴发展成熟阶段分为跃增、酝酿、降雹阶段进行详细分析。定义 $Zh \geqslant 50$ dBZ 为强回波区，$Zh \geqslant 60$ dBZ 为强中心。

1. 跃增过程

20:31，水平反射率因子明显增强，2.4°仰角最大达 60 dBZ，沿 AB 作垂直剖面，强中心位于 0 ℃ 层以上，最高扩展到 7 km，强中心下方出现弱回波区 WER，对应位置径向速度出现速度模糊，中气旋特征明显，旋转速度达 17 m/s，达到中等强度，2.4°~3.3°仰角出现明显双涡旋结构，中气旋扩展到 7 km，强的旋转上升运动有利于冰雹垂直翻滚增长（王建恒 等，2020；潘佳文 等，2020），至 20:37，VIL 出现明显的跃增情况，跃增幅度达 35 kg/m^2，最大达到 90 kg/m^2。2.4°仰角 $Zh \geqslant 60$ dBZ 对应区域 $Zdr<0$ dB，出现大的湿冰雹特征，红框处对应 Zdr 柱，剖面显示强回波下方 Zdr（>1 dB）柱仍能扩展至 -20 ℃ 层高度，有较强的上升气流维持对流发展，较前期 Zdr 柱扩展高度有所下降，冰雹的下落与上升气流的承托作用达到平衡，促进冰雹不断翻滚快速增长，Zh（$\geqslant 55$ dBZ）区域 CC 在 0.9~0.95，Zh（$\geqslant 60$ dBZ）区域在 0.85~0.9，其西南侧呈现 CC 由 0.94~0.97 锐减至 0.7 以下，出现 TBSS 特征，在 Zh 的 TBSS 特征不明显时，具有较好的冰雹识别特征。剖面显示强中心处 CC 在 0.85~0.9，局部到 0.8，由于 CC<0.9，对应 Kdp 不显示，出现"空洞"，这种现象是距离库内粒子的非均一性和强冰雹衰减作用造成 CC<0.9，Kdp 受到污染出现异常，则不显示（刘黎平，2002），结合 Zdr，此时，未进入长沙境内的回波已出现大雨滴与冰雹的混合态，强回波区在高空仍有冰雹在增长，见图 3-80 和图 3-81。

2. 酝酿过程

冰雹形成过程比较迅速，在降雹之前是冰雹快速生长阶段。随着水凝物粒子尺度的增长，粒子累积区沿上升气流区向上向下延伸，20:37，沿图 3-82a 实线 AB 作剖面，Zh 增强到 65 dBZ，最大扩展到 10 km，Zh>60 dBZ 区域则从 3 km 垂直伸展到 10 km，出现悬垂结构，强中心西侧 TBSS 现象更加明显（图 3-82b）。2.4°仰角中气旋强度加强，气旋式辐合明显，旋转速度达到 21.5 m/s，中气旋扩展至 7 km，中层有明显的径向辐合 MARC（图 3-82c）。中气旋对应区域仍存在 Zdr 柱，强上升气流有利于对流强度维持，对应强回波区和 0°层高度以下出现 $Zdr<0$ dB 小值区，即 Zdr 洞，降至 3 km 且水平尺度增大（图 3-82d），低层 Zdr 洞处 CC 在 0.9~0.96（图 3-82e），Zdr 洞两侧和低层随高度的降低 Zdr、Kdp 增大，说明存在冰雹下落融化和大雨滴降落，中层 Zdr 小值区对应的 CC 在 0.85~0.92，扩展至 -20 ℃ 层高度以上，Zdr、CC 西侧中高层均有明显 TBSS 特征（Zdr>3.5 dB、CC<0.5），Kdp<0°·k/m，出现 Kdp "空洞"特征（图 3-82f），冰雹尺寸、含量均迅速增长。随着冰雹云中的冰雹不断积累，上升气流承托作用降低，预示降雹即将出现。

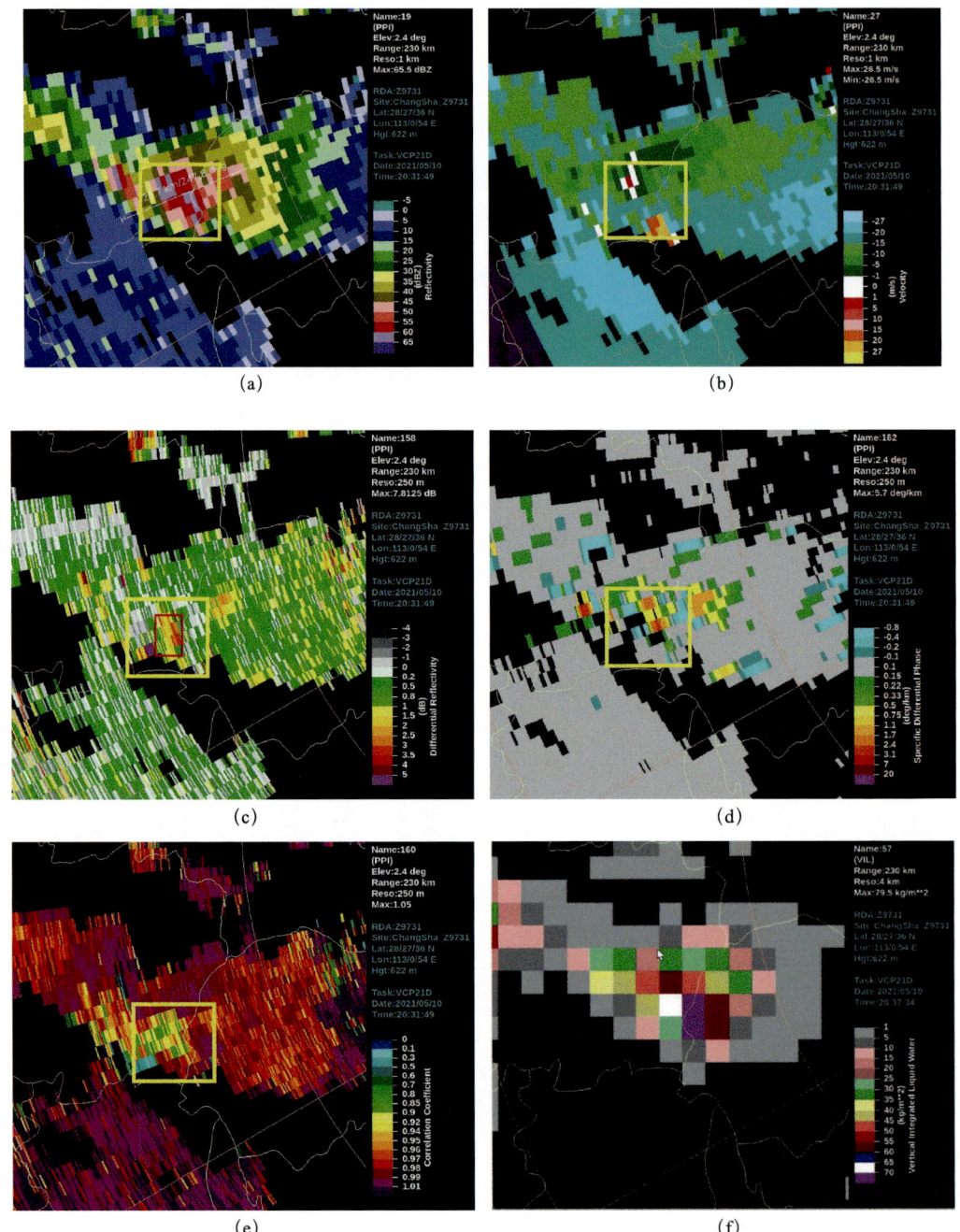

图3-80 5月10日20:31的长沙雷达站水平反射率因子Zh（a）、径向速度V（b）、差分反射率Zdr（c）、差分相移率Kdp（d）、相关系数CC（e）和20:37垂直液态水含量VIL（f）

3. 降雹过程

降雹前，回波顶增高，VIL出现明显跃增，强的垂直风切变、上下层结不稳定、中低层急流特征的维持，有利于超级单体风暴的继续维持。分析可知，20:43—21:24为成熟降雹阶段，选取20:49长沙雷达数据分析降雹阶段偏振特征。

第 3 章　强对流灾害天气的发生发展机理研究

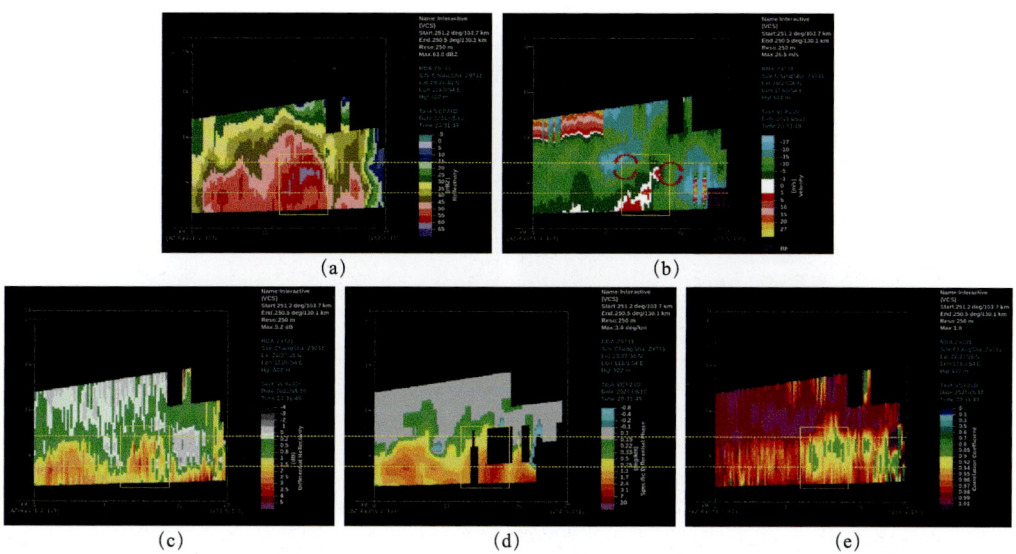

图 3-81　5 月 10 日 20:31，沿图 3-80 实线 AB 所作剖面的水平反射率因子 Zh（a）、径向速度 V（b）、差分反射率 Zdr（c）、差分相移率 Kdp（d）和相关系数 CC（e）

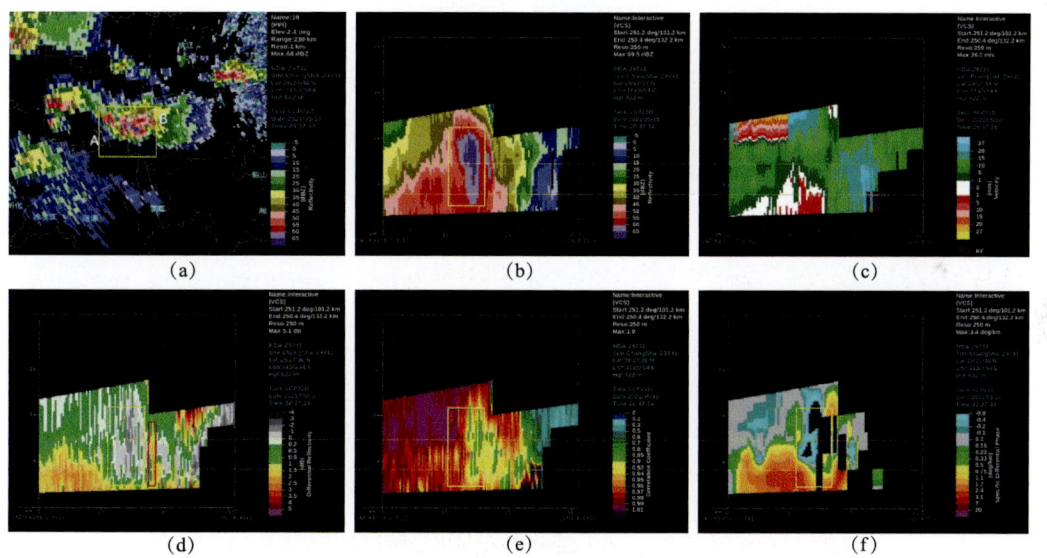

图 3-82　沿 5 月 10 日 20:37 的长沙雷达站水平反射率因子 Zh（a）实线 AB 所作剖面的水平反射率因子 Zh（b）、径向速度 V（c）、差分反射率 Zdr（d）、相关系数 CC（e）和差分相移率 Kdp（f）

低层 0.5° 仰角上（图 3-83a、b），超级单体风暴低层强中心最大达 70.5 dBZ，其南侧有明显的入流缺口，强回波东侧和南侧入流缺口附近存在较大的 Zdr（2~4 dB），即 Zdr 弧，强中心 Zdr 接近 0 dB，大冰雹在下降过程中具有翻滚现象，近似于球形粒子，其西侧表现为负值区，最小达 –4 dB（图 3-83c）。强回波区对应的相关系数 CC 差异明显，范围在 0.6~0.92，强中心 CC 较小，基本在 0.6~0.85，其西侧也存在 CC 小值区，在 0.5 以下（图 3-83e）。强回波区对应大的差分相移率 Kdp，但在强中心 Kdp 未显示，出现"空洞"（图 3-83d）。

115

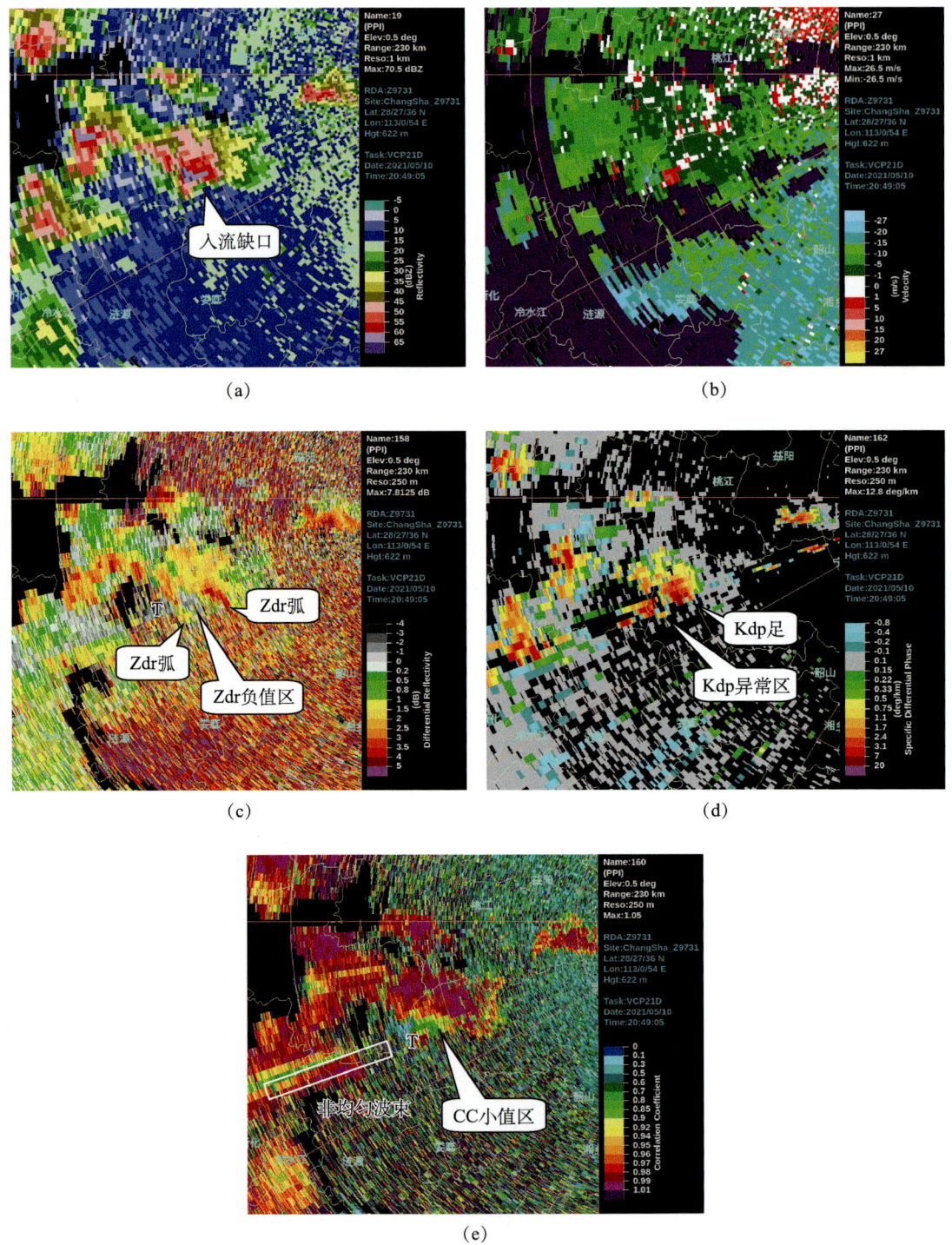

图 3-83 5月10日 20:49 的长沙雷达站 0.5° 仰角水平反射率因子 Zh（a）、径向速度 V（b）、差分反射率 Zdr（c）、差分相移率 Kdp（d）和相关系数 CC（e）

由于强冰雹对电磁波的衰减作用，造成强中心西侧出现 Zdr 负值区，最小达到 −4 dB，延伸至 160 km，同时，相关系数 CC 也在该区域表现出明显偏小特征，西偏

南方向出现 <0.9 的波束状 CC 区，与两侧 CC 值具有明显差异，这是强冰雹核后径向上的非均匀波束充塞导致的，由于降水回波遮挡等原因导致 Zh 没有出现 TBSS 特征，可通过强回波的 Zdr 负值区、CC 明显小值区、Zdr 和 CC 径向上的非均匀波束充塞作为强冰雹的判别依据（王洪 等，2018；林文 等，2020；龚佃利 等，2021）。在强回波中心出现 Kdp 洞，周边 Kdp 存在异常大值，超过 2.4°·k/m，即 Kdp 足，表明雨滴浓度较高且存在包水膜的冰雹粒子。

综合分析，强中心对应偏小的 Zdr 和小的 CC 及异常的 Kdp（异常不显示，CC 与 Kdp 受衰减影响小），该区域以大冰雹为主。强中心北侧和东侧 Zh 在 50~60 dBZ，存在 3 dB 以上的 Zdr，CC 偏低、Kdp 较大（>3.1°·k/m），该区域以大量的大雨滴为主，可能伴有融化的小冰雹。

中层 2.4°仰角上，强中心（图 3-84a）高度在 6 km，即 −10 ℃ 层附近，超级单体风暴强中心最大达 73.5 dBZ，影响范围增大，出现明显的钩状回波，其南侧出现有界弱回波 BWER，径向速度（图 3-84b）出现速度模糊，对应有气旋性中气旋，旋转速度达 18 m/s，较酝酿阶段下降，上升气流的承托作用减弱。强中心位于中气旋北侧，Zdr 较小（−1~1 dB）（图 3-84c），CC（图 3-84d）和 Kdp（图 3-84e）也较小，表明有相对干的大冰雹。中气旋东南侧存在 >1 dB 的差分反射率大值区，呈半环状的 Zdr 环，与低层 Zdr 环呈分离状态，对应 CC 为 0.85~0.94，Kdp 异常或偏小，上升气流区以少量液态雨滴和包有水膜冰粒子混合为主。中气旋周边出现 0.9 以下的相关系数值，即 CC 环，Zdr 和 Kdp 较小，对应大的 Zh，以大的冰雹粒子为主。由于 2.4°仰角 Zh 更强，面积更大，由于大冰雹的 Mie 散射特性和衰减作用，强中心西侧径向上 CC 明显减小（<0.5），Zdr 和 Kdp 出现先跃增后迅速减小，出现明显的偏振 TBSS 特征，表明该区域为大冰雹造成的非均匀波束充塞区，影响西侧单体。

高层 6.0°仰角上（图略），强中心高度在 12 km。单体强中心仍有 64 dBZ，径向速度有强辐散，Zdr 和 Kdp 多为负值，CC 为 0.95~0.98，存在冰雹粒子。强中心西侧仍存在 TBSS 特征。

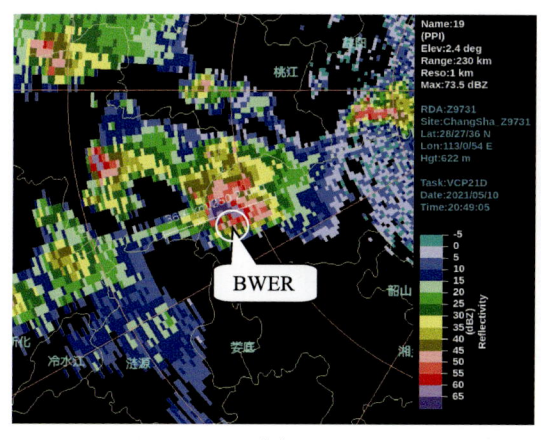

(a)

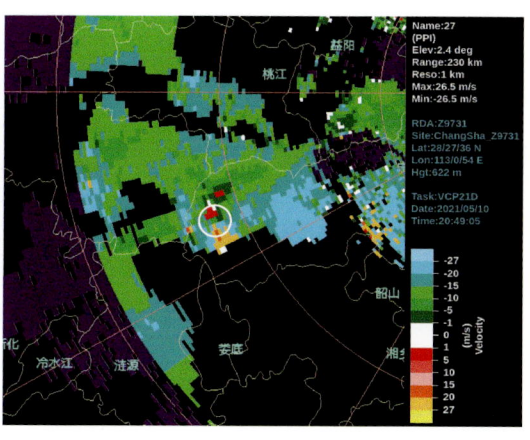

(b)

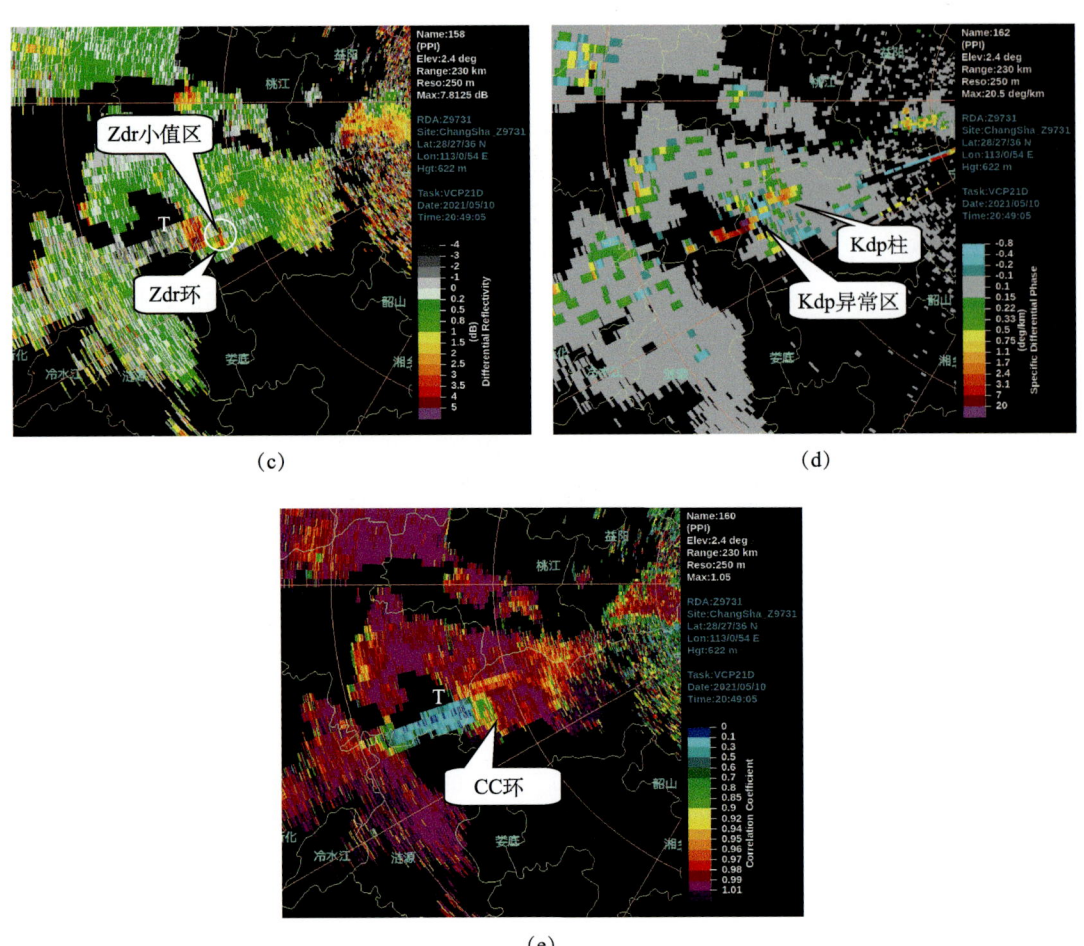

图 3-84　5 月 10 日 20:49 的长沙雷达站 2.4° 仰角水平反射率因子 Zh（a）、径向速度 V（b）、
差分反射率 Zdr（c）、差分相移率 Kdp（d）和相关系数 CC（e）

沿 20:49 长沙雷达站 1.5° 仰角水平反射率因子 Zh 的实线 AB 作剖面（图 3-85a），分析 Zh、V、Zdr、CC 和 Kdp 的垂直结构特征。结果显示，Zh≥60 dBZ 回波顶部垂直扩展到 11 km，扩展至 −20 ℃ 层高度以上，水平厚度达 10 km，风暴发展强盛（图 3-85b），出现典型的超级单体风暴水平反射率剖面结构，移动方向前沿 Zh≥60 dBZ 已明显接地，对应下沉气流区，降雹区域出现明显 Zdr 洞（<0 dB）向低层扩展（图 3-85d），对应较小的 CC 和 Kdp（明显的 Kdp 洞）（图 3-85e、f），降水相态以相对干的大冰雹为主，降雹区前沿有 Kdp 柱，最大达 3.1°·k/m，以混合有大量雨滴的湿性降雹为主。Zh 剖面出现回波墙与穹窿，穹窿下方在 0 ℃ 层高度附近有宽广的有界弱回波区，回波墙前沿对应中低层径向速度辐合、高层辐散，强上升气流的承托作用继续维持风暴强度（图 3-85c），上升气流区对应中低层 Zdr 柱，相对于风暴的前期阶段高度和强度明显降低，上升气流的承托作用明显下降，该区域对应 CC 小值（<0.9），−10 ℃ 层高度以下有 Kdp 柱、以上有 Kdp 负值区，说明上升气流区中低层以浓度较高的雨滴和混合相态为主，上升气流将过冷雨滴向上输送，仍有冰雹不断增长，有利于降雹过程维持。强回波中心西侧出现明显的 TBSS，对

应的偏小 CC<0.3、偏大 Kdp>7°·k/m，与 Zh 的 TBSS 区位置吻合，受强冰雹衰减影响小，而 Zdr（>4dB）TBSS 位置相对向上移。

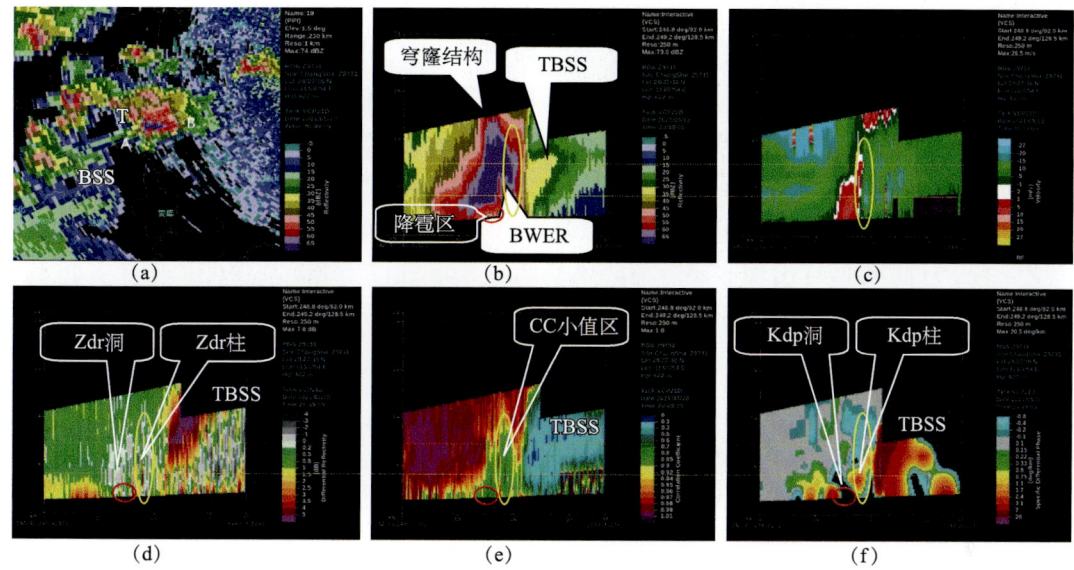

图 3-85 沿 5 月 10 日 20:49 的长沙雷达站水平反射率 Zh（a）实线 AB 所作剖面的水平反射率因子 Zh（b）、径向速度 V（c）、差分反射率 Zdr（d）、相关系数 CC（e）和差分相移率 Kdp（f）

图 3-86a、b 分别对应此次大冰雹超级单体风暴 0.5°、2.4° 仰角双偏振特征示意，体现了诸多偏振量在超级单体低层、中层的分布情况，有助于系统地了解偏振量特征分布。蓝色、黑色、绿色虚线分别代表 35、50、60 dBZ 水平反射率区域。

0.5° 仰角风暴低层（图 3-86a）南侧存在反射率因子梯度高值区，具有明显的入流缺口，入流区对应 CC 低值、Kdp 异常和 Zdr 小值，对应大的 Zh（>60 dBZ）西段，附近存在干的大冰雹。有两段 Zdr 弧（>3 dB）位于入流缺口的东、西两侧，西段位于风暴强出流区前沿，存在液态大雨滴，东段 Zdr 弧西侧有 Kdp 大值（>3°·k/m），CC 小值，以小冰雹和大雨滴或融合的冰雹为主。

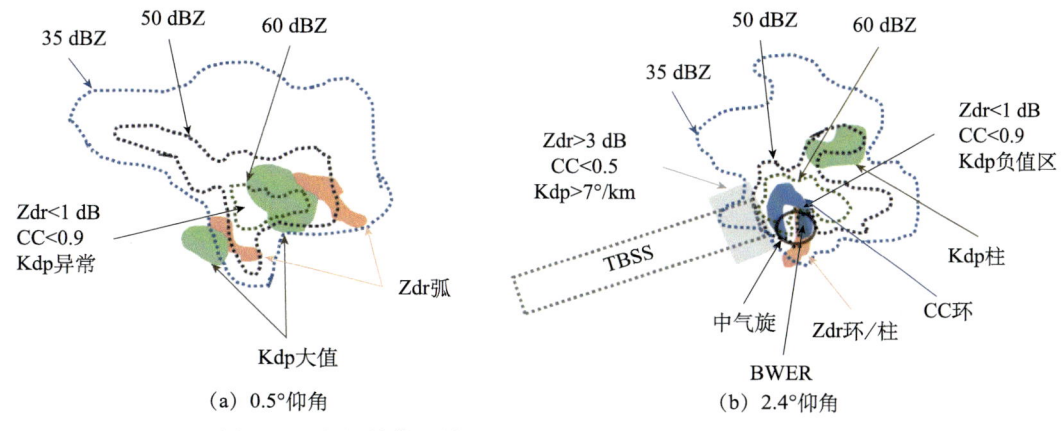

图 3-86 超级单体风暴发展成熟阶段双偏振概念模型的提取

2.4°仰角（图3-86b）风暴中层（–10 ℃层高度附近）南侧具有明显的强回波悬垂和有界弱回波区BWER。中气旋南侧周围出现半包围状Zdr环，对应偏小的Kdp（<1°·k/m），表明气旋性旋转上升气流区周围分布着少量大滴粒子或冰雹粒子。Zdr柱位于中气旋东侧。CC环分布在上升气流区东、西两侧，有界弱回波区内部基本对应小的相关系数，表明粒子形状和相态较为复杂。强回波中心西段对应CC小值、Zdr小值和Kdp小值，再往西侧出现Zdr（>3 dB）、Kdp（>7°·k/m）跃增偏大、CC异常小值（<0.5），说明强回波中心西段以干的大冰雹为主，再往西侧则出现更大范围的TBSS区。

风暴低层存在Zdr弧和Kdp足，中层强上升气流周围伴有Zdr环/柱、CC环和Kdp柱，Zdr环/柱与Kdp柱出现明显分离，风暴低层Kdp柱位于Zdr环西侧，中层Kdp柱在Zdr柱北侧较远处，与Kumjian等（2008，2010）、潘佳文等（2020）、刁秀广等（2021a）提出的概念模型大体相似，由于风暴形态结构的差异，偏振特征位置、面积、大小等有所差异。

3.3.5.3 减弱消亡阶段

超级单体风暴朝东略偏北方向移动，21:37宁乡横市记录到冰雹后，风暴持续减弱，水平反射率因子Zh≥60 dBZ面积明显减小，强回波中心下降至2 km，Zh≥55 dBZ区仅扩展至–10 ℃层高度，在不断下降，低层正速度区高度明显下降，辐合上升运动明显减弱，单体0 ℃层以下强回波中心区Zdr在1~2.5 dB，Kdp>2.4°·k/m，最大达3.1°·k/m以上，CC值在0.9~0.98，以混合有大雨滴、浓度较高的雨滴为主。

3.3.6 超级单体风暴三维流场分析

3.3.6.1 强降水超级单体风暴三维流场分析

2022年4月25日长沙市部分地区出现了暴雨，13个站大暴雨，最大小时（15:00—16:00）雨强达到了72 mm以上，导致了一定的城市内涝。对雷达资料分析后发现，区域性暴雨的发生和超级单体密切相关，而相控阵雷达反演风场能够获得更精细的对流风暴结构，因此，下文使用相控阵雷达资料对强降水阶段（15:00—16:00）进行三维风场反演，分析三维风场与强降水发展、持续的相互关系，见图3-87。

1. 不同高度水平风场分析

降水回波呈现典型的带状风暴回波特征，从不同高度对比分析（图3-88），强回波中心并没有出现明显的倾斜结构，异于雹暴结构的风暴。带状回波的前侧不同高度均受西南风影响；500 m高度最强回波达到了50 dBZ，1.1~3.1 km高度，强回波中心强度达到了60 dBZ，表现出强弓状回波特征，而5.1 km高度对应回波强度较低层有所降低，说明强风暴为低质心降水回波，降水效率比较高强。结合风场分析，对流风暴东北侧为4~6 m/s为主，而对流风暴东侧或偏南一侧风速达10 m/s以上，甚至达到了16 m/s，为强西南风入流，为强回波中心保证了充分的水汽供应；5.1 km以下高度，强回波中心（图3-88中黑椭圆所示）均有明显的切变辐合与其对应，说明切变系统较深厚。不仅如此，5.1 km强回

第3章 强对流灾害天气的发生发展机理研究

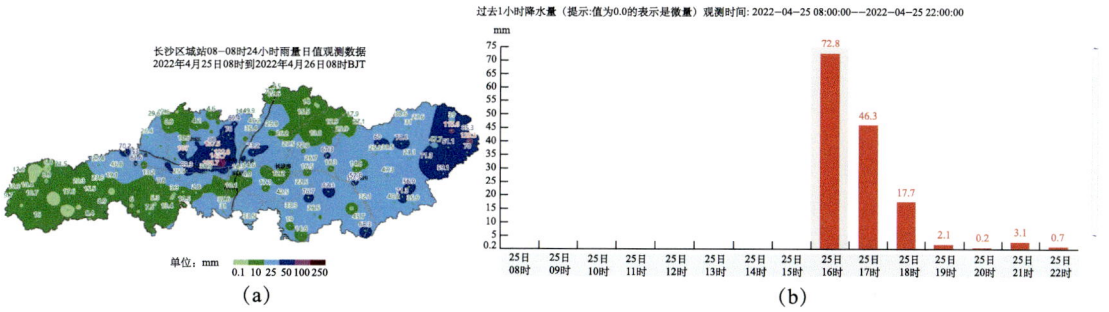

图 3-87　2022 年 4 月 25 日日雨量图（a）和最强暴雨对应的区域站逐小时雨量演变（b）

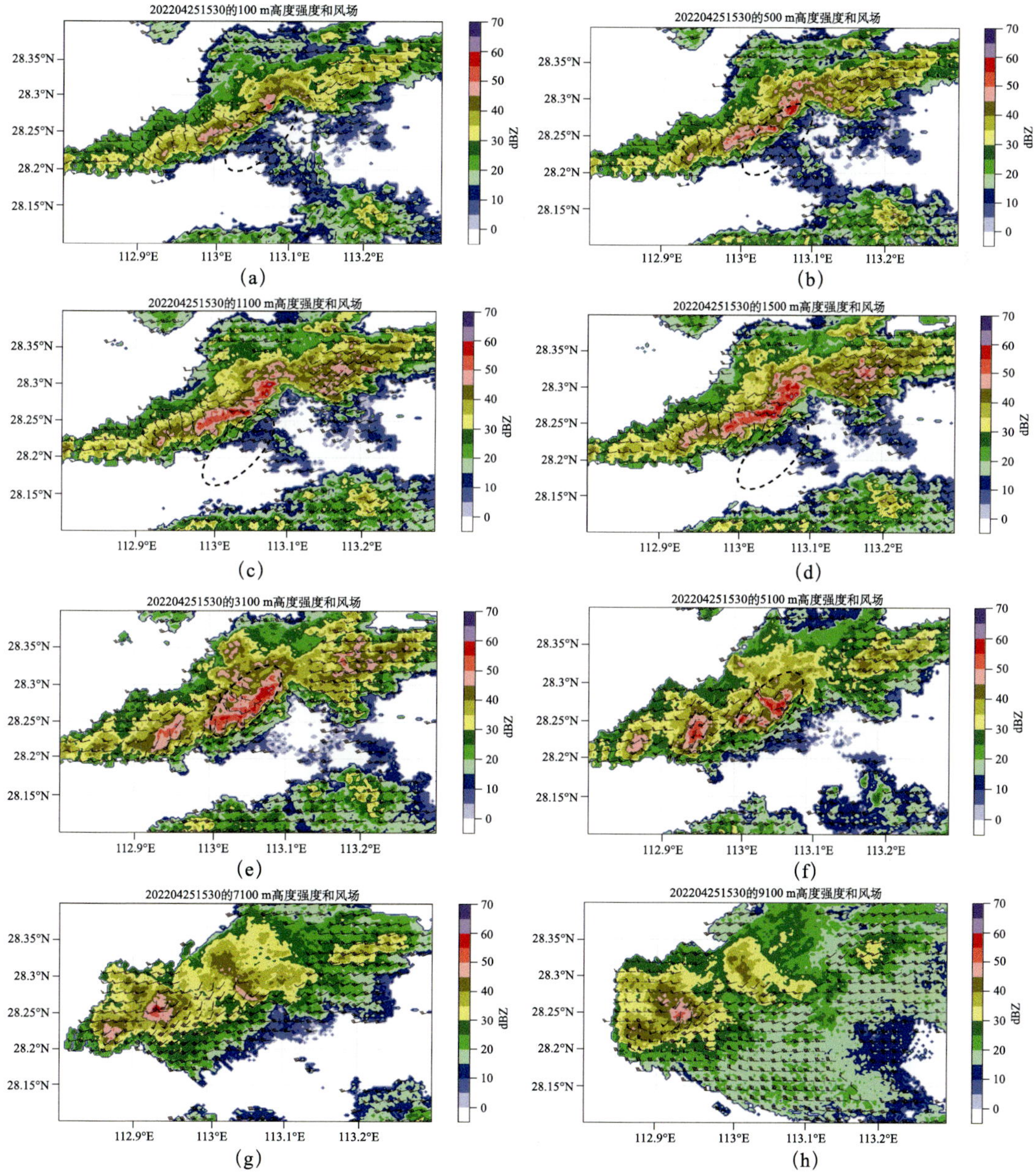

图 3-88　2022 年 4 月 25 日 15:30 相控阵雷达反射率因子和不同高度水平风场分析

波中心对应有清晰的小尺度涡旋存在，涡旋东南侧西南风达到了 12 m/s；5.1 km 高度以上 50 dBZ 强回波出现分裂，7.1 km 高度以上强度迅速减弱。

2. 垂直风场分析

沿 28.27°N 做间隔 2 min 的速度垂直剖面（图 3-89），以对强降水对流风暴的垂直结构进行分析。此时 30 dBZ 回波扩展到了 12 km 以上，出现了典型的上冲云顶现象，且 113.2°E 以东有明显的云砧回波，说明高层有明显的强辐散。有 3 个回波单体（A、B、C）

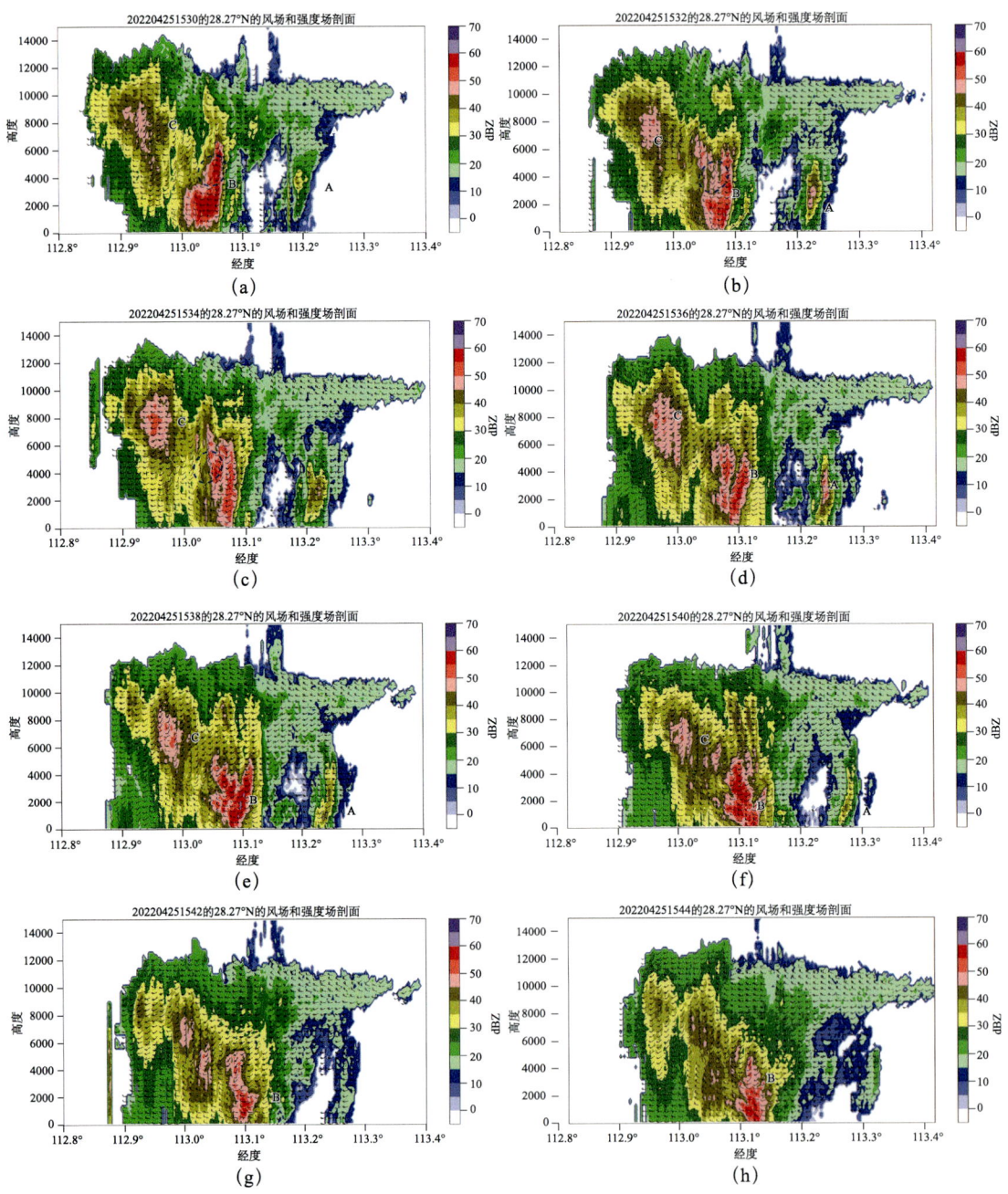

图 3-89　2022 年 4 月 25 日相控阵雷达反射率因子叠加合成风场（u、w）的垂直剖面（15:30—15:44）

存在，其中单体 A 已处于衰亡阶段，单体 B 为成熟发展阶段，单体 C 为新生阶段。单体 A 由于处于偏西或者弱的西南风影响，强度偏低，最强时刻也仅达到 45 dBZ 左右；单体 C 由于发展的高度偏高（6.0 km 左右），且其对应的低层受偏西风或西北风影响，明显不利于水汽持续补充，因此，强度发展不稳定且偏弱。以下重点对单体 B 进行重点分析：15:30—15:40 稳定处于西南气流中，有源源不断的水汽补给，强度超过了 55 dBZ，其中 15:30—15:34 4 km 高度有小尺度涡旋结构，最强回波中心出现在涡旋偏东南侧，说明风暴前侧气流气旋式卷入强降水中心；15:38 回波强度达到了 60 dBZ；后部对应强的下沉气流区；15:36 小尺度涡旋结构消失，但仍处于不断增强的西南风中，强度一直维持在 55 dBZ 左右。15:40 以后，单体后部的下沉气流持续维持，其实也正是因为该下沉气流存在，明显截断了其西侧的新生单体 C 的水汽输送。时间上对比而言，成熟发展中的单体 B 强回波（大于 55 dBZ）稳定维持在 4 km（0 ℃以下），仅伸展的高度从前期 6.0 km 以上逐渐下降到 4 km 以下，说明其一直为降水效率偏高的低质心回波。

3.3.6.2 经典型超级单体风暴双涡旋流场结构分析

2020 年春季受超级单体风暴影响，湖南西部出现两次罕见的直径为 6 cm 的大冰雹，这两次过程都发生在低层暖平流背景下，因此，下文基于多普勒天气雷达资料对超级单体风暴成熟阶段的双涡旋流场结构进行分析。两次过程风暴旺盛成熟阶段流场在垂直方向上均表现出低层辐合、中层气旋性旋转与反气旋性旋转并存（简称双涡）、高层辐散的分布特征。中层双涡结构与一般风暴（单涡）具有明显不同，双涡结构可与环境风相持形成近似刚体的风暴柱，环境风绕风暴而过，不会吹穿风暴，使得风暴维持较长时间，双涡旋结构也有助于超级单体的发展及大冰雹的循环增长。消散衰亡阶段风暴流场在垂直方向上则先表现出低层辐合、中层气旋性旋转、高层辐散流场（风暴 S0 离雷达距离近，无法观测）。之后转为中低层辐合、高层辐散流场结构，并由高层向低层逐渐消失。

1. 0321 过程

0321 过程（指 2020 年 3 月 21 日降雹过程）旺盛成熟阶段（19:21—20:49）主要表现为低层辐合流场、中层双涡、高层辐散的流场结构，中层双涡结构维持 1 个多小时；消散衰亡阶段中，20:49—21:31 风暴 S0 低层表现为辐合流场，中层为气旋性旋转，高层因风暴 S0 离雷达距离近，无法观测，低层辐合上升气流的存在有利于风暴的维持；21:31 之后风暴 S0 中低层均为辐合流场，且由高层向低层快速减弱消失。

大冰雹发生时出现了风速辐合的双涡结构，而后出现风向辐合的双涡结构，大冰雹发生在风暴强烈发展阶段。选取成熟阶段双涡结构流场做详细分析，从 3 月 21 日 19:50 益阳雷达 0.5°、3.4° 和 6.0° 仰角（对应高度分别为 2.1 km、6.7 km 和 11.2 km）的基本径向速度图可以看到，风暴 S0 在 0.5° 仰角平均径向速度图（图 3-90e）上，表现为气旋性辐合流场结构，最大正径向速度为 17 m/s（径向速度值取数量级的中间值，下同），最小负径向速度为 −3 m/s，两者差值为 20 m/s，距离约 6 km，旋转速度和切变量分别为 10 m/s 和 3.3×10^{-3}/s。3.4° 仰角基本径向速度图（图 3-90c）显示，风暴中层出现明显双涡结构。其中气旋性旋转的最大正径向速度为 3 m/s，最小负径向速度为 −31 m/s，两者差值为 34 m/s，距离约 6.6 km，旋转速度和切变量分别为 17 m/s 和 5.2×10^{-3}/s。而反气旋性旋转的最大正径向速度为 3 m/s，最小负径向速度为 −31 m/s，两者差值为 34 m/s，距离约 5.1 km，旋转速度和切变量分别为 17 m/s 和 6.7×10^{-3}/s。气旋性旋转强度和反气旋旋转强度相当。6.0°仰角基本径向速度图（图 3-90a）中，具有明显的速度模糊，表现出风速辐散。

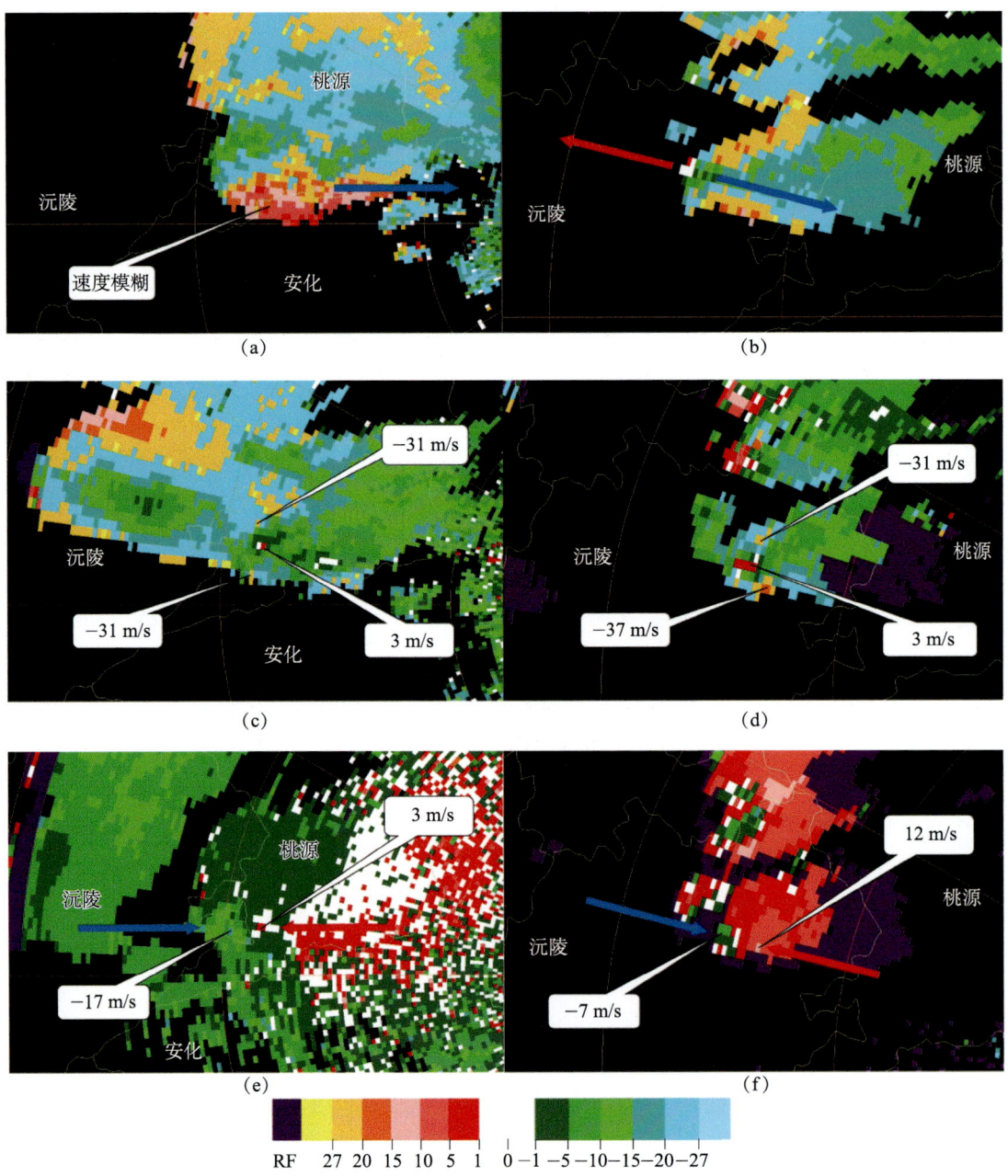

图 3-90　2020 年 3 月 21 日益阳雷达 19:50 6.0°（a）、3.4°（c）、0.5°（e）平均径向速度和 5 月 4 日益阳雷达 18:34 4.3°（b）、2.4°（d）、0.5°（f）平均径向速度（单位：m/s）

2. 0504过程

与0321过程相似，0504过程（指2020年5月4日降雹过程）旺盛成熟阶段也表现出低层辐合流场，中层双涡结构，高层辐散流场，中层双涡维持约2 h；在旺盛成熟阶段末期到消散衰亡阶段，20:26—21:08风暴中层转为气旋性旋转流场；21:08—21:43中低层以辐合流场为主，高层辐散，风暴维持，但强度明显减弱；21:43之后风暴中低层辐合、高层辐散流场结构由高到低逐渐消失，风暴缓慢消亡。

0504风暴过程大冰雹发生在双涡结构流场中，选取成熟阶段双涡流场做详细分析，从5月4日18:34益阳雷达0.5°、2.4°和4.3°仰角（对应高度分别为1.6 km、6.7 km和10.6 km）的基本径向速度图可以看到，风暴K0在0.5°仰角平均径向速度图（图3-90f）上，正速度与负速度在同一径向上，表现为辐合流场结构，最大正径向速度为12 m/s，最小负径向速度为–7 m/s，两者差值为19 m/s。2.4°仰角基本径向速度图（图3-90d）显示，风暴中层出现明显气旋性旋转与反气旋性旋转并存的气流结构。其中2.4°仰角上气旋性旋转的最大正径向速度为3 m/s，最小负径向速度为–37 m/s，两者差值为40 m/s，距离约5 km，旋转速度和切变量分别为20 m/s和8×10^{-3}/s。而反气旋性旋转的最大正径向速度为3 m/s，最小负径向速度为–23 m/s，两者差值为26 m/s，距离约6 km，旋转速度和切变量分别为13 m/s和4.3×10^{-3}/s。气旋性旋转强度强于反气旋旋转强度。4.3°仰角基本径向速度图（图3-90b）中，表现出流场辐散结构，最大正径向速度为3 m/s，最小负径向速度为–17 m/s，两者差值为20 m/s。同时具有明显的速度模糊，表现出风速辐散。

3. 0321过程和0504过程风暴气流结构异同点

图3-91给出了0321过程超级单体风暴的中气旋特性。0321过程中气旋持续1 h，即20:02—20:49。20:08、20:20和20:38分别为常德桃源、益阳安化和益阳桃江降雹时间，3次降雹均对应最强切变高度下降时间。20:02常德桃源降雹后，中气旋底位置较高5.6 km；此后S0单体进一步发展，20:08—20:20中气旋底和顶同时向下和向上发展，中气旋厚度增加，中气旋强度明显加强，最大切变值也不断增强，20:26达极大值56×10^{-3}/s；20:20—20:26最强切变高度下降，此时安化降雹；20:32中气旋顶和最强切变高度均上升，中气旋发展加强，20:38最强切变高度下降，对应桃江降雹，最大切变值和中气旋顶下降，中气旋强度减弱。

0504过程中气旋持续1.5 h（图3-92），即19:27—20:50。19:33—19:56，中气旋底和顶同时向下和向上发展，最大切变值非常大，在$34 \sim 41 \times 10^{-3}$/s，最强切变高度较高，中气旋强度明显加强；19:51虽然最强切变高度略有下降，但最大切变值仍强，说明中气旋仍强烈发展；19:51、20:08和20:32最强切变高度下降与质心高度下降时间一致，与实况降雹时间对应很好，并且最大切变值20:08和20:26明显下降，中气旋底上升，中气旋厚度减小，强度减弱。

两次过程降雹与最强切变高度下降时间基本一致，说明最强切变高度的下降很好反映冰雹降落时间，并且最大切变值变化反映中气旋强度的变化。0321过程，中气旋最强切变高度和最大切变值的平均值分别是4.4 km和30.8×10^{-3}/s。0504过程，中气旋最强切变高度和最大切变值的平均值分别是6.24 km和21.1×10^{-3}/s。虽然0321过程最大切变量大于0504过程，中气旋强度0321过程超过0504过程，但前面分析两次风暴为双涡管式旋转结构，两者总的旋转强度相当，而 0504 过程中气旋发展高度更高，中气旋维持时间更长。

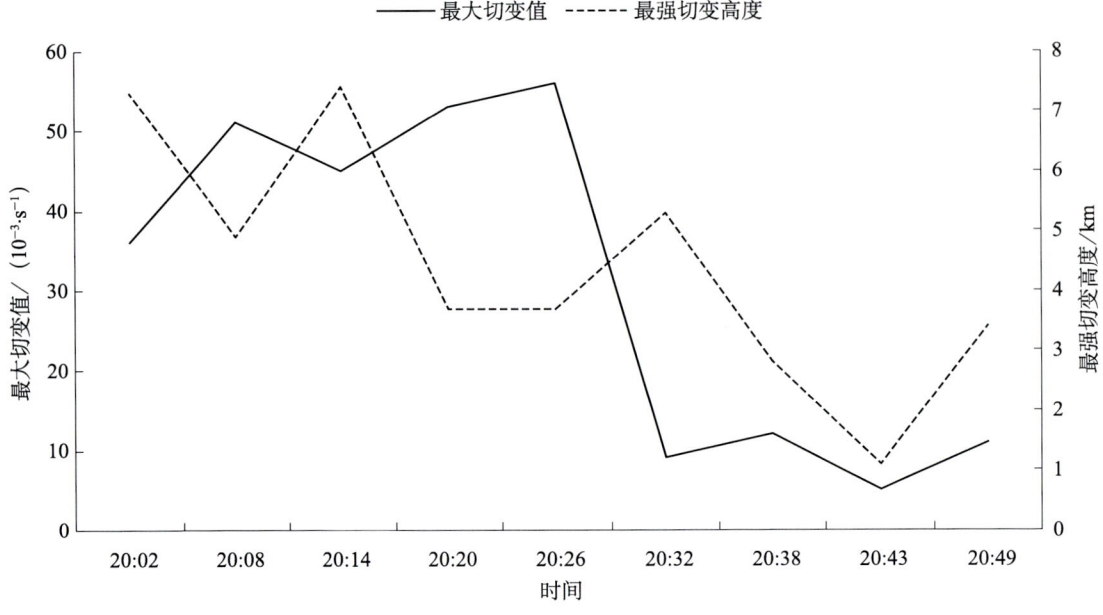

图 3-91 3 月 21 日 20:02—20:49 中气旋最大切变值和最强切变高度

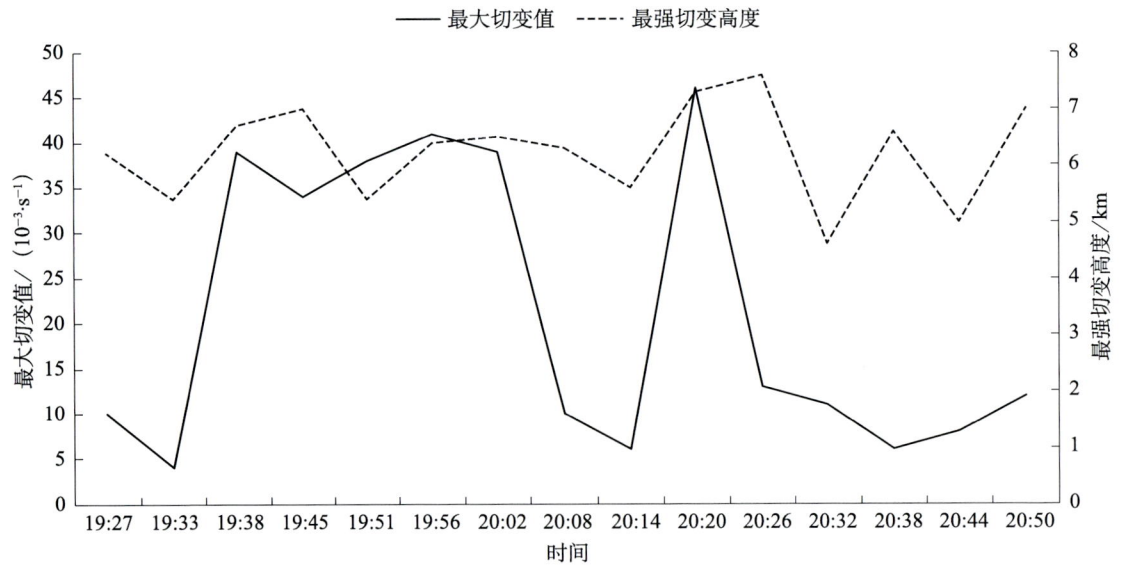

图 3-92 5 月 4 日 19:27—20:50 中气旋最大切变值和最强切变高度

3.4 低层暖平流强迫类暴雨特征分析

3.4.1 资料选取及时空特征分析

1. 资料选取

湖南低层暖平流强迫类暴雨定义如下：国家基本气象观测站 20—08 或 08—20 时 12 h

累积降雨量达50 mm以上，主要影响系统为西南急流，地面无冷空气活动，暴雨区距离锋区200 km以上，不受台风等热带系统影响（陈翔翔 等，2012；汪玲瑶 等，2018）。严格基于以上标准，普查湖南2016—2020年仅出现5次低层暖平流强迫类暴雨。分析资料包括常规观测资料、湖南永州多普勒天气雷达资料和NCEP/NCAR1°×1°逐6 h再分析资料；探空曲线为暖区暴雨发生前且严格遵照时间、空间临近的原则；选取5次过程的主要降水时段的风场、比湿、相对湿度、水汽通量散度、假相当位温等要素进行合成，对暖区暴雨发生期间物理量场进行分析。

2. 时空分布分析

从暴雨发生空间分布（图3-93a）发现该类暴雨集中在湖南南部的永州、郴州、邵阳南部，其中永州地区发生的次数最多。5次过程最大12 h降雨量超过50 mm的降雨区域（图3-93b）分布在湘中以南地区，60 mm以上的降雨集中在湘南地区，100 mm以上降雨出现在永州，其中2016年5月4日强降雨天气过程，宁远12 h降雨量114.7 mm、道县12 h降雨量达169.9 mm，两站均突破了1990年以来历史同期极值。对5次过程的小时降雨资料分析后发现，均表现出明显的对流性、降雨时段集中的特征，短时强降雨（≥20 mm/h）的持续时间一般为3～5 h，可见该类型的暖区降雨由于降雨效率高，易达到历史极值形成极端降雨。

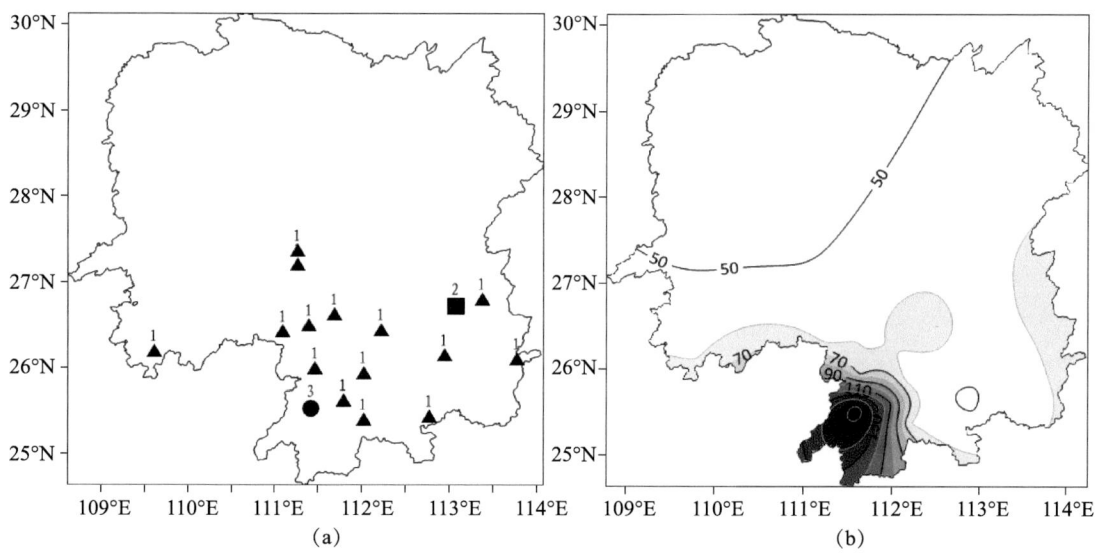

图3-93 低层暖平流强迫类暴雨频次（a）和最大日降水量的空间分布（b）

3.4.2 环境特征分析

3.4.2.1 西南气流演变及急流脉动分析

1. 西南气流演变分析

分析这5次过程西南风的演变，发现暴雨发生前至发展加强形成暴雨的过程中，850 hPa、925 hPa西南风有加强特征（表3-13）：暴雨发生前850 hPa风速就已达到了

12 m/s；暴雨发展时西南风速则达到 15～18 m/s，925 hPa 从 4～8 m/s 增加到 5～9 m/s，相比较而言，850 hPa 风速增加更为明显，可见该类暴雨发生前，低层强烈发展的西南暖湿平流，加上地面升温，建立了较为深厚的不稳定层结，满足了深厚湿对流产生的条件之一（冯晋勤 等，2017）。

表 3-13　暖区暴雨发生前、发展时 850 hPa、925 hPa 风速演变

过程	850 hPa 风速 /（m·s^{-1}）		925 hPa 风速 /（m·s^{-1}）	
	发生前	发展时	发生前	发展时
2016 年 5 月 4 日过程	12	18	4	6
2017 年 4 月 8 日过程	13	18	4	7
2018 年 4 月 22 日过程	12	15	6	7
2019 年 4 月 18 日过程	13	15	4	5
2020 年 3 月 26 日过程	13	15	8	9

2. 急流脉动特征

（1）NCEP 再分析资料分析

通过对 5 次暖区暴雨中低层风场分析发现（表 3-14），在短时强降雨（20 mm/h）发生前 1～2 h，对流层中层及以下有深厚的西南风发展，且急流脉动的层次自底层（900 hPa 以下）开始，逐渐向上扩展伸至 600～700 hPa，急流在暴雨区上空表现出明显的脉动特征，风速脉动处有强的风速辐合，中下层风速辐合在同一区域叠加，形成强上升运动，触发对流性降水的产生，是导致暴雨的主要原因。

表 3-14　急流脉动特征分析

过程	开始出现急流脉动的层次 /hPa	急流脉动伸展的高度 /hPa	急流脉动较短时强降水发生的时间提前量 /h
2016 年 5 月 4 日过程	950	700	2
2017 年 4 月 8 日过程	925	750	2
2018 年 4 月 23 日过程	975	750	1
2019 年 4 月 18 日过程	975	700	1
2020 年 3 月 27 日过程	900	600	1

以 2017 年 4 月 8 日风场图为例，在强降雨发生前，13 时 925 hPa 在湖南西南部出现超低空急流（图 3-94a），在永州南部风速 12 m/s，永州中部及偏北地区风速 6～8 m/s，永州北部、邵阳东部风速 10 m/s，出现明显的风速脉动（红色方框所示），在永州北部有风速辐合，在永州北部地区风速脉动一直伸展到 750 hPa（图 3-94b），风速脉动在同一地区上空叠加，使得中低层辐合加强，产生较强的上升运动，触发强降雨发生，14 时（图 3-94c、d）中低层急流和风速脉动（红色方框所示）在永州上空持续并加强，维持到 15 时，降雨也随之加强并持续；16 时开始低层风速脉动消失，低层辐合减弱，16 时之后降

雨减弱；从低层风速脉动和强降雨出现时间分析出，风速脉动出现早于强降雨开始 1 h，风速脉动的结束亦是早于强降雨结束 1 h，风速脉动的出现和消失对强降雨的发生和结束具有很好的指示意义。

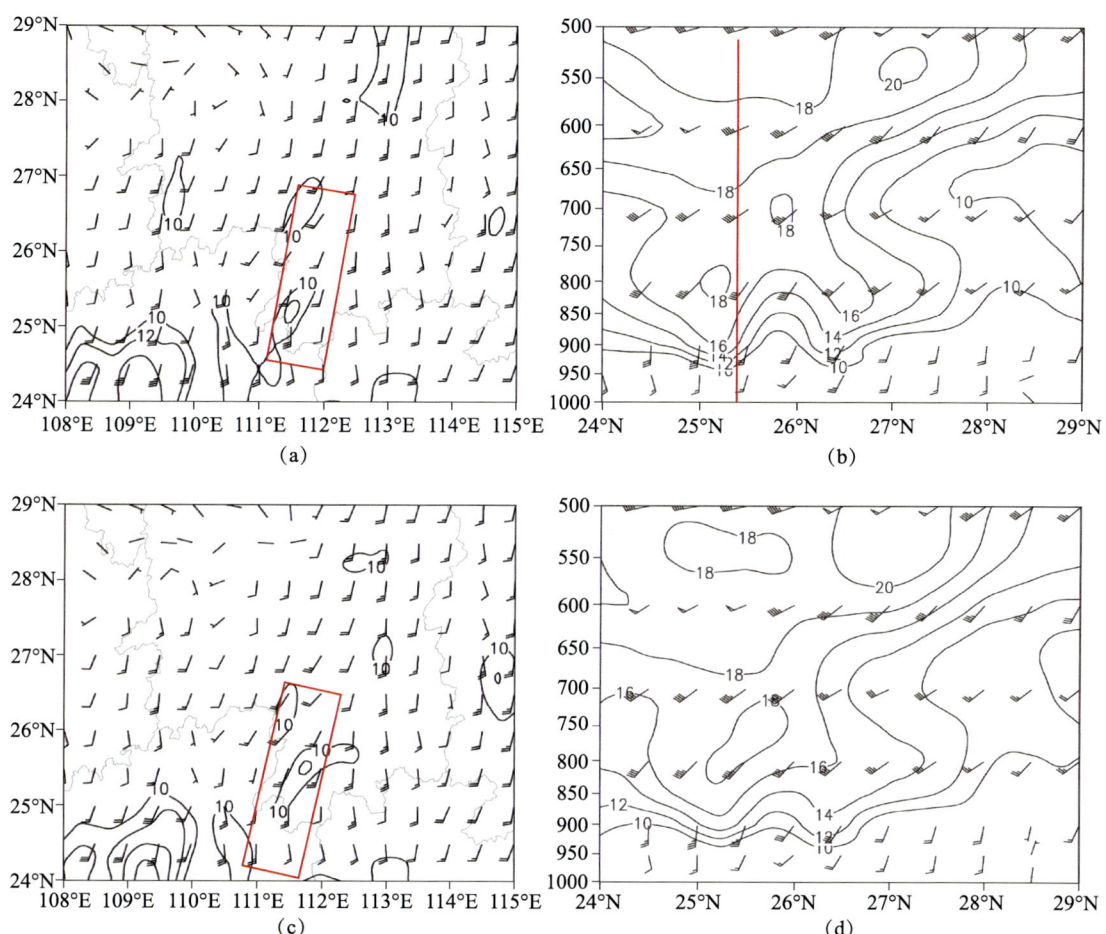

图 3-94　2017 年 4 月 8 日风场图（a：13:00　925 hPa 风场和风速大小叠加；b：13:00 风速垂直剖面图；c：14:00　850 hPa 风场和风速大小叠加；b：14:00 风速垂直剖面图）

（2）VWP 资料分析

风廓线产品是通过 VAD 技术对降水粒子平均径向速度分布进行处理，得出以测站为中心，半径 30 km 水平区域中逐 6 min 的不同高度上的平均风向风速，对判断风向、风速变化、垂直风切变、冷暖平流等有重要帮助（俞小鼎 等，2020），为了更细致地分析低空急流脉动和强降水的对应关系，下文在 NCEP 再分析资料的基础上，针对 5 次暖区暴雨过程，结合 VWP 资料（VWP 是 0～15 km 垂直方向间隔 0.3 km 风场演变，1 个单位厚度为 0.3 km）和对应的 6 min 雨量进行分析，以探讨低层急流脉动与强降水的关系。分析后发现，强降水发生前 1 h 首先在 2.1～3.4 km 高度出现急流风速脉动。降水发生后，2.1～3.4 km 高度有如下特征：出现任意 2 个及以上单位厚度的急流风速减小（但仍达到 12 m/s），对应雨强明显加强；出现任意 2 个及以上单位厚度的急流风速增大，则对应降雨减弱；仅有一个单位厚度急流风速出现脉动时，则风速的减弱或加强与雨强大小没有明显相关性。下文选取2016年5月4日过程为例进行分析。

5月5日02—06时永州多普勒天气雷达VWP图和道县强降水时段的03—06时逐6 min雨量叠加分析发现（图3-95）：在强降雨发生前，在2.4~2.7 km高度范围内，出现了明显急流风速脉动，风速先减小后增大；03:05在2.4~3.0 km高度，再次出现风速减小，持续6个体扫；03:11出现了1.5 mm/（6 min）的降雨，之后降雨逐渐加强，到03:35达到最强，6 min雨量达13.7 mm；此后2.1 km、2.7 km、3.0 km处风速加大到20 m/s并维持，降雨强度却明显减弱；03:59在2.1 km、3.0 km处再次出现风速减小，雨强再次加大；04:29—04:47在2.1 km、2.4 km、3.0 km高度出现2个及以上单位厚度的风速先减小后增大，对应雨强则先增加后减小；在05:06—05:35和05:47—06:17时段内，在

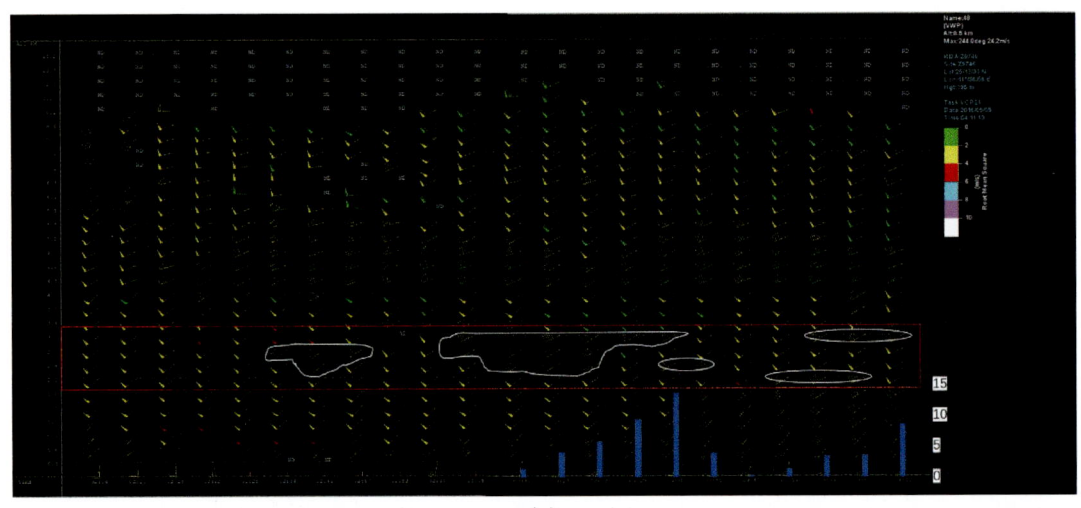

(a)

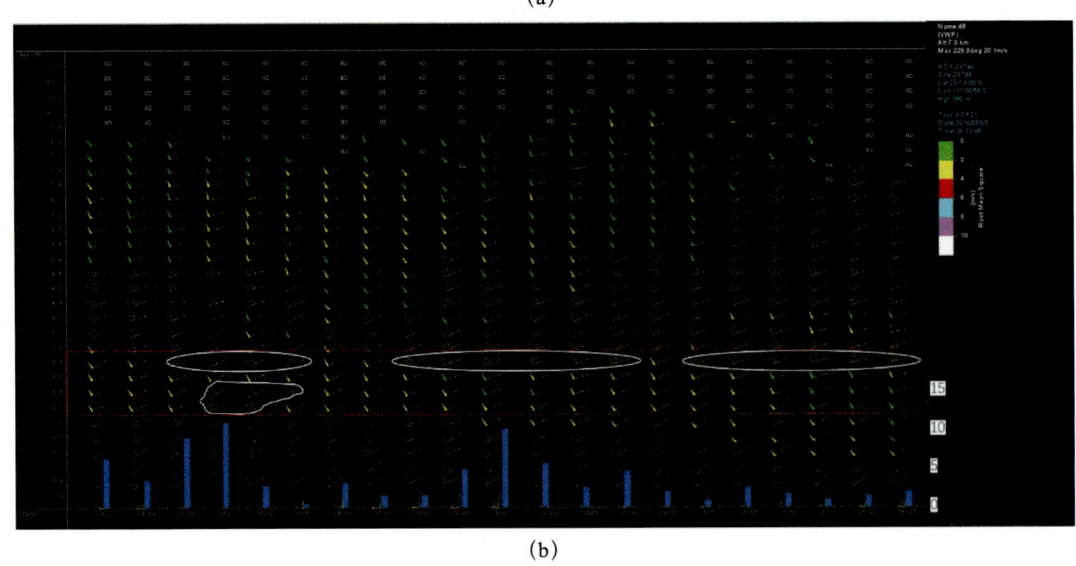

(b)

图3-95　2016年5月5日永州多普勒天气雷达VWP图和道县站逐6 min雨量
（a：02:04—04:11，b：04:17—06:17）

3.0 km 高度也出现一个单位厚度风速脉动，但与雨强变化并未表现出明显的相关性。急流风速增加、减小对应降雨的减弱（但仍达到 12 m/s）增强，风速脉动产生后，低层辐合加强，大气上升运动加强，具有充足水汽的大气在较好的抬升条件下，水汽凝结落落产生降雨，降雨滞后于急流风速脉动。

3.4.2.2 水汽特征

由于低层西南急流发展强盛导致源源不断的水汽向湖南南部输送，850 hPa 温度露点差为 1~4 ℃，均值为 2.6 ℃（图略），露点温度超过 12 ℃，有的甚至达 17 ℃（图略），比湿大值中心位于华南地区（图 3-96a），中心值达 13 g/kg 以上，随着低层西南急流发展，湿舌向东北方向伸展，强的水汽输送使得暖区暴雨强度大，降水量相对集中，更容易形成极端降水事件（何立富 等，2016）。

从暖区暴雨发生期间 850 hPa 平均风场和水汽通量场（图 3-96b）可以看出，暴雨区的水汽输送通道有两条：一支水汽来源于孟加拉湾，经由北部湾、广西地区进入湖南南部；另一支气流来自于南海地区进入华南，并与来自于孟加拉湾的气流汇合后进入湖南南部；两支气流为湖南中南部源源不断地输送水汽。对于湖南南部的暖区暴雨来说，其南边

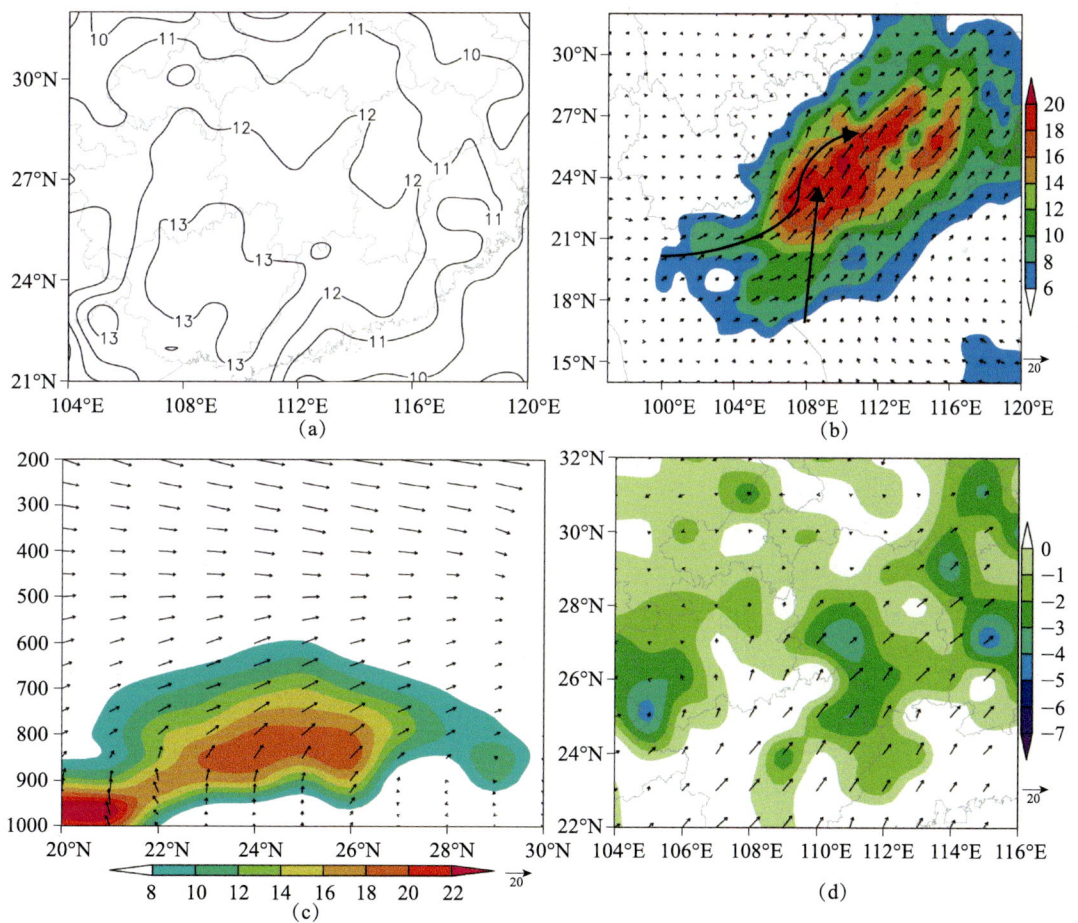

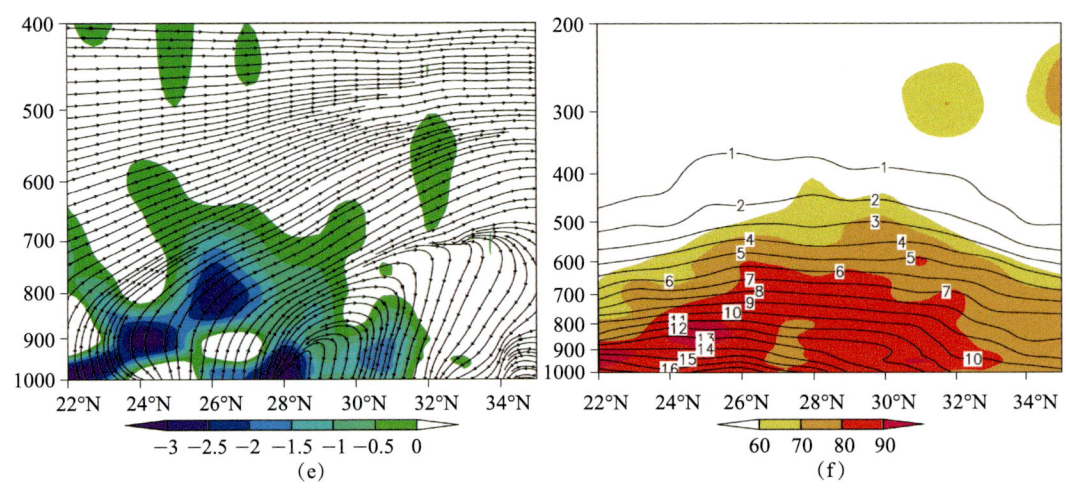

图 3-96 暴雨发生期间物理量合成图

(a：850 hPa 比湿；b：850 hPa 风场和水汽通量；c：沿 111°E 水汽通量和风场沿高度变化；d：850 hPa 风场和水汽通量散度；e：沿 111°E 水汽通量散度和风场的高度变化；f：沿 111° 相对湿度和比湿)

界为强的水汽入边界，且暴雨区处在 19 g/(cm·hPa·s) 的水汽通量大值区中，从水汽通量径向高度剖面（图 3-96c）分析出：湖南暖区暴雨区（25~27°N）主要的水汽输送高度在 850 hPa 附近，强的水汽平流使得暴雨区整层可降水量迅速增加，在对流触发前后的 6~12 h 内，整层可降雨量增长在 4~8 mm。随着低空西南急流强盛发展，为暴雨区带来了充沛的水汽，同时风速的脉动也使得对流层低层出现强的水汽辐合，水汽辐合中心与暴雨区有较好的对应关系（图 3-96d），从沿 111°E 水汽通量散度的径向垂直剖面图（图 3-96e）分析出：水汽通量辐合主要集中在 800 hPa 以下，中心强度达到 -3×10^{-8} g/(cm²·hPa·s)。该类暖区暴雨发生过程中，850 hPa 附近水汽输送通道的建立和 800 hPa 以下的水汽辐合区的形成非常有利于暴雨落区的判断。从相对湿度的垂直分布（图 3-96f）分析出，相对湿度 >80% 层次集中在 700 hPa 及以下层次，500 hPa 及以上相对湿度 <60%，在暴雨发生时，还是伴随上干下湿的层结特征，且低层水汽是湖南暖区暴雨的主要贡献者。

3.4.2.3 对流不稳定性分析

对 5 次过程暴雨发生前探空站的各项物理量指数（表 3-15）进行详细分析发现：850 hPa 和 500 hPa 温度差值在 24~29 ℃、700 hPa 和 500 hPa 温度差在 13~16 ℃，θse850~500 hPa 差值在 2.5~15.3 ℃；由于湖南处于锋（锋区位于 30°N 以北）前低压倒槽的暖区内，随着午后升温增湿明显，最高气温达 27 ℃ 以上，露点温度超过 18 ℃，24 h 气压下降 2~4 hPa；CAPE 均值达到 336.52 J/kg，仅有一次过程大于 500 J/kg（529.8 J/kg），说明湖南低层暖平流强迫类暴雨可以在中等偏弱 CAPE 下发生，这与叶爱芬等（2006）统计发现的 CAPE<500 J/kg 的强降水事件属于小概率事件的结论有一定出入；LCL 仅为 655.8 m，明显偏低，有利于气层整体抬升（张红梅 等，2021）；有一定的对流抑制（CIN），均超过 100 J/kg，甚至达到 283.7 J/kg，可见在暴雨发生前，气块抬升相对克服重力做功较大，需

要存在一定的抬升机制，不稳定能量才触发形成对流；K 指数均值为 36 ℃，刚达到湖南暴雨 K 指数阈值（35 ℃），SI 指数小于 2 ℃；由于该类暖区暴雨中低层存在强暖平流，使得 0 ℃层高度（Z0）比较高，较低的 LCL 值、较高的 Z0 值导致抬升凝结高度到 0 ℃层之间的厚度增大，暖云厚度在 3000～4700 m，均值为 3109 m，雨滴不容易蒸发，导致较高的降水效率。

表 3-15 对流不稳定相关物理量分析

过程	T850-500 /℃	T700-500 /℃	Tmax 地面 /℃	Td 地面 /℃	ΔP24 h /hPa	θse850-500 /℃	CAPE /(J·kg^{-1})
2016 年 5 月 4 日过程	26	14	30.8	23	-3	2.5	529.8
2017 年 4 月 8 日过程	24	13	28.1	22	-3	11.2	338.9
2018 年 4 月 22 日过程	26	16	27.5	20	-2	9.0	307.2
2019 年 4 月 18 日过程	25	14	27.7	18	-7	9.9	18.5
2020 年 3 月 26 日过程	29	16	27.9	18.4	-4	15.3	488.2

过程	CIN /(J·kg^{-1})	SI /℃	K /℃	H0 /m	LCL /m	暖云厚度 /m
2016 年 5 月 4 日过程	214.7	-3.7	29	4873.5	343.8	4529.7
2017 年 4 月 8 日过程	105.3	1.9	34	4785.4	757.1	4028.3
2018 年 4 月 22 日过程	165.9	-2.8	41	4618.8	577	4041.8
2019 年 4 月 18 日过程	283.7	0.9	36	4652.9	883.9	3769.0
2020 年 3 月 26 日过程	183.7	-2.9	40	3954.4	877.3	3077.1

对 5 次暖区暴雨过程进行合成，分析假相当位温、比湿的垂直剖面图（图 3-97）：华南 - 湖南南部为高温高湿区，低层暖湿气流明显；湖南南部（25°～27°N）850 hPa 以下 θse>345 K、比湿 >14 g/kg；500 hPa 附近有 330 K 的假相当位温（θse）冷中心覆盖在低层暖中心上。可见，随着 850 hPa 西南气流的加强导致低层增温增湿，而对流层中层为相对干冷的平流，加剧"上冷下暖"层结出现，有利于热力不稳定层结增长，因此对流层中层弱的干冷空气的出现是暴雨形成和维持的一个重要热力因子（陶诗言 等，1979），有利于对流凝结潜热的释放，加强环境大气的对流不稳定性。

3.4.2.4 垂直风切变

风向风速的垂直风切变对暖区对流的形成、强度变化和传播都有很大影响，垂直风切变有可能是暖区暴雨的重要触发条件（张萍萍 等，2019；徐珺 等，2014），对 5 次暴雨发生期间 1000 hPa 到各层垂直风切变可以看出（图 3-98a）：中低层为中等强度垂直风切变 9～15 m/s，且 900～500 hPa 任一高度层到 1000 hPa 风切变强度值相差不大。以 2019 年 4 月 18 日过程为例，分析 17—18 日永州站垂直风切变随时间演变图（图 3-98b），发现从降雨触发到加强（4 月 17 日 02—08 时），垂直风切变呈现出增强趋势；中低层垂直风切变为中等强度，750 hPa 有一大值中心，中心值达到 15 m/s。

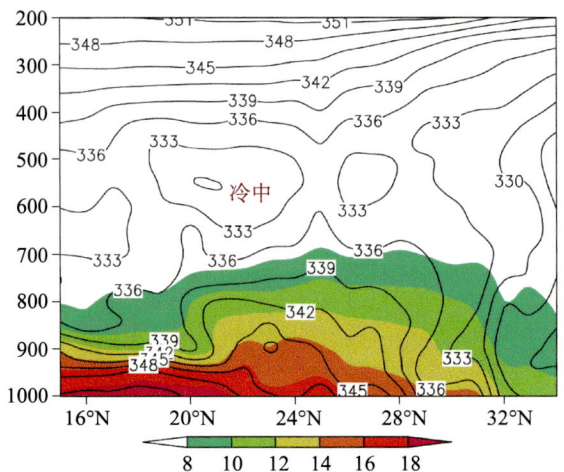

图 3-97　暴雨时段沿 111°E 假相当位温（等值线，单位：K）、比湿（色斑）的垂直剖面合成图

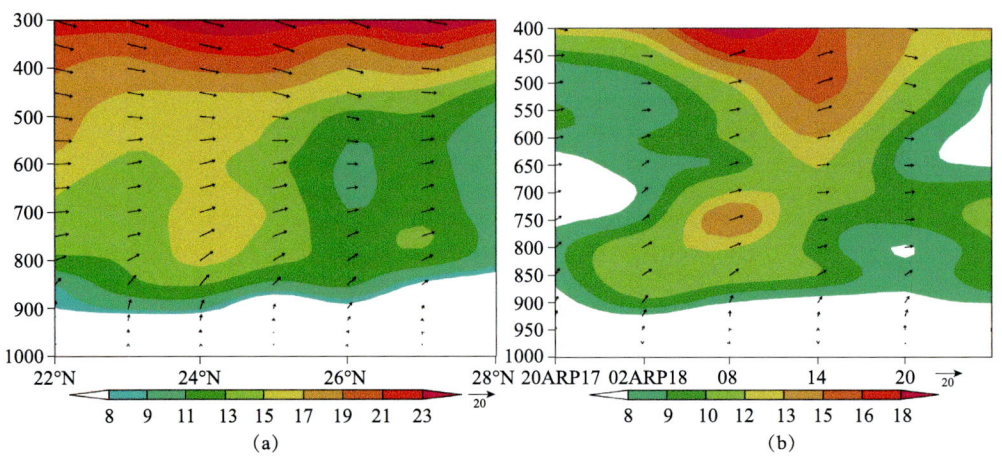

图 3-98　a：暴雨发生期间沿 111°E 垂直风切变风速（色斑）和风矢量　b：2019 年 4 月 17—18 日永州站垂直风切变时序演变

Wyss 等（1988）对观测资料进行统计分析，指出 3 km 以下的低层风切变对中纬度对流系统的发展最为重要。而实际预报业务中常用 0～3 km 垂直风切变表征低层垂直风切变，因此分析暴雨发生前、发展、减弱时各代表站 750 hPa 到 1000 hPa 垂直风切变的变化（表 3-16），发现暴雨发生前、发展、减弱时 750 hPa 到 1000 hPa 垂直风切变均维持中等强度；5 次过程在暴雨发生、发展过程中都表现出垂直风切变增强，而在降雨减弱阶段则有 3 次垂直风切变表现出下降趋势，2 次垂直风切变强度维持。可见 750 hPa 到 1000 hPa 垂直风切变的变化对该类暖区暴雨的发展、减弱具有一定的指示意义。

表 3-16 暴雨发生前、发展、减弱时 750 hPa 到 1000 hPa 垂直风切变

过程	代表站	发生前	发展	减弱
2016 年 5 月 4 日	桂林	16	20	14
2017 年 4 月 8 日	郴州	11	13	10
2018 年 4 月 22 日	郴州	10	12	12
2019 年 4 月 18 日	永州	10	15	12
2020 年 3 月 26 日	郴州	11	16	16

综上分析可知，暴雨发生期间，在 900～500 hPa 任意一层到 1000 hPa 垂直风切变大小较为接近，为中等偏强，且 750～1000 hPa 垂直风切变在暴雨发生前后存在先增强再减弱的变化特征。

3.4.3 强降水演变特征分析

3.4.3.1 强降水回波特征分析

对 5 次过程暴雨时段的组合反射率因子演变分析发现（表 3-17），2018 年 4 月 23 日过程回波移动速度缓慢，属于"驻留型"回波所致的暴雨（图略），而其他 4 次过程强降水回波呈西南东北（或东西）走向，回波带自西南向东北（或自西向东）移动，回波的走向与回波移向几乎平行，且在回波带西段不断有新的回波生成，随着引导气流（西南风）向东北方向移动，形成"列车效应"（图略），导致累积雨量达到暴雨强度。

表 3-17 组合反射率演变特征

过程	回波走向	回波移向	回波发展情况	是否有"列车效应"
2016 年 5 月 4 日过程	东西向	东移	西段有强回波生成	是
2017 年 4 月 8 日过程	西南东北向	东移北上	西段有强回波生成	是
2018 年 4 月 23 日过程	东西向	东移	无	否，为驻留型
2019 年 4 月 18 日过程	东西向	东移	西段有强回波生成	是
2020 年 3 月 27 日过程	西南东北向	东移	西段有强回波生成	是

3.4.3.2 短时强降水落区分析

从暴雨时段短时强降水（20 mm/h）、地面辐合线出现的时间以及两者相对位置来看（表 3-18），有两次过程地面辐合线在短时强降水出现前 1 h 就已出现，有 3 次过程同时出现，且都出现在地面辐合线以北 30～50 km。以 2017 年 4 月 8 日暴雨过程为例，4 月 8 日 13 时，永州偏南地区已经分析出地面辐合线（图 3-99a），地面辐合线触发导致降水发生；14 时地面辐合线维持（图 3-99b）并略北移，且低层急流风速脉动提供持续动力抬升作用，强降水随着引导气流西南风向北传播，且降雨强度增强，故在辐合线略偏北区域 30 km 附

近达到短时强降水强度。

表 3-18 地面辐合线、短时强降水出现时间以及两者相对位置

过程	地面辐合线		短时强降水出现时间	降雨区与辐合线位置
	出现时间	位置		
2016 年 5 月 4 日过程	5 日 03 时	降雨区南侧 50 km 处	04 时（在地面辐合线后 1 h 出现）	辐合线在强降雨区以南 30～50 km 处
2017 年 4 月 8 日过程	8 日 13 时	降雨区南侧 35 km 处	14 时（在地面辐合线后 1 h 出现）	辐合线在强降雨区以南 30～50 km 处
2018 年 4 月 23 日过程	24 日 04 时	降雨区南侧 36 km 处	04 时（和地面辐合线同时出现）	辐合线在强降雨区以南 30～50 km 处
2019 年 4 月 18 日过程	18 日 09 时	降雨区南侧 30 km 处	09 时（和地面辐合线同时出现）	辐合线在强降雨区以南 30～50 km 处
2020 年 3 月 27 日过程	27 日 05 时	降雨区南侧 36 km 处	05 时（和地面辐合线同时出现）	辐合线在强降雨区以南 30～50 km 处

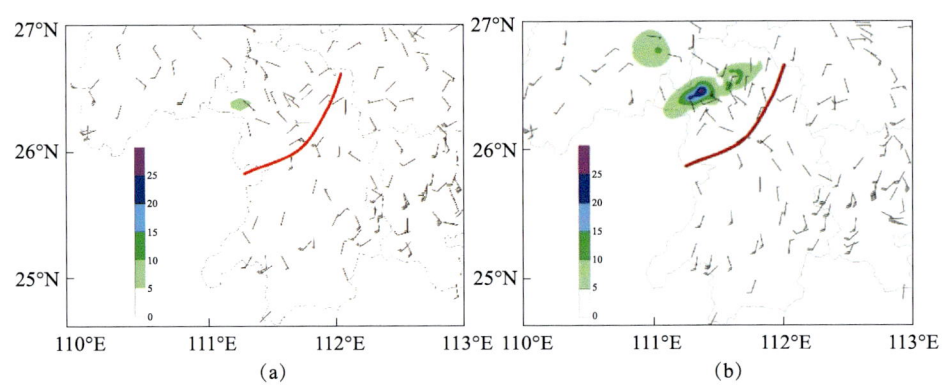

图 3-99 2017 年 4 月 8 日 13 时（a）、14 时（b）地面风场和小时雨量

3.4.4 小结

以湖南低层暖平流强迫类暴雨为研究对象，从暴雨发生前后西南风的演变及暴雨发生的水汽条件、对流不稳定条件、垂直风切变等方面进行分析，建立了该类暖区暴雨的流型配置，揭示了有利于该类型暴雨发生的特征，主要结论如下。

①暴雨发生前 850 hPa 已达急流标准，暴雨发生时 850 hPa 风速增加更为明显；925 hPa 从暴雨发生前的 4～8 m/s 增加到 5～9 m/s，不必一定要达到 12 m/s；在短时强降水（20 mm/h）发生前 1～2 h，对流层中层及以下有深厚的西南风发展，且急流脉动的层次 900 hPa 以下开始，逐渐向上扩展伸至 600～700 hPa；VWP 资料分析发现，1～3.4 km 高度（4 个单位厚度）出现任意 2 个及以上单位厚度的急流风速减小（但仍达到 12 m/s），对应雨强明显加强；出现任意 2 个及以上单位厚度的急流风速增大，则对

应降雨减弱；仅有一个单位厚度急流风速出现脉动时，则风速的减弱或加强与雨强大小没有明显相关性。

②850 hPa 温度露点差在 1～4 ℃，均值为 2.6 ℃（图略），露点温度超过 12 ℃，有的甚至达 17 ℃，比湿大值中心位于华南地区。该类暖区暴雨水汽输送有来自孟加拉湾和南海两条通道；主要的水汽输送高度位于 850 hPa 附近，急流风速的脉动使得对流层低层出现强水汽辐合，与暴雨区有较好的对应关系。

③对流不稳定特征：850 hPa 和 500 hPa 温度差达 24 ℃、700 hPa 和 500 hPa 温度差达 13 ℃；中等偏弱的对流有效位能（CAPE），需有一定的对流抑制（CIN），超过 100 J/kg；且随着 850 hPa 西南气流加强导致低层增温增湿，加剧"上冷下暖"层结出现。

④垂直风切变特征：900～500 hPa 任意一层到 1000 hPa 垂直风切变大小较为接近，且低层垂直风切变在暴雨发生前后有先增强再减弱的特征。

⑤反射率因子回波表现出"列车效应"或驻留型特征；地面辐合线在短时强降水前或伴随出现；强降水区域位于地面辐合线以北 30～50 km。

湖南低层暖平流强迫类暴雨在把握流型配置的基础上，可重点关注对流不稳定物理量的变化、西南风强度变化、垂直风切变的变化。由于该类型暖区暴雨短期预报相对具有一定的难度，因此，临近时段关注 VWP 资料风场的演变对暴雨强度变化具有一定指示意义，但由于湖南低层暖平流强迫类暴雨个例毕竟有限，特别是西南风急流脉动和强降水的对应关系还有待今后进行更细致和深入的研究。

3.5 复杂地形下暴雨的数值模拟研究分析

湖南南部湘桂边界地处华南南岭山脉，地形复杂，预报暖区暴雨更为困难，特别是西南气流背景下，湘桂交界处喇叭口地形以及山南侧的迎风坡的共同作用，地形降水增幅作用明显，往往产生极端降水。2016 年 5 月 5 日凌晨，广西东北部至湖南南部突发大范围暴雨、局地大暴雨，欧洲中心、GRAPES 等全球模式对于暴雨几乎全部漏报。此次过程为强西南急流背景下的暖区暴雨，华南北部南岭山脉对暖区暴雨发生过程的环流有何种影响，地形在强西南急流背景下的暖区暴雨中发挥了什么样的作用，下文将对此次过程进行初步的模拟分析，以期增加对此类暖区暴雨发生机理的认知水平，并为实际预报业务提供有效的预报参考。

3.5.1 资料与方法和天气实况

1. 资料与方法

本节使用的资料有：研究区域范围内国家气象观测站和区域自动观测站降水数据、高空观测资料、地面重要天气报资料、FY-2G 卫星 TBB（Black Body Temperature）相当黑体亮温资料。数值模拟研究使用非静力平衡中尺度数值模式 WRF v4.0（The Weather Research and Forecasting model），初始场和边界条件采用 NCEP（National Centers for Environmental Prediction）1°×1°FNL 全球再分析资料。

2. 天气实况

2016年5月4日20时—5日08时，广西东北部至湖南西南部出现成片大暴雨，暴雨以上量级降水158站，大暴雨44站，最大降水量为190.6 mm（灵川三街镇），最大小时雨强为65.4 mm，其中湖南道县在5日03—06时3 h降水量达到131.2 mm，并出现多站雷暴大风，最大风速达到21.3 m/s（郴州23:39），见图3-100。而ECMWF模式4日08时起报的4日20时—5日08时12 h降水预报对于湖南南部仅预报了小雨量级，虽然广西东北整体预报了大雨量级降水，但暴雨预报非常局地，区域大暴雨完全漏报，其他全球预报模式结果与欧洲中心预报基本一致，本地预报员结合高低空实况外推和数值模式预报，造成了本次短期预报暴雨和大暴雨完全漏报。

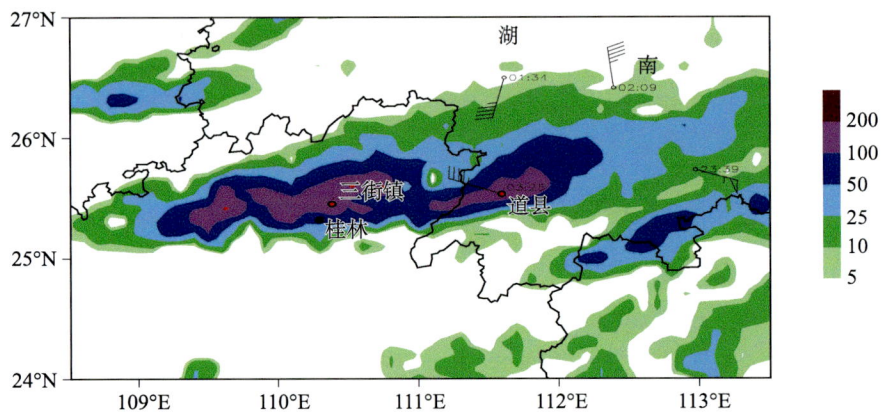

图3-100　2016年5月4日20时—5日08时湘桂粤边界累积降水量（单位：mm）以及强对流天气实况（红点、风向杆分别代表≥150 mm降水、雷暴大风站点）

3.5.2　中尺度数值模拟

3.5.2.1　模式及方案简介

研究使用WRFv4.0，初始场和边界条件采用NCEP（1°×1°FNL）全球分析资料，模式区域采用三层嵌套网格，水平格距分别为27、9和3 km，垂直层为36层，模式层顶可至19 km高度，模拟时间24 h，模拟起始时间为2016年5月4日20时—5日20时。如图3-101所示，第一层覆盖中国大部，第二层包含本次天气过程的主要降水区域，第三层包含华南湘桂粤边界南岭山脉。通过25次云微物理方案与积云参数化方案的敏感性实验（任星露，2020），确定采用WSM6微物理方案和Kain-Fritsc积云参数化方案的降水模拟效果最好。

3.5.2.2　模拟结果分析

1. 降水及云顶亮温模拟结果

本次模拟成功模拟出2016年5月4日20时—5日08时主雨带位置，暴雨区范围较实况略大，强降水中心基本与实况一致，其中暴雨命中102站，命中率为47.9%，大暴雨命中 23 站，命中率为 51.1%；对暴雨以上降水模拟结果进行站点 TS 评分，暴雨 TS 评分为 37.9%，大暴雨 TS 评分为 34.8%，模拟效果良好。最大降水中心灵川三街镇站 12 h 模拟累积降水量为 144.7 mm，较实况相对误差为 −24.1%；桂林站模拟 12 h 累积降水量为 140.4 mm，实况为 137.5 mm，相对误差仅为 2.1%；道县站模拟 12 h 累积降水为 79.3 mm，较实况相对误差为 −53.3%，见图 3-102。

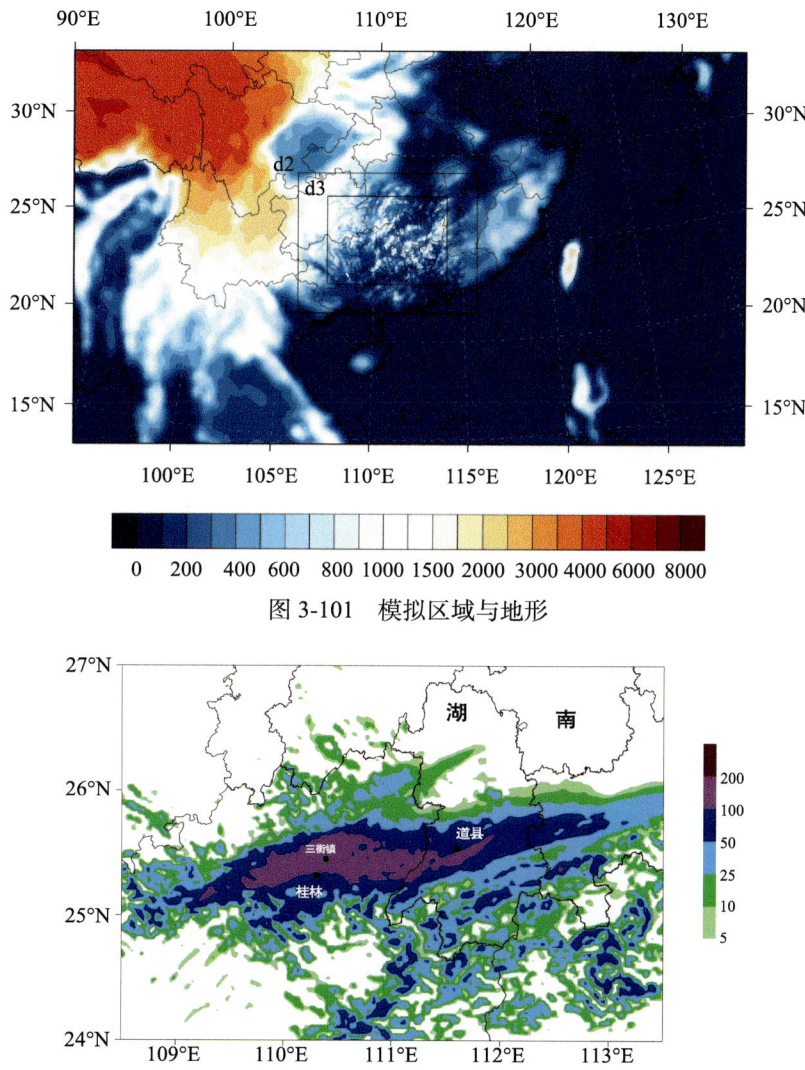

图 3-101　模拟区域与地形

图 3-102　2016 年 5 月 4 日 20 时—5 日 08 时降水模拟结果（单位：mm）

对 5 月 5 日 02 时—06 时逐小时降水及云顶亮温模拟结果与实况降水及 FY-2G 卫星 TBB 分布进行对比，5 日 02 时模拟云顶亮温低于 −32 ℃ 区域（图 3-103a）与 FY 卫星 TBB（图 3-103b）区域相比范围较小，但 −52 ℃ 区域基本与卫星 TBB 一致，范围略小，而 20 mm 以上量级降水位置存在一定偏差，但基本能体现主雨带的强降水中心；03 时模拟云顶（图 3-103c）亮温低于 −32 ℃ 区域和低于 −52 ℃ 范围与 FY 卫星（图 3-103d）TBB 区域相比范围均较小，道县附近短时强降水范围也偏小，但能很好地体现强降水中心位置,此外,桂林附近有一虚假的强降水中心;04时模拟云顶亮温(图3-103e)低于-32 ℃范围与卫星TBB(图3-103f)分布基本一致,但-52 ℃范围明显偏小,道县南部低于-62 ℃中心也未能体现,道县及桂林附近强降水中心有所体现,但道县附近的强降水范围略小;05及06时(图略)模拟云顶亮温与卫星TBB基本一致,强降水落区位置存在一定程度的滞后。

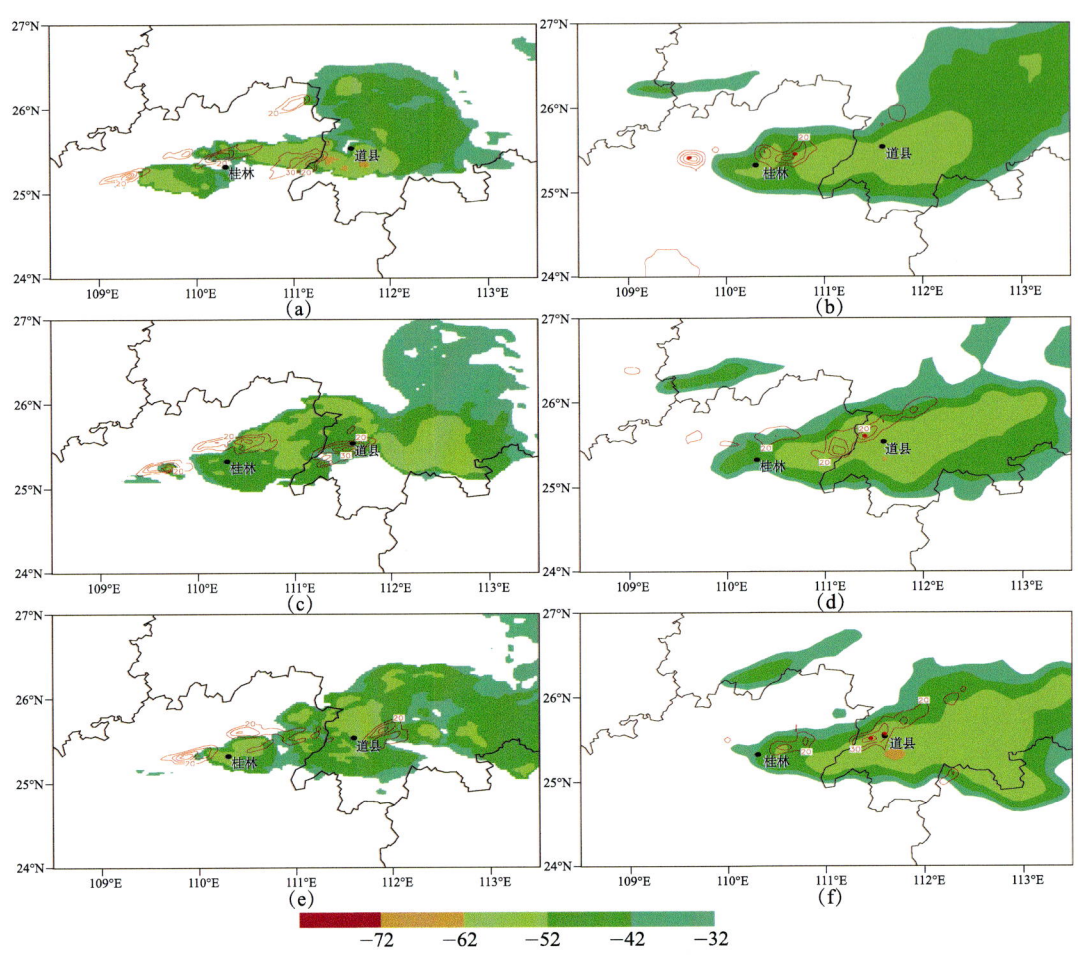

图3-103 2016年5月5日02时—5日04时逐小时降水模拟结果及云顶亮温(a,c,e)与实况降水及FY-2G卫星TBB对比(b,d,f)(填色:云顶亮温,单位:℃;红色实线:降水量,单位:mm)

总体而言,云顶亮温模拟结果能够较好地再现湘桂粤边界对流云系的主体区域及强度,过程降水模拟结果能够较好地再现此次过程的降水分布,而逐小时降水模拟虽然存在一定提前或滞后,但短时强降水的主要落区得到了较好的再现,模式总体模拟结果较好。

2. 风场模拟结果

风场与影响降水分布的水汽输送及动力抬升关系密切,为验证模拟结果的准确性,对模式风场模拟结果与第一重嵌套区域内的实况探空风场进行对比,5月5日08时不同高度风场模拟结果基本与实测风场一致,很好地模拟出不同层次环流特征及风场特征(图略)。对模拟风场与实况风场的相关关系进行分析,如表3-19所示,模拟风场的u、v分量与实况风场相关关系较好,均通过0.01显著水平检验(Z0.01=2.33),850~200 hPa模拟风场的u、v分量与实况的相关系数基本在0.80以上,最大可达0.95,仅925 hPa的u分量相关系数相对较小,但在4日20时其v分量与实况相关系数达到0.897。

表3-19 模拟风场不同层次(hPa)与高空实测风场相关系数及置信检验结果

	高度层	u分量	v分量	u分量z检验	v分量z检验	检验站数
5月4日20时	925	0.598	0.897	3.906	8.242	35
5月4日20时	850	0.847	0.856	7.468	7.658	39
5月4日20时	700	0.939	0.747	11.182	6.267	45
5月4日20时	500	0.950	0.916	12.274	10.502	48
5月4日20时	200	0.933	0.908	11.397	10.298	49
5月5日08时	925	0.618	0.743	4.020	5.323	34
5月5日08时	850	0.870	0.823	8.100	7.098	40
5月5日08时	700	0.928	0.829	10.798	7.768	46
5月5日08时	500	0.905	0.812	10.169	7.675	49
5月5日08时	200	0.770	0.768	6.916	6.880	49

综上所述,模式模拟结果能够较真实地再现此次过程云系、降水分布和风场,下文将利用模拟结果分析此次暖区暴雨发生发展的触发、维持等相关机制。

3.5.3 暖区大暴雨发生的机理分析

3.5.3.1 特殊地形作用下的流场结构和水汽输送

此前对本次过程大尺度环境场的研究中,发现在广西东北部低空急流的断裂处存在小范围的辐合区和水汽辐合中心(付炜 等,2020),针对广西东北部区域的流场结构和水汽输送模拟结果进行分析,可以深入地了解此类天气背景下特殊地形的作用。

1. 水平流场特征和水汽输送

湘桂粤边界南岭山脉的特殊地形的动力强迫作用有利于触发对流,并对流场结构产生影响,进而影响水汽输送过程。对此次过程中低层的水汽和流场演变情况进行分析,以此来研究对流系统触发、维持机制和水汽来源。5月4日23时(图略)925 hPa强盛南风气流在桂林南部的驾桥岭西侧汇合触发对流系统A,至5日00时925 hPa(图3-104a)偏南气流遇到桂林南部的大瑶山和驾桥岭形成绕流,其西侧绕流气流穿过山谷在桂林(蓝色圆点处)南部与驾桥岭东侧绕流气流及都庞岭西侧东南气流形成超低空风场辐合,对流系统A发展成熟并逐步东移,此时925 hPa在桂林南部出现明显的水汽辐合中心,中心值达到-77×10^{-7} g/(hPa·cm²·s);至5日02时(图3-104b)对流系统A东移至都庞岭东侧,925 hPa强盛南风在山前与穿过都庞岭中部山谷向东绕流的偏西气流及萌渚岭西侧绕流气流形成辐合,水汽通量散度中心值达到-140×10^{-7} g/(hPa·cm²·s),另外,同样由于低层风场的绕流,在桂林东侧出现了另外一个由越城岭山前绕流西风与偏南急流及都庞岭西侧绕流偏东风形成的风场辐合区，水汽辐合中心值达到 -50×10^{-7} g/(hPa·cm²·s) 以上，此处对应的对流系统 B 开始发展加强；至 5 日 03 时（图 3-104c）对流系统 A 东移至道县东侧萌渚岭山前，925 hPa 强盛南风穿过都庞岭与萌渚岭间山谷时，受峡谷效应风力加大，都庞岭山前形成的侧向摩擦绕流西风与萌渚岭东北部绕流偏东风形成辐合，水汽通量散度中心达到 -99×10^{-7} g/(hPa·cm²·s)，此时桂林北部也出现与地形相关的强水汽辐合中心，非常有利于对流系统 B 后侧对流新生；至 5 日 04 时（图 3-104d）对流系统 A 东移至湘南东部，对流系统 A 对于湘桂粤边界的影响基本结束，而对流系统 B 东移至都庞岭西侧，都庞岭山前风场辐合有利于对流加强与维持，之后对流系统 B 继续东移越山影响湖南西南部，其演变与对流系统 A 类似，此处不再赘述。在上述时间对流系统 A 和 B 影响的道县及桂林附近区域均模拟出成片超过 40 mm/h 的短时强降水（图 3-104），模拟结果与实况降水匹配对应良好，对流系统 A 和 B 东移过程中减弱较慢，其生命过程所经过区域也造成了短时强降水，进而导致了桂东北至湘西南的累计降水分布。

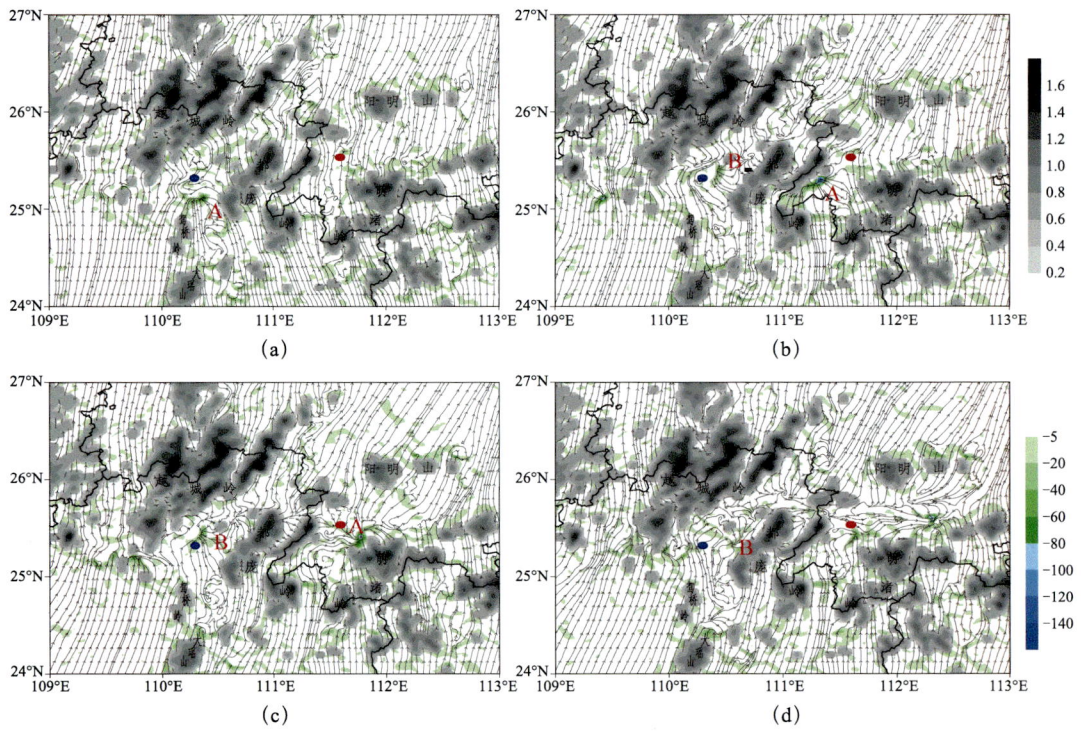

图 3-104　2016 年 5 月 5 日 00 时（a）、02 时（b）、03 时（c）、04 时（d）925 hPa 水汽通量散度（彩色填色，单位：10^{-7} g/(hPa·cm²·s)）、流场（流线）地形（灰色填色，单位：km）分布
（红点：道县；蓝点：桂林；A、B 分别为对流系统 A、B 的位置）

850 hPa 流场由于受到地形及下垫面影响同样呈现明显的气流绕流。00 时（图略）西南急流在驾桥岭东侧绕流并在桂林南部形成辐合，与 925 hPa 辐合中心对应，水汽辐合中心强度达到 -60×10^{-7} g/(hPa·cm²·s)，之后对应该位置的对流系统 A 东移；至 02 时（图 3-105a）对流系统 A 移至湖南西南的都庞岭东侧，西南气流穿过都庞岭山谷形成的绕

流西风与穿过都庞岭和萌渚岭之间的山谷的绕流东风气流形成强烈辐合，水汽辐合中心达到 -90×10^{-7} g/(hPa·cm^2·s)，与此同时，西南急流在桂林东北部也形成地形风场辐合，水汽辐合中心与 925 hPa 位置重叠，达到 -40×10^{-7} g/(hPa·cm^2·s)，有利于对流系统 B 的发展与维持；至 03 时（图 3-105b）穿过都庞岭和萌渚岭山谷的西南急流在都庞岭东部受阻形成的西风绕流与萌渚岭越山后的偏东绕流气流形成辐合，水汽辐合中心维持在 -50×10^{-7} g/(hPa·cm^2·s) 以上，使得对流系统 A 维持，另外，越过驾桥岭的西南气流在桂林东北部形成分流，向西的气流有利于在桂林北部形成辐合，而其向东的气流在都庞岭山前与西南气流形成辐合，促进对流系统 B 发展成熟。此后对流系统 A 和 B 继续东移影响湘西南区域，所经过区域也导致了短时强降水，最终导致此次暴雨过程。

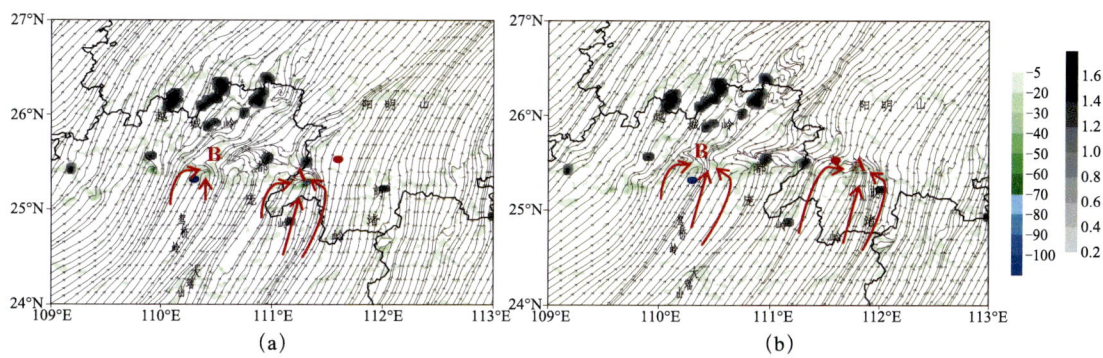

图 3-105　2016 年 5 月 5 日 02 时（a）、03 时（b）850 hPa 水汽通量散度（彩色填色，单位：10^{-7} g/(hPa·cm^2·s)）、流场（流线）地形（灰色填色，单位：km）分布（红点：道县；蓝点：桂林；A、B 分别为对流系统 A、B 的位置；红色箭头为气流走向示意）

700 hPa（图略）流场在越城岭、阳明山、都庞岭及九嶷山附近同样出现了与 925 hPa 和 850 hPa 类似的气流绕流或者波动以及明显与地形相关的水汽辐合中心；500 hPa 风场同样在上述特殊地形区域也对应出现了波动（图 3-106），实际上述山脉海拔高度不能达到 700 hPa 和 500 hPa 高度，地形导致的较低层气流绕流及较高层次气流越山是导致这种流场分布的主要原因。

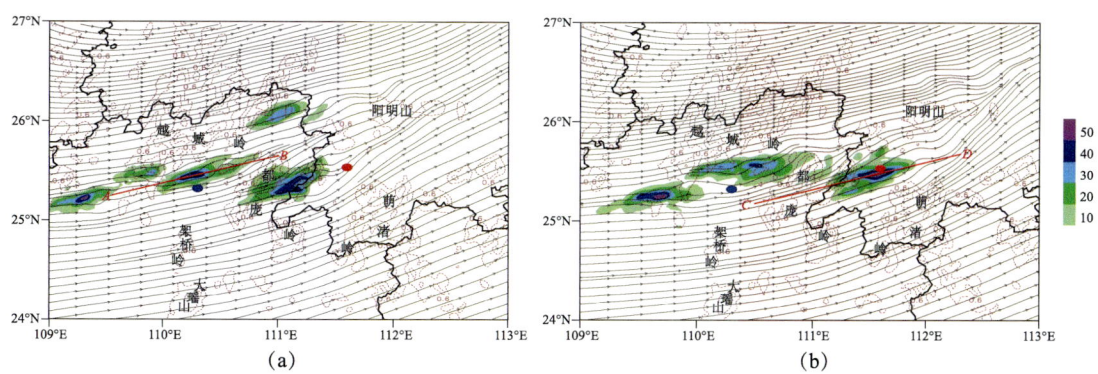

图 3-106　2016 年 5 月 5 日 02 时（a）、03 时（b）500 hPa 流场（箭矢）地形（暗红色虚线，单位：km）分布及小时降水分布（红点：道县；蓝点：桂林）

2. 流场和水汽的垂直剖面特征

通过分析逐小时降水分布及雨带移动情况，此次降水过程中的主要对流系统 A 和 B 基本沿 500 hPa 引导气流从桂林北部移至道县北部，为了解主要强降水区上空水汽辐合演变情况及相关动力、水汽等物理量垂直分布，分别沿 500 hPa 引导气流经桂林北部强降水中心连线（图 3-106a AB 红实线）及 500 hPa 引导气流经道县南部强降水中心连线（图 3-106b CD 红实线）作垂直剖面结合地形进行分析。

如图 3-107a 所示，5 月 5 日 00 时桂林西北部越山气流波动在山后抬升（横坐标 51 km 处），对流系统 B 发展加强，550 hPa 以下均为较强的水汽辐合区，低层最大水汽辐合超过 -32×10^{-7} g/(hPa·cm²·s)，比湿 >12 g/kg 区域至 750 hPa 附近，水汽条件非常好；正涡度 $>10\times10^{-4}$/s 区延伸至 300 hPa 以上，正涡度最大达到 32×10^{-4}/s，600 hPa 以下辐合强度强于 -10×10^{-4}/s，最强达到 -31×10^{-4}/s，500～250 hPa 为辐散区，散度最大达到 46×10^{-4}/s，上升运动可至 300 hPa，最大上升速度达 10.8 m/s，具备非常好的动力条件；同时在桂林东部低层气流遇山开始抬升，低层出现 30×10^{-4}/s 正涡度中心，这对于随后桂林东部强对流的触发与发展具有明显指示作用。随后对流系统 B 迅速减弱东移，至 5 日 03 时（图 3-107b）于桂林东部迎风坡受地形抬升再次发展，其低层最大水汽辐合达到 -52×10^{-7} g/(hPa·cm²·s)，850 hPa 以下辐合强度强于 -10×10^{-4}/s，最强达到 -35×10^{-4}/s，650 hPa 以上为辐散区，最大散度达到 45×10^{-4}/s，正涡度区可达 250 hPa，最大正涡度达到 55×10^{-4}/s，最大上升速度达 10.2 m/s，并在对流系统东西两侧出现明显的中 γ 尺度垂直环流，有利于对流的加强与维持。此外，通过分析此对流系统移动情况，系统在较盆地移动速度明显比在山地迅速，这表明地形的阻挡作用对于对流系统的移动起到重要作用。

如图 3-107c 所示，桂林东部触发的对流系统 A 在 5 日 02 时发展移至都庞岭东段，地面至 400 hPa 形成明显的中 γ 闭合垂直环流，对流系统稳定发展，其强盛的下沉气流延续至山后的道县西南部，与低层东南气流造成低层辐合，沿引导气流东移之后的系统将得到维持和发展。对流系统 A 云内最大上升速度超过 10.2 m/s，上升气流最高延伸至 200 hPa 以上，高低层散度分别达到 35×10^{-4}/s 和 -35×10^{-4}/s，高低层散度场形成强烈的高空辐散低层辐合配置，正涡度区同样发展至 200 hPa 以上，最大正涡度达到 30×10^{-4}/s，表明对流系统内涡旋发展强盛。450 hPa 以下均为较强的水汽辐合区，低层最大水汽辐合超过 -30×10^{-7} g/(hPa·cm²·s)，比湿 >12 g/kg 区域至 800 hPa 附近，具备非常好的水汽条件。至 5 日 03 时（图 3-107d），下山后的系统 A 迅速移至道县东部，道县东南侧萌渚岭山前低层水汽辐合区最大达到 -33×10^{-7} g/(hPa·cm²·s)，等比湿线上凸，比湿 >12 g/kg 区域至 800 hPa 附近，具备非常好的水汽条件；正涡度 $>10\times10^{-4}$/s 区延伸至 200 hPa，最大涡度超过 45×10^{-4}/s，550 hPa 以下辐合强度强于 -10×10^{-4}/s，低层最大达到 -32×10^{-4}/s，500～200 hPa 为强辐散层，最大散度达到 42×10^{-4}/s，上升运动至 250 hPa，最大上升速度达 11.2 m/s，动力抬升条件极好；对流系统 A 东西两侧低层均形成强垂直次级环流，非常有利于对流的加强与维持，并且发现道县盆地低层风场上升支气流与下沉支气流总是成对出现，非常有利于对流的不断新生，道县附近在 04—06 时（图略）反复出现较强对流系统能够印证。对流系统 A 越山后下沉气流在低层与偏东北风在道县盆地形成辐合，有利于对流的维持与发展，强的下沉气流造成此时道县出现雷暴大风，另外，结合此系统移动速度的变化，发现其在盆地移动速度较越山前移动更快，而在此模拟出成片超过 50 mm/h 的极端短时强降水与该对流系统的高质中心大陆性降水性质相关。

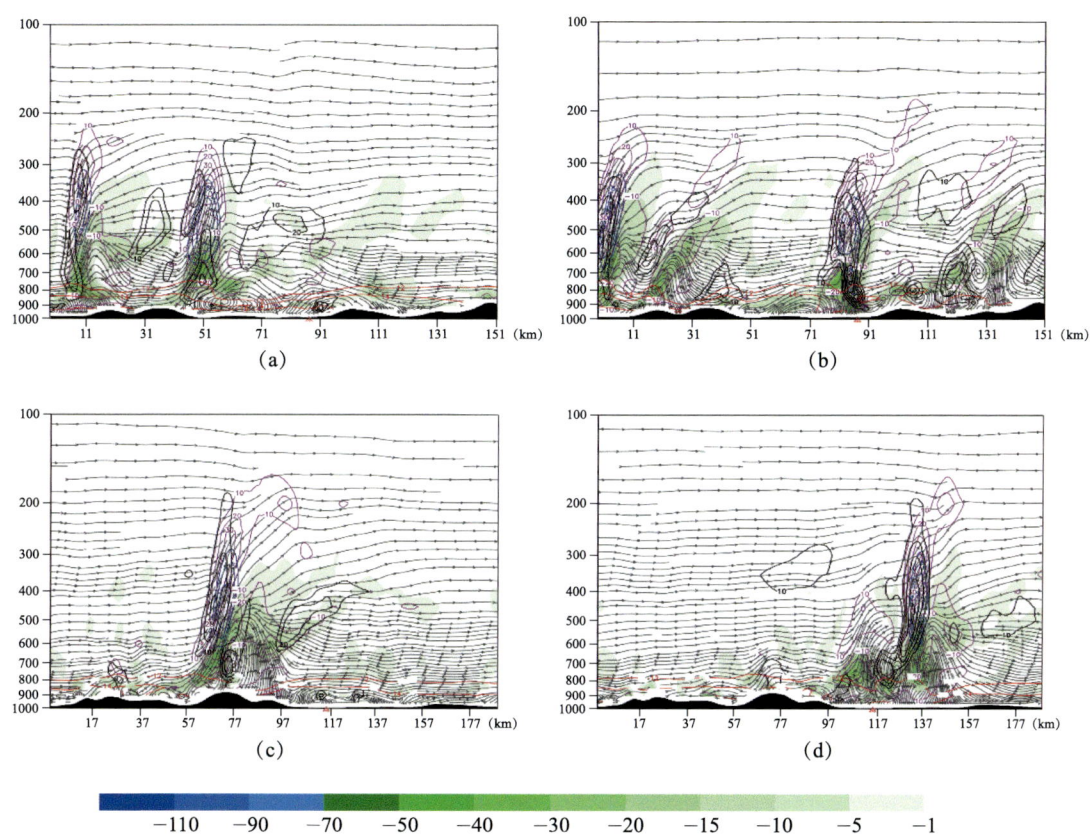

图 3-107　沿图 3-107 AB（a：5日00时，b：5日03时）和 CD（c：5日02时，d：5日03时）红色实线的水汽、动力相关参数垂直剖面（水汽通量散度：彩色填色，单位：10^{-7} g/（hPa·cm²·s）；垂直合成流场：流线，为方便分析垂直速度 W×10；地形：黑色阴影；黑色实线：涡度，单位：10^{-4}/s；蓝色实线：垂直速度，单位：m/s；红色实线：比湿 g/kg；紫红色实线：散度，单位：10^{-4}/s；a、b 三角形：桂林对应经度位置，c、d 三角形：道县对应经度位置）

综合 925 hPa 至 700 hPa 的水汽通量分布及 500 hPa 以下流场形势分析，发现在低空急流断裂处与特殊地形的重叠区域呈现了独特的流场结构。中低层西南气流由于受到地形阻挡、侧摩擦和峡谷等效应的影响，出现绕流、越山、减速、加速等与地形密切相关的流场变化，导致中低层形成远强于大尺度系统能形成的风场辐合区和强水汽辐合区；低层流场由于山脉阻挡形成的绕流等变化也会影响较高层次流场的变化，气流越山是中高层出现波动的另外一个重要原因；通过对沿引导气流的水汽、动力参数垂直剖面分析，发现由于湘桂粤交界山体较小但海拔起伏较大，地形抬升导致的上升运动的水平尺度通常大于山体尺度，下沉气流往往出现在背风坡后一定距离而非背风坡位置，因此，下沉气流在低层与地形风相遇形成的辐合区一般出现在距离山脉有一定距离的区域；湘桂粤边界南岭山脉特殊地形影响下的水汽辐合强度及动力条件远超过通常大尺度能够导致的强度，在上下一致强盛偏南风背景下，强盛的超低空急流和低空急流受到地形影响所产生的流场变化导致了边界层风场辐合是触发暖区暴雨的主要原因，而受地形影响的超强水汽辐合强度和强的动力抬升维持条件是导致出现极端短时强降水的重要原因。

3.5.3.2 对流云的降水微物理机制

暖区独特的动力和水汽条件决定了云系的结构，并通过云微物理过程形成强降水。分别对 *AB*、*CD* 连线的云降水微物理参数垂直剖面及演变特征进行分析，并结合地形分析局地对流与高空云系的相关作用。

桂林北部强降水发生前，其西南侧云系整体向东移动，如图3-108a所示，5日00时对流系统B发展加强，在最大上升速度为10.8 m/s的上升运动作用下，低层云系向上发展至过冷层与冰云结合，冰水共存区域主要位于0～−30 ℃层中，过冷云水含量最大达到1.6 g/kg。此时冰晶、雪、霰混合比最大分别为0.19 g/kg、1.4 g/kg和3.0 g/kg，说明冰水共存能够促进淞附和贝吉隆过程的发生。

此时暖云雨水含量最大可达3.8 g/kg，雨水含量大于1.0 g/kg区域超过600 hPa层，虽然已有固体粒子生成，但暖层雨水含量大，云水次之也达到1.6 g/kg，雨水的收集和云水的转化是地面降水的主要贡献者。此后，对流系统B开始减弱东移，至5日02—03时，下山气流在低层与偏东气流产生风场辐合结合桂林东部地形动力抬升作用，伴随云中微物理过程的发展对流系统B重新发展。5日02时（图3-108b）云中垂直上升速度最大达到6.3 m/s，局地对流发展至300 hPa以上与冰云结合，冰相降水过程的发展使大量固体粒子生成，对流云内冰晶含量最大达到0.18 g/kg，过冷云水达到−20 ℃层，0～−40 ℃层雪混合比最大达到1.3 g/kg，霰混合比最大达到8.6 g/kg，此时云中淞附、贝吉隆过程活跃程度达到最大，降水达到最强，同时暖层中霰含量最大达到5.8 g/kg，雨水含量最大为3.7 g/kg，霰的融化和雨水的收集是地面降水的主要来源。对比实际雷达监测，此时桂林上空15 dBZ左右回波伸展至6～10 km附近（图略），表明实况冰相云深厚，可以一定程度验证此时存在高空冰相云，进而与低层抬升而来的水汽配合，有利于对流的发展，其他时段雷达监测类似，之后不再赘述。至03时（图3-108c），在云中最大上升速度10.2 m/s作用下，对流云由向东倾斜转变为垂直，冰水共存厚度有所增大，但冰云主体与低层暖云距离拉大，固体粒子有所减少，0～−40 ℃层雪混合比降为0.8 g/kg，霰混合比降至最大4.0 g/kg，此时云中淞附、贝吉隆过程活跃程度减弱，降水也有所减弱，暖层中霰含量低于2.0 g/kg，雨水含量最大为4.8 g/kg，雨水的收集成为地面降水的主要来源，霰的融化次之，暖云降水特征性质明显。

道县南部强降水发生前，桂林东部云系向东移动，01时开始对流系统A越山加强，如图3-108d所示，冰云主体位置偏东，上升运动发展至400 hPa，在最大上升速度为6.1 m/s的上升运动作用下，低层云系向上发展至过冷层开始与冰云结合，冰水共存区域主要位于0～−20 ℃层中，但过冷云水含量仅为0.8 g/kg，冰晶、雪、霰混合比最大分别为0.16 g/kg、1.1 g/kg和5.4 g/kg，说明此时冰水的共存开始加强淞附和贝吉隆过程的发生。

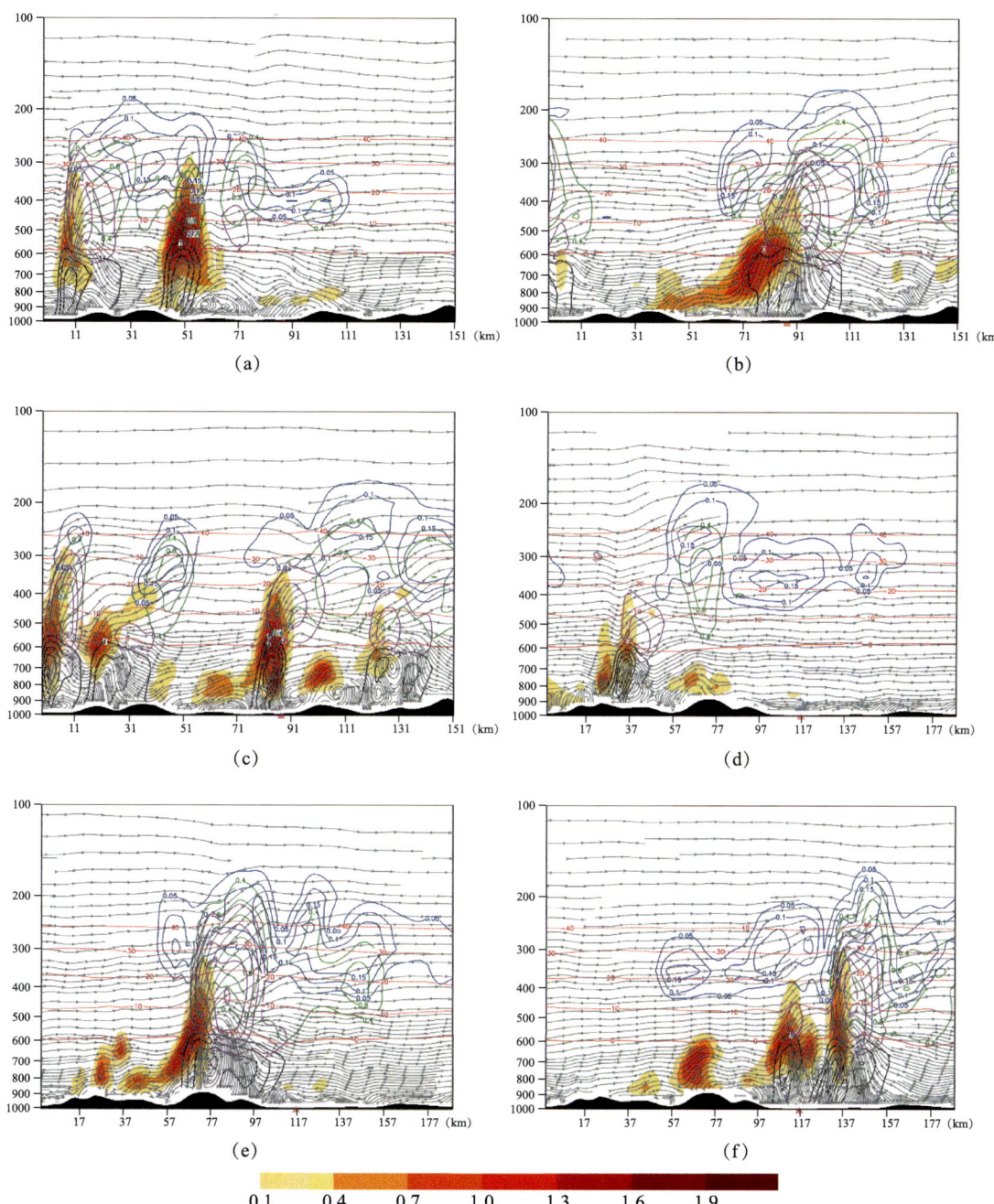

图 3-108 沿 AB（a：5 日 00 时，b：5 日 02 时，c：5 日 03 时）和 CD（d：5 日 01 时，e：5 日 02 时，f：5 日 03 时）线的云微物理参量演变垂直剖面（黄－红填色：云水混合比；黑色实线：雨水混合比；绿色实线：雪混合比；蓝色实线：冰晶混合比；紫红色实线：霰混合比，单位：g/kg；红色实线：等温度线，单位：℃；流线：垂直合成流场，为方便分析垂直速度取 W×10）

此时暖云雨水含量最大可达 5.1 g/kg，雨水含量大于 1.0 g/kg 接近至 600 hPa 层，虽然已有固体粒子生成，但暖层雨水含量大，云水含量很小，此时雨水的收集和霰的融化是地面降水的主要贡献者。至 5 日 02 时（图 3-108e），对流系统 A 东移遇到海拔相对更高的都庞岭东麓，在最大上升速度达10.3 m/s上升运动作用下，低层云系强烈发展与高层冰云结合，冰水共存厚度明显增大至0~−30 ℃层，过冷云水含量达到1.4 g/kg，深厚的冰水共存层使冰相降水得到充分发展，云系发展进入成熟阶段，促使固体粒子含量升高，冰晶、雪、霰混合比最大分别达到0.18 g/kg、1.7 g/kg和10.2 g/kg，此时云中淞附、贝吉隆过程活跃程度明显增大，但最大雨水含量下降至4.2 g/kg，降水开始增强，霰下落至0 ℃层以下融化和暖云降水共同促进地面降水的发展。5日03时（图3-108f）对流系统A继续东移至道县东部，云系发展更加旺盛，强上升气流贯穿整层云体，在最大上升速度达11.2 m/s上升运动作用下，低层云系强烈发展与高层冰云结合，冰水共存厚度维持在0~−30 ℃，过冷云水含量达到0.9 g/kg，冰晶、雪、霰混合比最大分别为0.19 g/kg、1.5 g/kg和8.8 g/kg，最大雨水含量再次增大到4.7 g/kg，此时段霰的融化和雨水的收集成为地面降水的主要来源。综合分析02—03时对流系统A的云降水微物理参数的变化情况，认为此时段道县南部的强降水主要为暖云降水和霰的融化所贡献，超高的霰含量和强的雨水含量与此次极端的暖区暴雨关系密切，而较高的冰水共存厚度是固体粒子含量增加的主要原因。

综上所述，湘桂粤边界南岭山脉地形对气流的强迫抬升以及低层强西南气流带来的充足水汽供应配合有利于云内微物理过程发展的环境共同促使该区域局地对流的发展，并与大尺度西南气流引导的深厚高层冰相云系结合，使得高低云系结合后云内的过冷云水在强盛的上升气流作用下抬升至400 hPa以上，冰晶周围丰富的过冷云水有利于贝吉隆和结淞进程，促使云内固态粒子增长，提高降水效率，最终导致地面强降水的发生。

3.5.4 小结

利用2016年5月5日发生在湘桂粤边界南岭山脉一次预报失败的暖区大暴雨过程的WRF数值模拟结果，分析了湘桂粤边界南岭山脉特殊地形条件下暖区大暴雨过程的动力结构、水汽条件以及云降水微物理机制，得到以下结论。

①湘桂粤边界中低层强盛的西南气流受到南岭山脉特殊地形的影响产生了明显有利于对流发展、维持的独特流场结构。中低层西南气流由于受到地形阻挡、侧摩擦和峡谷效应等的影响，出现绕流、越山、减速、加速等与地形密切相关的流场变化，导致中低层形成远强于大尺度系统能形成的地形风场辐合区；低层流场由于地形影响发生的变化能够影响更高层的气流产生波动，越山气流是中高层气流发生波动的一个重要原因。

②低层的水汽辐合区与受地形影响的风场辐合区一一对应，且水汽辐合强度远远强于大尺度系统所能造成的水汽辐合强度，这是出现极端强降水的主要原因。

③湘桂粤边界南岭山脉地形对气流的强迫抬升以及低层强西南气流带来的充足水汽供应配合有利于云内微物理过程发展的环境共同促使该区域局地对流的发展，与大尺度西南气流引导的深厚高层冰相云系结合后，云内的过冷云水在强盛的上升气流作用下抬升，丰富的过冷云水有利于贝吉隆和结淞进程，促使云内固态粒子增长，最终导致了此次暖区大暴雨的发生。

第4章 强对流灾害天气的预报预警关键技术研究

4.1 形成强对流灾害天气预报预警滚动产品

4.1.1 湖南省 0~3 h 定量降水预报（QPF）产品研究

4.1.1.1 预报方法

1. 0~2 h QPF 方法

QPF 定量估测降水 2 h 预报的算法（图 4-1）如下：首先利用由雷达反射率因子场

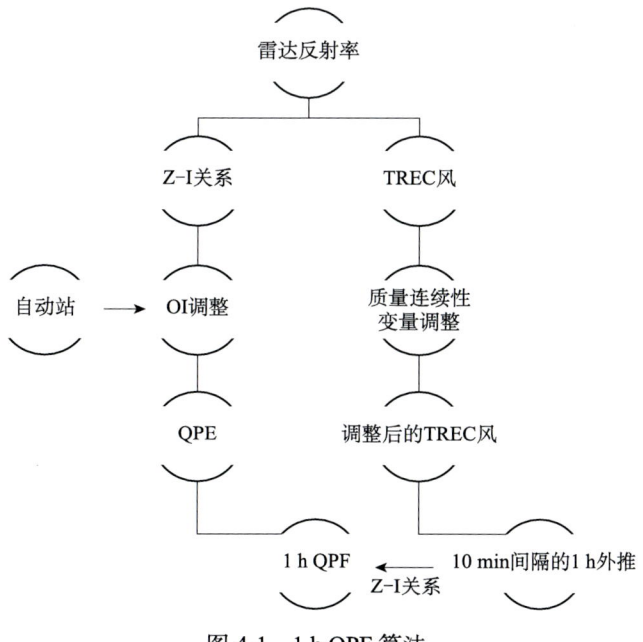

图 4-1　1 h QPF 算法

反演的降水场根据COTREC方法或者光流法反演得到的风场外推得到2 h的降水估测预报值。

根据上述方法，进行模式融合修订，外推到3 h，见图4-2。

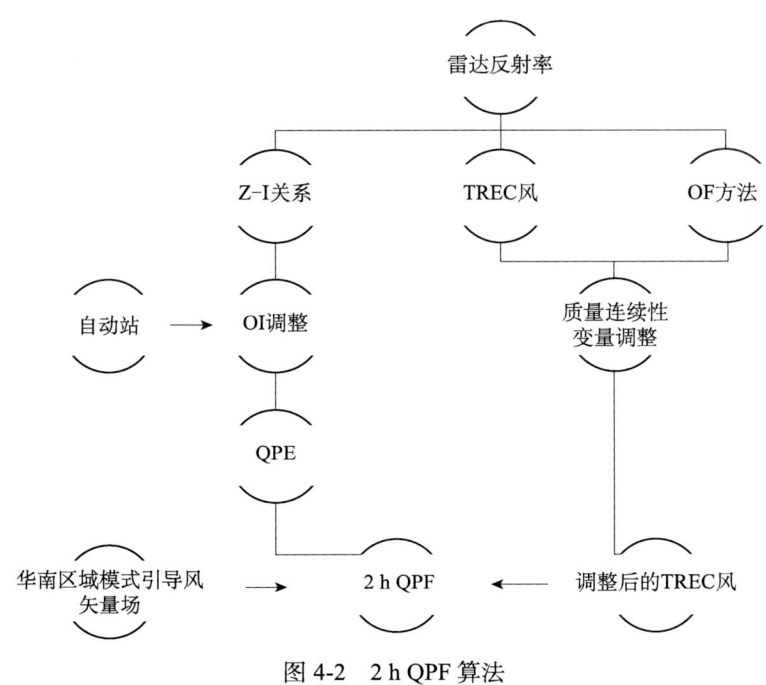

图4-2　2 h QPF算法

光流法是计算机视觉领域中的重要方法。光流的概念由Gibson于1950年首先提出，它是指由于被观测的目标和传感器之间的相对运动，而在序列图像中产生的瞬时位移场，体现了图像亮度模式的表观运动（apparent motion）。图像中所有像素点的光流就构成了图像的光流场，而光流法的核心正是从连续的图像序列中计算光流场。光流法从偏微分方程的角度来求解光流场，在计算过程中使用了严格的约束条件，运用递归法进行求解。

应用光流法原理，设计光流法反演降水回波水平风场的计算流程，并应用Fortran语言进行实现。通过构造理想状态的回波移动（包括回波移动的形态、方向和运动速度的大小）与真实回波移动反演水平风场个例检验，得到降水回波的移速、生消和拼图误差造成的回波图像亮度不连续性是影响风场反演效果的主要因素，并根据光流法适用条件，通过对雷达回波图像概化预处理方法实现了光流法反演水平风场的优化，改善风场的连续性并基本消除了奇异值。

2. COTREC风场原理

COTREC风场是对给定时间步长的相邻时刻雷达反射率因子资料，利用交叉相关计算方法得到的雷达发射率因子从前一时刻到后一时刻的移动方向和速度，是雷达回波移动的视风场。该模块首先利用COTREC方法得到雷达回波移动的初始矢量场；然后引入以二维连续方程为限制条件的变分方程消除上一步矢量场的偏差并保证COTREC风场满足质量连续原则。COTREC风场是二维风场，风场的高度层次由用户通过配置文件的设置来给定，默认高度是3 km。COTREC是通过设定一个区块，判断下一个时次的最可能的位置，因而就可以确定其风矢量。判断下一个时次的最可能的位置是通过相关函数的方法来计算的：假定在一定区域内风矢量不变，给出了两个体扫时间内相关函数的计算公式。

$$R_{12} = \frac{\sum_{i=1}^{S}[\eta_2(r_i) - \bar{\eta}_2][\eta_1(r_i - v\Delta t) - \bar{\eta}_1]}{\left\langle \left\{\sum_{i=1}^{S}[\eta(r_i) - \bar{\eta}_2]^2\right\}\left\{\sum_{i=1}^{S}[\eta(r_i - v\Delta t) - \bar{\eta}_1]^2\right\}\right\rangle^{1/2}} \quad (4-1)$$

式中，R_{12}表示追踪区域在第1时间与第2时间的相关函数，S表示区域内反射率因子为η值的个数，v表示第1时间到第2时间区域移动的风矢量，可由R_{12}的最大相关值求得。η_1、η_2表示第1体扫时间、第2体扫时间的反射率因子值，r_i是2D的反射率因子位置，η上加一横表示区域内S个反射率因子的平均值，Δt是两个体扫时间间隔。要寻找最大的相关系数R_{12}，有若干个$v\Delta t$位移的区域的相关系数要计算，最大的位移由搜索半径$r = v\max\Delta t$决定，$v\max$是预期的最大移动速度。由于分析的数据是一个水平面内，第2个体扫时间的区域以网格距为单位连续地在x、y方向移动，如果移动是跳跃式，则相关函数的最大值还要用内插方法求得。采用二维连续方程消除了地物杂波等因素引起的杂乱位移矢量。

COTREC模块假定临近预报时段内引导反射率因子移动的背景环流是几乎不变的，因此当前时刻的反射率因子移动方向和速度就可以近似为未来2 h内反射率因子的移动方向和速度，并把计算得到的COTREC风场认为是当前时刻反射率因子的移动方向和速度，采用后向差分格式对当前时刻反射率因子进行平流外推到2 h内各预报时效的反射率因子预报。反射率因子的预报没有考虑风暴的生消和强度演变问题。

4.1.1.2 定量降水预报（2~3 h）

首先对采用的模式进行落区订正；然后（2~3 h）时段采用模式的落区订正与外推方法；综合华东区域中尺度模式的1 h降水预报产品采用权重法进行集成得到两个产品，见图4-3。

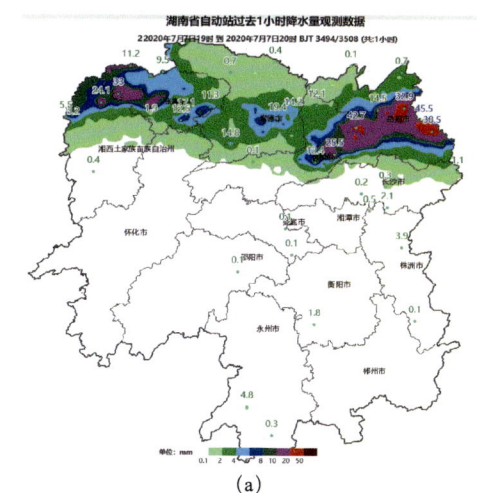

(a)

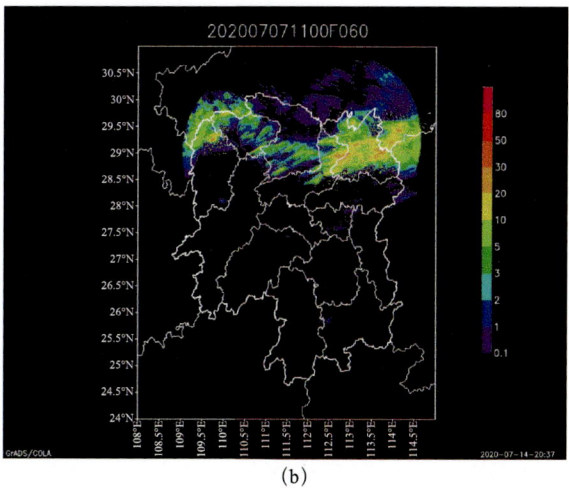

(b)

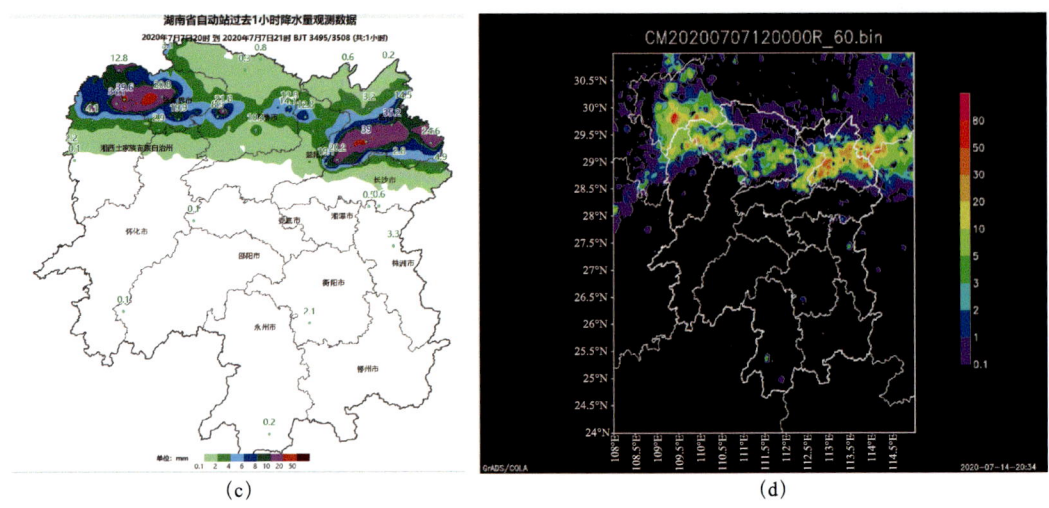

图 4-3　2020 年 7 月 7 日 11 时、12 时 1 h 预报与实况

4.1.2　KM-RNN：基于关键记忆流的雷达回波外推方法

4.1.2.1　关键创新点

本模型主要涉及雷达回波外推，研究的技术方法主要为基于深度学习时空网络的雷达回波外推方法，讨论的核心问题是如何在该技术方法的基础上提升雷达回波外推的准确率。

关键创新点 1：历史序列相关性计算。以类 viT 的注意力机制计算预测过程与历史序列间的相关性分数，并通过 Softmax 对激励分数进行强化 / 惩罚，从而建立预测过程与历史回波特征信息间的相关关系，减少连续雷达回波图像序列中的噪声对预测过程的干扰。

关键创新点 2：关键历史信息的时序整合。通过关键状态转换模块计算出的关键历史信息在长短期关键记忆单元中进行连续的时序关联整合，从而形成对完整序列雷达回波图像进行适应性观察的长序列信息流，以形成基于强对流降水生成变化过程的预测结果。

关键创新点 3：差分信号门控的梯度控制。长短期关键记忆单元的二阶段通过计算关键状态的差分信号来控制关键状态在新的信息流结点中的权重，从而适应性地对梯度 / 信息通道进行控制，跳过雷达回波图像序列中回波变化较小的时间结点的信息更新，使梯度能直接通过这部分的时间结点。

4.1.2.2　数据预处理

本模型使用的雷达回波数据集以湖南省气象台提供的雷达回波拼图数据作为原始数据源。该数据源中的雷达回波拼图数据覆盖经纬度范围为 105.00°—117.09°E，21.99°—33.01°N，高度为 2.5 km，时间范围为 2017—2019 年。单张雷达回波拼图的图像大小为 1209×1102，空间分辨率为 1 km/ 格点，时间分辨率为 6 min/ 每帧。

1. 图像尺寸的处理

由于 1209×1102 的图像尺寸较大，直接将大尺寸图像应用于参数量大且结构复杂的时空网络的训练中会对 GPU 显存造成过重的负载，也会使网络的训练过程过于缓慢，因此在数据处理中，首先对原始的雷达回波图像进行区域裁剪，仅保留中心 768×768 的图像区域，并通过双线性插值法将图像进一步压缩至 256×256，以在保证图像分辨率的前提下尽可能缩小图像。

2. 样本筛选

由于雷达回波外推任务主要用于降水天气的预警，为保证数据集中正样本（即降水回波区域）在数据中所占的比例，对完成图像尺寸处理的数据进行像素级回波反射率检测，去除其中不存在降水回波的数据，以筛选出有效的样本数据。由于雷达回波反射率通常为 0~80 dBZ，因此，在进行回波反射率强度检测前，先将大于 80 dBZ 的像素点置为 80 dBZ，小于 0 dBZ 的像素点置为 0 dBZ，以去除这部分噪声点及缺测点的干扰。

3. 数据归一化

为了便于网络的收敛，本节将经以上筛选后的数据通过一个最值归一化方式将图像像素点数值归一化到 0~1 区间，最值归一化的方式见公式（4-2），式中 Z 表示雷达回波反射率，$\min(Z)$ 取 0，$\max(Z)$ 取 80，以对应雷达回波反射率 0~80 dBZ 的区间。

$$P = \frac{Z - \min(Z)}{\max(Z) - \min(Z)} \tag{4-2}$$

4. 图像序列构建

由于雷达回波外推任务所需的数据为由多帧图像组成的序列，因此，本节通过窗口长度为 30 帧的滑窗对雷达回波拼图数据集中雷达图像数据进行切块处理。因该数据源中雷达回波拼图由多部天气雷达 CAPPI 图像经业务算法处理产生，在业务算法处理过程中若雷达数据出现缺测或传输问题均会导致对应时间点的雷达回波图像缺失，故在通过滑窗划取序列数据时还对序列的完整性进行了验证，去除了其中时间不连续的序列数据。

通过以上处理获得雷达回波图像序列共计 12911 组，选取其中 10329 组为训练集，1291 组为验证集，1291 组为测试集。其中，测试集的分布经过特别的控制，尽可能分布在不同的日期，以评估模型在不同天气状况下的预测能力。每组图像序列包含 30 帧雷达回波图像，图像尺寸为 256×256，图像通道为单通道。

4.1.2.3 模型结构

以卷积循环神经网络为核心，构造了一种新的时空网络 KM-RNN。KM-RNN 主要由 3 种模块单元组成，包括基础卷积循环神经网络循环单元以及新提出的两种计算单元：关键状态转换模块（Key State Translate module，KST-Module）以及长短期关键记忆单元（Key memory Long Short-Term memory，KM-LSTM）。KM-RNN 的核心思想是在常规卷积循环神经网络的高层区域中通过 KST-Module 中的自注意力机制对预测阶段的每个时间节点计算出一个关键状态，从而为网络引入与历史信息关联的归纳偏置以减少对短期邻近信息的过度依赖，多组关键状态通过 KM-LSTM 的整合形成时序连续的关键记忆信息流，最终关键记忆信息流与常规时空信息流进一步融合，替代原本的常规时空信息流用于网络高层的信息传递，从而为预测过程提供有效的长期信息指导。特别是 KM-LSTM 还设计了一种差分门控单元，以进一步为关键记忆信息流提供梯度通道。KM-RNN 整体框架，如图 4-4 所示。

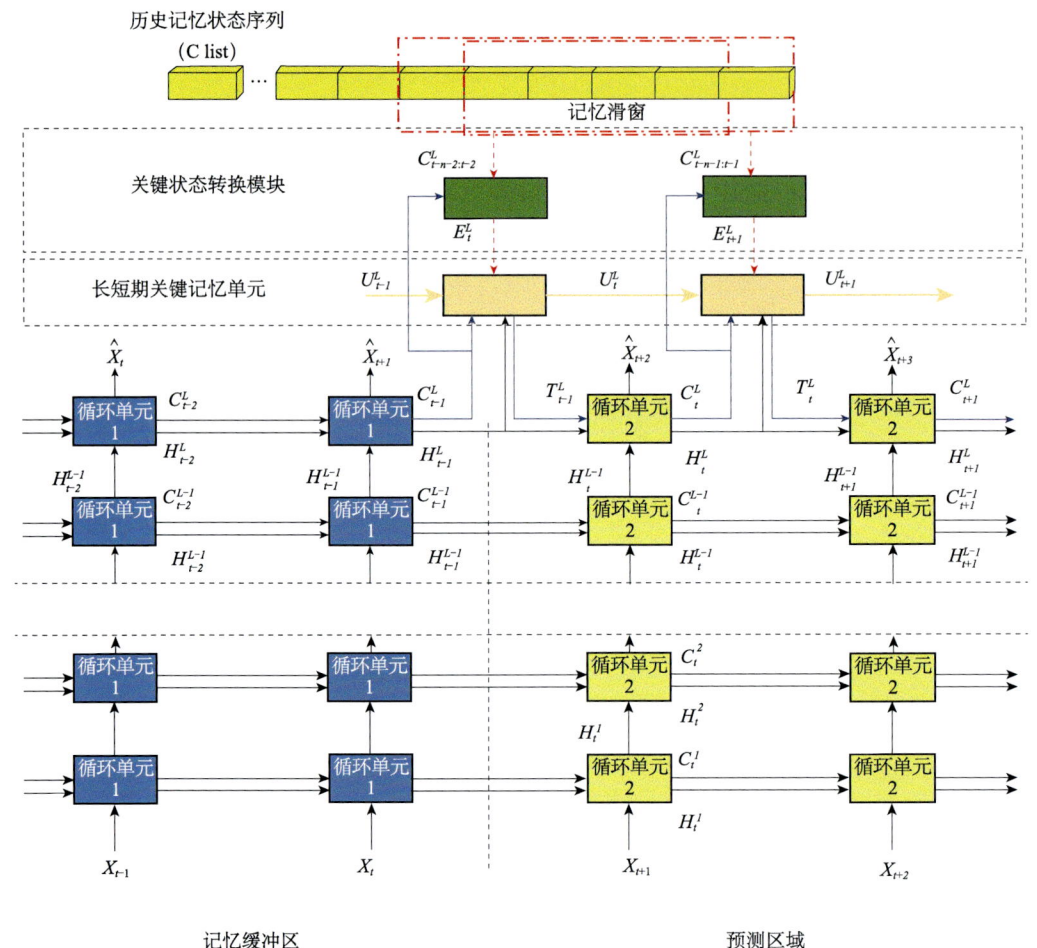

图 4-4　KM-RNN 整体框架

前半部分网络结构为基础循环单元堆叠结构，其主要工作是提取输入的雷达回波图像序列中的有效时空信息，因而称前半部分的结构为记忆缓冲区。为保留时序清晰的时空信息流，记忆缓冲区中循环单元的状态更新并未引入历史状态参与计算。特别是记忆缓冲区的堆叠循环单元不与预测区域的堆叠基础循环单元共享权重。

卷积循环神经网络中循环单元的状态更新只使用了前一时刻的隐藏状态以及当前时刻的输入，导致网络对邻近帧信息过度依赖。为了解决该问题，设计了关键状态转换模块 KST-Module。该模块通过在历史记忆状态序列中计算关键状态来建立与历史信息之间的跨帧相关性，从而减少网络对短期邻近信息的过度依赖问题。如图 4-5 所示是 KST-Module 计算关键状态的过程。

关键状态转换模块：通过对历史片段的相关性分数计算得到预测阶段每个时刻预测过程与历史信息间的相关性激励，通过 Softmax 函数的非极大值抑制特性来抑制低相关信息，从而保证经激励后的关键状态以相关历史信息为信息主体。

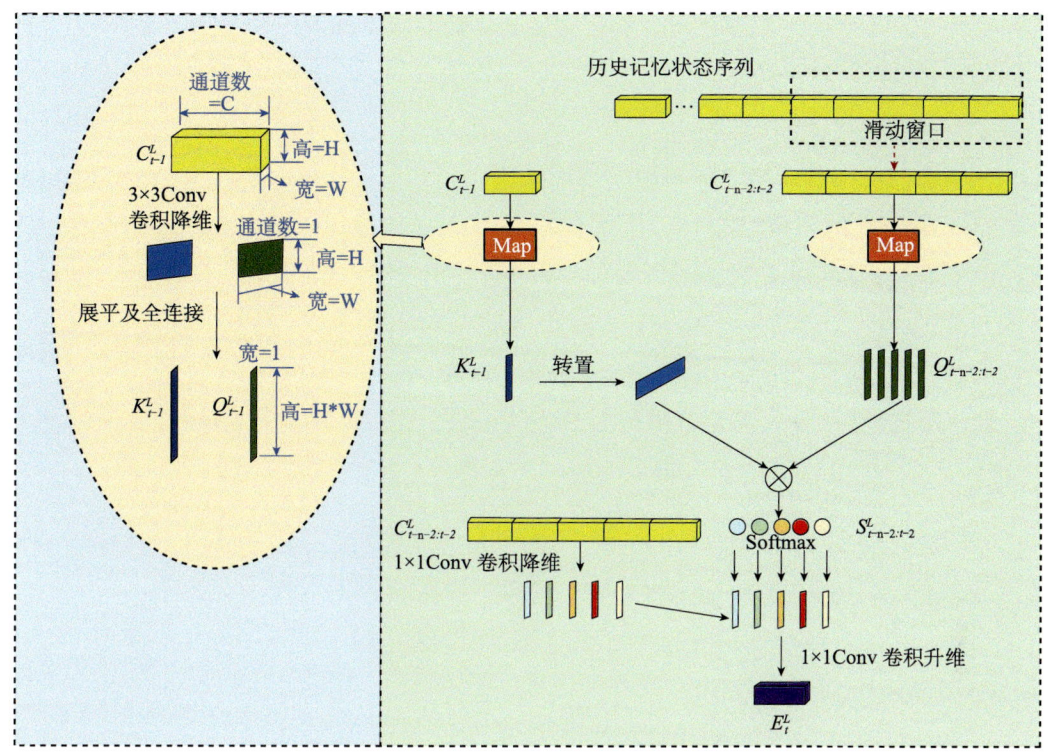

图 4-5 KST-Module 计算关键状态过程

长短期关键记忆单元：一阶段的长短期关键记忆单元通过 LSTM 循环单元结构将关键状态整合为时序相关的关键记忆流，从而为预测过程提供有效的长序列记忆信息。二阶段在原本的 LSTM 结构中增加了一组由关键状态差分信号控制的门控，以适应性地调整梯度信号以及信息的快速流通，见图 4-6。

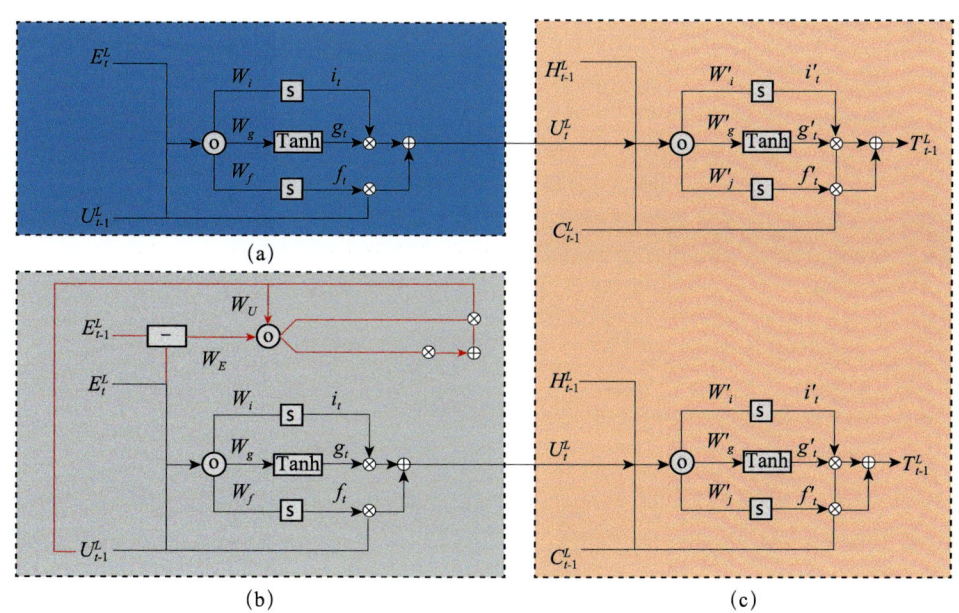

图 4-6 KM-LSTM 结构

4.1.2.4 实验结果：基于湖南省雷达回波数据的实验结果

1. 实验设置

本次实验的评估指标分为两类：

① 一类为通过图像质量评估指标，本实验以结构相似性作为图像质量的评估指标。

② 另一类为气象学评估指标，本实验以临界成功指数（Critical Success Index，CSI）作为气象学评估指标，并分别以 10 dBZ、20 dBZ、30 dBZ、40 dBZ 作为计算的阈值。

$$CSI = \frac{Hits}{Hits + Misses + FalseAlarms} \quad (4-3)$$

式中，橙色范围记为 Hits，黄色范围记为 FalseAlarms，红色范围记为 Misses，见图 4-7。

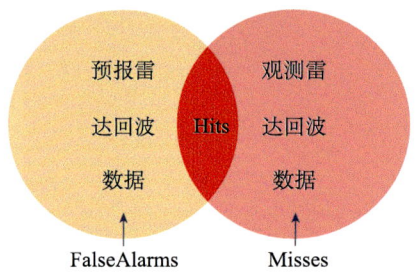

图 4-7　Hits、FalseAlarms、Misses 示意图

实验以起报点前 1 h 的雷达回波图像作为输入数据，预测起报点后 2 h 的雷达回波图像，其时间分辨率为 6 min，空间分辨率为 3 km。

2. 模块消融定量实验

表 4-1 中模型 ST-LSTM 为本实验中作为对照的基线模型（Baseline），同时也是 KM-RNN 的主干网络（Backbone）。在引入相关模块后，网络内部形成了关键记忆信息流，强化长序列信息对预测过程的信息支撑，从而提高了相关性能指标的数值。在长短期关键记忆单元进入的二阶段形式后，差分信号门控单元通过短路冗余信息形成更为精细的信息流，同时提供了梯度信号的流动通道，使模型在长时序列外推预测中更具优势。

表 4-1　模块消融定量实验结果

模型	SSIM	CSI-10	CSI-20	CSI-30	CSI-40
ST-LSTM	0.789	0.649	0.557	0.341	0.110
+KST-Module & KM-LSTM1	0.790	0.660	0.573	0.347	0.116
+KM-LSTM2	0.796	0.654	0.574	0.357	0.127

3. 模型横向对比定量实验

表 4-2 中模型 ConvLSTM（Shi et al.，2015）、PredRNN（Wang et al.，2017）、PredRNN++（Wang el al.，2018）、MotionRNN（Wu et al.，2017）作为对照的基线模型，其中 KM-RNN+ST-LSTM 以及 KM-RNN+MotionRNN 分别为以 PredRNN 以及 MotionRNN 作为主干网络构筑的不同版本的 KM-RNN。

表 4-2 模型横向对比定量实验结果

模型	SSIM	CSI-10	CSI-20	CSI-30	CSI-40
ConvLSTM（2015）	0.776	0.635	0.536	0.325	0.070
PredRNN（2017）	0.789	0.649	0.557	0.341	0.110
KM-RNN+ST-LSTM	0.796	0.654	0.574	0.357	0.127
PredRNN++（2018）	0.785	0.649	0.561	0.345	0.090
MotionRNN（2021）	0.798	0.678	0.573	0.339	0.116
KM-RNN+MotionRNN	0.802	0.671	0.574	0.342	0.125

在不同模型的横向对比中，通过 KM-RNN 构筑的网络均表现出了多个指标上的优化，尤其在 30 dBZ 以上的高回波预测的临界成功指数中优化效果尤为明显，这是由于在常规的时空网络中雷达回波数据经过多次信息合并，常为小区域的高回波信息易在该过程中丢失。而 KM-RNN 由于在预测过程中引入了激励加权的关键状态，能够从历史的记忆信息中保留可能的高回波信息，因此，在 CSI-30 以及 CSI-40 指标评估中具有显著的优势。

在长时序列外推实例中，预测该回波变化过程的难点在于回波块内部的高回波区域的精细化预测。随着预测时间点的后移，大部分基线模型的预测过程中由于回波块内部拟合逐渐合并平均，因此，高回波区域信息丢失严重，而以 KM-RNN 构筑的模型直到预测的后段依旧保留了高回波区域的特征信息，并进行了其位置落区的变化预测，如图 4-8 所示。

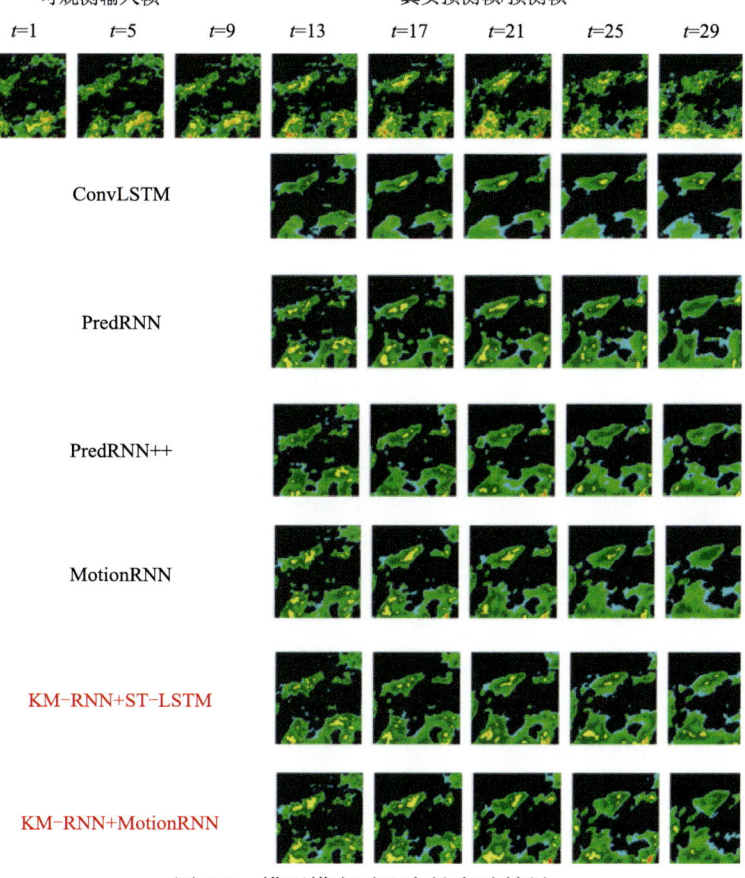

图 4-8 模型横向对比定性实验结果

4.1.3 基于深度学习的0～12 h强对流天气预报技术及产品研究

4.1.3.1 数据预处理

1. 实况数据

以2019—2020年湖南全省范围逐1 h自动站降水、大风实况数据为基础，以≥20 mm作为短时强降水阈值、≥17 m/s作为大风阈值，形成短时强降水、大风站点实况数据集，以40 km作为半径，采用邻域插值，形成空间分辨率3 km的短时强降水、大风格点数据集。

2. 数值模式预报数据

2020年一日2次起报（08/20时（BJT））GRAPES_MESO逐3 h预报数据，空间分辨率10 km，包括46个预报要素；2020年一日2次起报（08/20时（BJT））华南区域模式逐1 h预报数据，空间分辨率3 km，包括18个预报要素和物理量，见表4-3。

表4-3 构建模型使用的气象要素与特征

要素＼高度	500 hPa	600 hPa	700 hPa	850 hPa	925 hPa	1000 hPa
高度场	√	√	√	√	√	√
相对湿度	√	√	√	√	√	√
温度场	√	√	√	√	√	√
风场U分量	√	√	√	√	√	√
风场V分量	√	√	√	√	√	√
累计降水				√		
海平面气压				√		
月份编码				√		
时间编码				√		

3. 数据预处理

（1）区域裁剪

数据整体区域为华南区域，目标区域为湖南省，所以对数据根据经纬度进行裁剪，裁剪至包含湖南全域的格点数据，格点数为192×192。

根据2019年和2020年雷暴大风实况数据统计，常发生雷暴大风的站点在50个左右，具有站点特殊性，因此，雷暴大风的识别模型为站点二分类模型。每个站点取周围13个单位长度的格点（即40 km内的格点）作为数据。

（2）月份与时间编码

月份和时间为连续性散点特征。

如果不采用编码，对于1月与12月或者1时和23时，这类情况，它们的数值差异较大,但是本身代表的背景或意义差距不大。直接放入数值,会影响模型的判断。

如果采用普通的独热编码将会增大无用的特征值,如月份将扩展为 12 个特征值,使模型较难收敛,所以借助 $x^2+y^2=1$ 二元二次函数的连续性性质,该函数图像如图 4-9 所示。

将月份与时间的值对应为该函数上的一点,用点的 x,y 坐标代表它本身的值。这样就可以用两个特征值表示月份或者时间。具体公式如下:

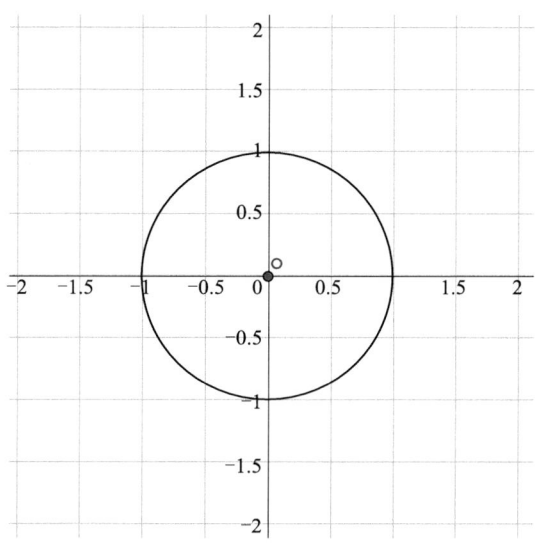

图 4-9　二元二次函数示意

$$\text{Monthx} = \cos \frac{2\times\pi\times\text{monthVal}}{12} \tag{4-4}$$

$$\text{Monthy} = \sin \frac{2\times\pi\times\text{monthVal}}{12} \tag{4-5}$$

$$\text{Datex} = \cos \frac{2\times\pi\times\text{dateVal}}{24} \tag{4-6}$$

$$\text{Datey} = \sin \frac{2\times\pi\times\text{dateVal}}{24} \tag{4-7}$$

式中,monthVal、dateVal 分别为月份和日期的具体值,Monthx 和 Monthy 为月份的编码值,Datex 和 Datey 为日期的编码值。

(3)数据清洗与采样

对数据整体进行筛选清洗,将包含缺失值、异常值的数据剔除。缺失值数据为第 1 节中任意数据缺失即为缺失值数据,也即必须保证数据的完整性。异常值数据为第 1 节中任意数据值明显错误即为异常值数据,包括:过大、过小等情况。

数据采样:由于正负数据样本的不均衡,也即有强降水(雷暴大风)的数据和没有强降水(雷暴大风)的数据量差距较大,所以对数据采用必要的采样,使数据分布更为均衡,提升模型的稳定性。首先对数据进行欠采样,对没有强降水(雷暴大风)的数据进行采样,对有强降水(雷暴大风)的数据全部保留不变。然后对数据进行过采样,对有强降水(雷暴大风)的数据进行复制,增加其数量,对没有强降水(雷暴大风)的数据不进行操作。最后由于雷暴大风数据的过于不均衡，以上欠采样和普通过采样之后，再加入 SMOTE 过采样方法进行进一步过采样。

SMOTE（Synthetic minority Oversampling Technique），合成少数类过采样技术。它是基于随机过采样算法的一种改进方案，由于随机过采样采取简单复制样本的策略来增加少数类样本，这样容易产生模型过拟合的问题，即使得模型学习到的信息过于特别（Specific）而不够泛化（General），SMOTE 算法的基本思想是对少数类样本进行分析并根据少数类样本人工合成新样本添加到数据集中，算法流程如下。

①对于少数类中每一个样本 x，以欧氏距离为标准计算它到少数类样本集中所有样本的距离，得到其 k 近邻。

②根据样本不平衡比例设置一个采样比例以确定采样倍率 N，对于每一个少数类样本 x，从其 k 近邻中随机选择若干个样本，假设选择的近邻为 o。

③对于每一个随机选出的近邻 o，分别与原样本按照公式 $o(new)=o+rand(0, 1) \times (x-o)$ 构建新的样本。

经过上述步骤之后，最终数据生成 csv 文件用于训练。

（4）标签处理

标签原始的数据为 2020 年短时强降水站点实况，首先将有强降水的站点位置赋值为 1，对于没有强降水的站点位置赋值为 0。然后将站点采用最邻近插值方法，插值到与数据相同的 192×192 的格点上。由于最终的评价标准为站点发生强降水，则周围 40 km 内格点均判定为强降水区域。所以将发生强降水的格点周围半径为 13 个单位长度的格点，均赋值为 1。最后将这个仅包含 0 和 1 的格点标签数据可视化保存为图片，将值为 1 的格点对应为像素值为 255 的像素，将值为 0 的格点对应为像素值为 0 的像素得到的标签如图 4-10 所示。

图 4-10　短时强降水像素标签

标签原始的数据为 2020 年雷暴大风站点实况，对于发生雷暴大风的站点标签为 1，没有发生雷暴大风的站点标签为 0。

4.1.3.2　方法介绍与模型构建

1. 短时强降水 Unet 神经网络模型

Unet 网络结构如图 4-11 所示，Unet 网络因其 "U" 形结构而得名，主要分为两个部分，左侧为压缩路径，右侧为放大路径，压缩路径和放大路径基本对称。

Unet 整个网络没有全连接层，只使用每个卷积的有效部分，上采样部分也拥有数值较大的特征通道。同时高分辨率特征通过连接与上采样的结果相结合，提升整体预测准确率。在此基础结构上，Unet 能够使用较少的训练数据达到较好的效果。

同时 Unet 本质为对于数据中每个位置的点进行分类，对于每个点进行分类之后，可以达到分割的效果。所以选择 Unet 能够对区域内每个格点是否发生强降水进行预测，能对每个格点进行精细化的判断,这是其他分类网络不具备的特点。

2. 雷暴大风 ResNet 神经网络模型

在 ResNet 网络中有如下几个亮点:

①提出 residual 结构(残差结构),并搭建超深的网络结构(突破 1000 层)。

②使用 Batch Normalization 加速训练(丢弃 dropout)。

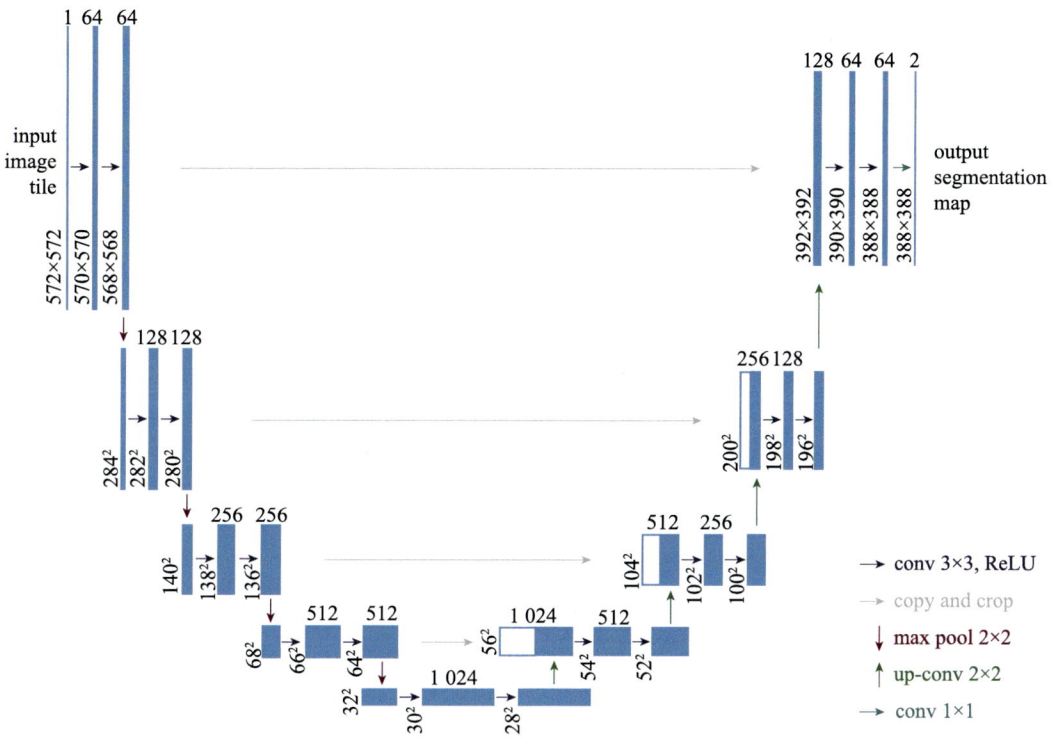

图 4-11　Unet 网络结构示意图

在 ResNet 网络提出之前,传统的卷积神经网络都是通过将一系列卷积层与下采样层进行堆叠得到的。但是当堆叠到一定网络深度时,就会出现两个问题:梯度消失或梯度爆炸、退化问题(degradation problem)。通过数据的预处理以及在网络中使用 BN(Batch Normalization)层能够解决梯度消失或者梯度爆炸问题。但是对于退化问题(随着网络层数的加深,效果还会变差,如图 4-12 所示)并没有很好的解决办法。

所以 ResNet 论文提出了 residual 结构(残差结构)来减轻退化问题。图 4-13 是使用残差(residual)结构的卷积网络,可以看到随着网络的不断加深,效果并没有变差,反而变得更好了。

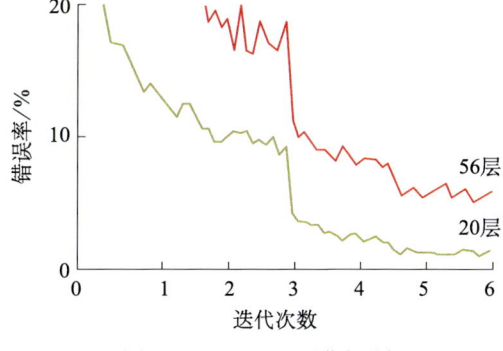

图 4-12　ResNet 退化问题

残差的含义:ResNet 提出了两种 mapping:一种是 identity mapping,指的就是图 4-13

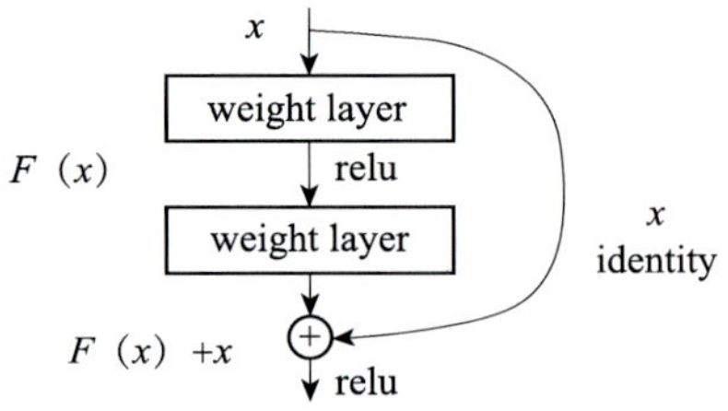

中"弯弯的曲线"，另一种 residual mapping，指的就是除了"弯弯的曲线"那部分，所以最后的输出是 y=F(x)+x。顾名思义，就是指本身，也就是公式中的 x，而 residual mapping 指的是"差"，所以残差指的就是 F(x) 部分。

图 4-13 残差网络结构

3. 数据归一化

对训练数据和标签数据采用最大最小归一化，归一化能在一定程度提高模型精度，因为大多模型的 loss 计算，需要假定数据的所有特征都是零均值并且具有同一阶方差的。这样在计算 loss 时，才能将所有特征属性统一处理。如果样本两个属性的量纲差距过大，则大量纲的属性在距离计算中就占据了主导地位，而现实中可能恰恰相反。所以，加入归一化，将数据的特征属性 scale 到统一量纲，可以一定程度解决这个问题。

同时归一化能够提升收敛速度，对于使用梯度下降优化的模型，每次迭代会找到梯度最大的方向迭代更新模型参数。但是，如果模型的特征属性量纲不一，那么我们寻求最优解的特征空间，就可以看作是一个椭圆形的，其中大量纲的属性对应的参数有较长的轴。在更新过程中，可能会出现更新过程不是一直朝向极小点更新的，而是呈现"Z"字形。使用了归一化对齐量纲之后，更新过程就变成了在近似圆形空间，不断向圆心（极值点）迭代的过程，见图 4-14。

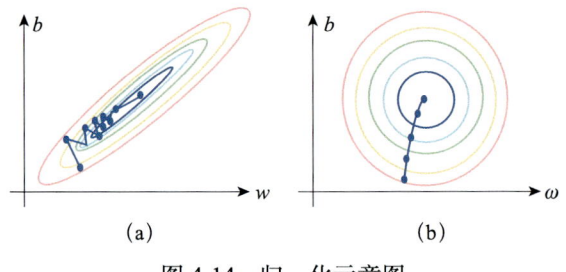

图 4-14 归一化示意图

最大最小归一化公式为：

$$\text{newvalue} = \frac{\text{value} - \min}{\max - \min} \tag{4-8}$$

式中，value 为原始值，newvalue 为归一化之后的值，max、min 分别为计算的值所在特征中的最大值和最小值。

4. 损失函数设计

（1）短时强降水

短时强降水损失函数采用 DiceLoss，DiceLoss 和 Dice 系数（DiceCoefficient）是同一类东西，它们的关系是：

$$\text{DiceLoss} = 1 - \text{DiceCoefficient} \tag{4-9}$$

Dice 系数是一种集合相似度度量函数，通常用于计算两个样本的相似度（值范围为 [0,1]）。

$$\text{DiceCoefficient} = \frac{2|X \cap Y|}{|X|+|Y|} \quad (4\text{-}10)$$

式中，X 表示预测的所有急流区域，Y 表示标注的所有急流区域，$|X|$ 和 $|Y|$ 表示所有急流区域内的格点个数，$|X \cap Y|$ 表示 X 和 Y 两个急流区域交集内的格点个数。

因此，我们可以得到 DiceLoss 的公式：

$$\text{DiceLoss} = 1 - \frac{2|X \cap Y|}{|X|+|Y|} \quad (4\text{-}11)$$

在具体实现的时候，为防止分母为 0，通常会加一个 smooth，公式变成：

$$\text{DiceLoss} = 1 - \frac{2|X \cap Y|+\text{smooth}}{|X|+|Y|+\text{smooth}} \quad (4\text{-}12)$$

（2）雷暴大风

雷暴大风损失函数采用 Cross Entropy Loss Function（交叉熵损失函数）。交叉熵主要是用来判定实际的输出与期望的输出的接近程度，刻画的是实际输出（概率）与期望输出（概率）的距离，也就是交叉熵的值越小，两个概率分布就越接近。在二分的情况下，模型最后需要预测的结果只有两种情况，对于每个类别我们的预测得到的概率为 p 和 $1-p$，此时表达式为：

$$L = \frac{1}{N}\sum_i L_i = \frac{1}{N}\sum_i -[y_i \cdot \log p_i + (1-y_i) \cdot \log(1-p_i)] \quad (4\text{-}13)$$

5. 优化器

优化器采用 Adam 优化器，Adam 优化器结合 AdaGrad 和 RMSProp 两种优化算法的优点。对梯度的一阶矩估计（First moment Estimation，即梯度的均值）和二阶矩估计（Second moment Estimation，即梯度的未中心化的方差）进行综合考虑，计算出更新步长。

它具有如下优点：

- 实现简单，计算高效，对内存需求少；
- 参数的更新不受梯度的伸缩变换影响；
- 超参数具有很好的解释性，且通常无须调整或仅需很少的微调；
- 更新的步长能够被限制在大致的范围内（初始学习率）；
- 能自然地实现步长退火过程（自动调整学习率）；
- 很适合应用于大规模的数据及参数的场景；
- 适用于不稳定目标函数；
- 适用于梯度稀疏或梯度存在很大噪声的问题。

6. 训练

将训练数据和标签数据归一化之后，加载 Unet 的模型，并在 GPU 上进行迭代训练。硬件配置为：GPU 为 GTX 1080Ti，内存：128G，深度学习框架为 PyTorch 1.6，CUDA 版本为 10.2。

训练的学习率为 3e-4，batch_size 为 16，迭代次数为 1000。

4.1.3.3 模型试验与分析

（1）模型评价标准

首先定义如下概念：

True Positive（*TP*）：预测为正例，实际为正例。
False Positive（*FP*）：预测为正例，实际为负例。
True Negative（*TN*）：预测为负例，实际为负例。
False Negative（*FN*）：预测为负例，实际为正例。

$$\text{accuracy} = \frac{TP+TN}{TP+TN+TP+FN} \tag{4-14}$$

$$\text{precision} = \frac{TP}{TP+FP} \tag{4-15}$$

$$\text{recall} = \frac{TP}{TP+FN} \tag{4-16}$$

$$\text{F-score} = \frac{2}{\dfrac{1}{\text{precision}}+\dfrac{1}{\text{recall}}} \tag{4-17}$$

accuracy 指的是正确预测的样本数占总预测样本数的比值，它不考虑预测的样本是正例还是负例。而 precision 指的是正确预测的正样本数占所有预测为正样本的数量的比值，也就是说，所有预测为正样本的样本中有多少是真正的正样本。可以看出，precision 只关注预测为正样本的部分，而 accuracy 考虑全部样本。

Recall 可以称为召回率、查全率，指的是正确预测的正样本数占真实正样本总数的比值，也就是从这些样本中能够正确找出多少个正样本。

F-score 相当于 precision 和 recall 的调和平均，recall 和 precision 任何一个数值减小，F-score 都会减小，反之，亦然。

模型训练中采用 F-score 作为评价标准，取 F-score 最大的时候，保存模型。

（2）短时强降水训练结果

短时强降水训练的损失函数记录如图 4-15 所示。从训练过程中的损失函数变化，可以发现模型在收敛过程中，发生了频繁的振荡，忽高忽低。可能的原因是：大气环境复杂，气象条件多变，而当前模型仅做了有无强降水二分类，对于降水接近强降水临界值的气象要素值和完全没有降水的气象要素值，这二者可能气象要素值差距巨大，但是归为一类。这一点不利于模型收敛，再加上部分未被筛选掉的错误数据或者因未统计特征造成误差的数据影响使模型产生振荡。

最终的模型命中率较高，空报率同样较高。对此可以将降水根据等级进行分类，由二分类改为多分类，避免差距较大的气象要素条件下，为将预测值强行拟合到一个值而对模型产生的影响。

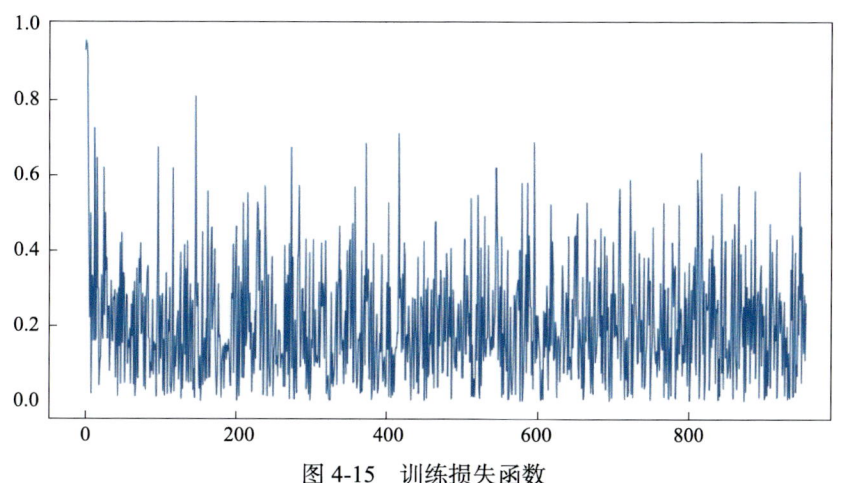

图 4-15　训练损失函数

（3）雷暴大风（风暴）训练结果

雷暴大风（风暴）训练模型之后预测统计结果如表 4-4 所示。根据预测的统计结果观察，站点模型对于部分站点效果较好，对于部分站点效果有待提高，可能的原因为未加入站点的独特信息特征，现在所用的数据为所有站点都通用的基础气象数据，可以考虑增加站点的其他信息，如站点的海拔高度、平均风速等特征，从而进一步提高站点模型的预测准确率。

表 4-4　训练模型预测统计结果

站号	命中站数	空报站数	漏报站数	命中率 /%	空报率 /%
57776	14	22	15	48.28	61.11
P8888	2	10	5	28.57	83.33
P7723	3	5	2	60	62.5
P4515	3	0	0	100	0
57972	1	2	2	33.33	66.67
57657	1	0	1	50	0
57865	1	22	0	100	95.65
57687	1	13	1	50	92.86

4.1.3.4　结果分析

（1）检验对象及实况

2021 年 4—8 月 02、08、14、20 时起报的 0～12 h 内逐小时短时强降水、雷暴大风网格（空间分辨率 5 km）预报产品。短时强降水实况选用自动站的 1 h 降水资料，雷暴大风实况使用常规地面观测资料和闪电监测资料进行综合判断。实况站点数为 1912 个。

网格预报采用临近点插值方法插值到检验站点后和对应的实况检验站点观测进行对比检验。

（2）评分指标

强对流短时预报检验内容包括短时强降水、雷暴大风预报，采用点对面检验方法，扫描半径为40 km。其中短时强降水判识标准为小时降水量超过20 mm阈值。

雷暴大风具体判识标准：国家闪电定位仪数据采用最邻近方法累计到$0.5°×0.5°$（网格点经纬度为$0.5°$倍数）经纬度网格点上，形成小时累计闪电次数网格数据，再采用最邻近方法将闪电网格数据插值到检验站点。当检验站点小时累计闪电次数大于或等于1并且该时次小时阵风风速大于或等于17 m/s，则判定该站出现雷暴大风。

（3）预报评分

短时强降水、雷暴大风预报技巧采用如下方式计算。

$$命中率：POD=NA/(NA+NC) \quad (4-18)$$

式中，NA为有短时强降水预报正确站（次）数，NC为漏报站（次）数。

$$空报率：FAR=NB/(NA+NB) \quad (4-19)$$

式中，NA为有短时强降水预报正确站（次）数，NB为空报站（次）数，当$NA+NB=0$时，FAR记为0。

（4）短时强降水预报结果分析

湖南省气象台目前已研发了0～2 h基于改进光流法的短时强降水预报（RAT_Nowcast）、0～3 h基于雷达外推的短时强降水预报（RAT-QPF）、0～6 h基于循环同化区域模式的时间滞后集合订正技术的短时强降水预报（RAT-TL）、0～12 h基于深度学习方法的短时强降水客观预报（RAT-DL）。

采用上述方法对数据进行预处理后，评分结果显示，2021年4—8月基于深度学习方法的短时强降水客观预报（RAT-DL）综合命中率达27%，中央台指导报（RAT-SCMOC）为23%，RAT-DL命中率明显高于其他客观预报产品，整体表现最优，逐小时命中率随预报时效呈下降趋势，表现为双峰型，在1 h、8 h表现更好，临近1 h预报表现最好，命中率达33%。从空报率来看，RAT-DL无论是综合还是逐小时均偏高，达90%以上，空报率高出中央台指导报2%，明显高于省台其他客观预报产品，见图4-16。

分析不同时次起报RAT-DL的命中率，20时综合评分最高，02时、08时、20时起报评分呈前高后低，14时起报评分呈前低后高，这与湖南短时强降水的发生时段日变化有关，湖南往往午后和夜间短时强降水发生频次较高，客观预报产品也表现出对应时段较好

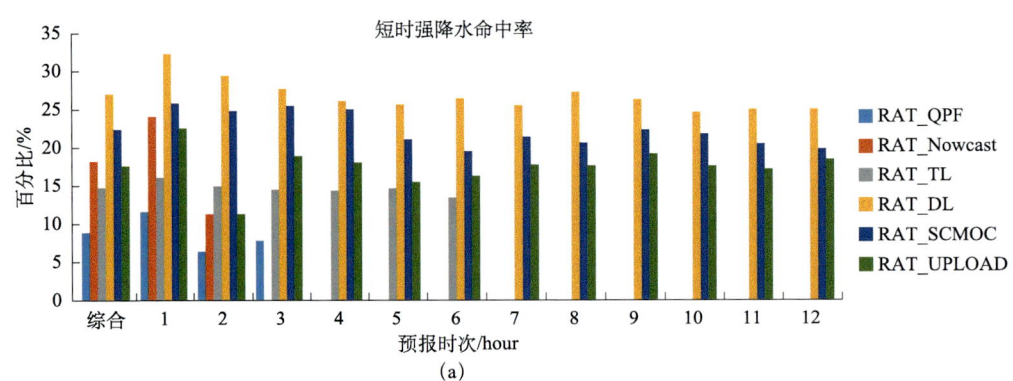

(a)

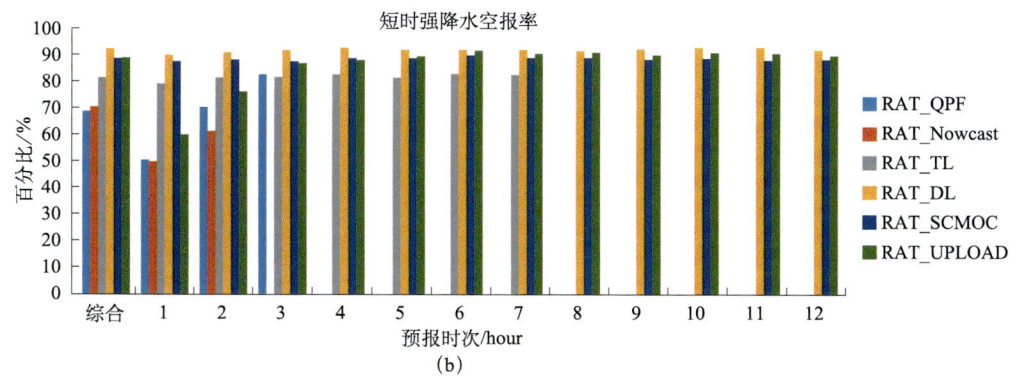

(b)

图 4-16　2021 年 4—8 月湖南短时强降水客观预报产品命中率、空报率对比

的预报效果。从空报率来看，不同起报时间均呈双峰型，14 时、20 时的后半段预报时效、02 时整段预报时效空报率偏高，08 时整体空报率最低，评分的时间分布特点同样与湖南短时强降水发生时段、频次有关，见图 4-17。

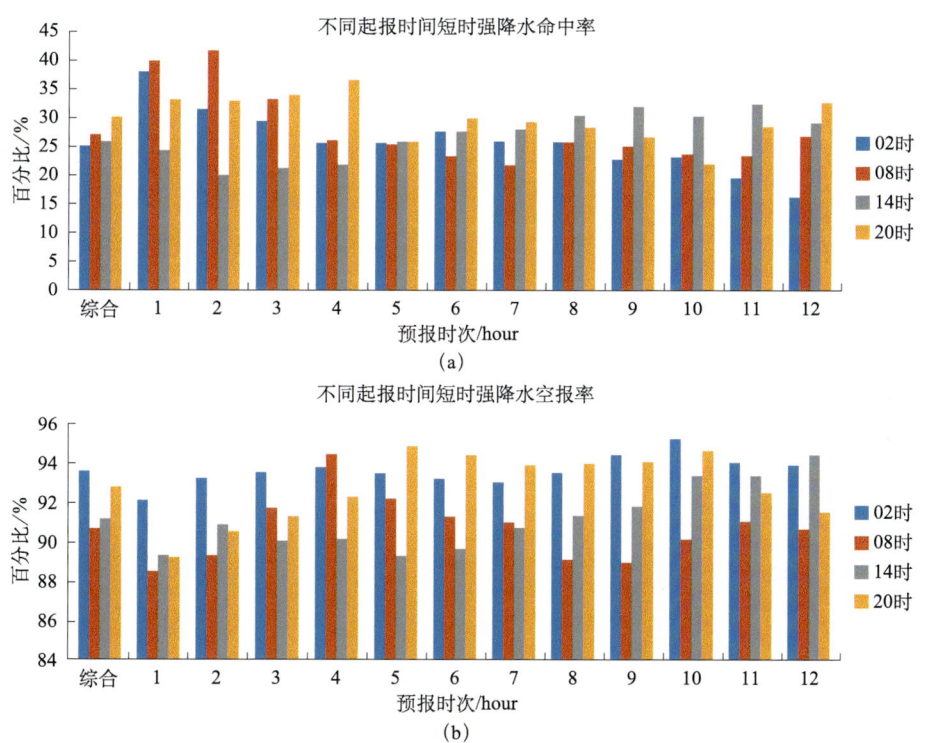

图 4-17　2021 年 4—8 月不同起报时次湖南短时强降水客观预报产品命中率、空报率对比

分析不同月份 RAT-DL 预报效果，结果显示，命中率与空报率相对应，命中率高则空报率高，6、8 月命中率偏低，空报率低，4 月命中率高，空报率也偏高，明显高于其他月份，这与湖南短时强降水月变化特征有关，4 月发生频次低，但是客观预报产品预报偏多、范围偏大，尽管有一定命中率，空报率也明显提高。7、8 月湖南系统性强降水过程趋于结束，以午后热对流为主，预报难度加大，客观预报产品命中率明显偏低，见图 4-18。

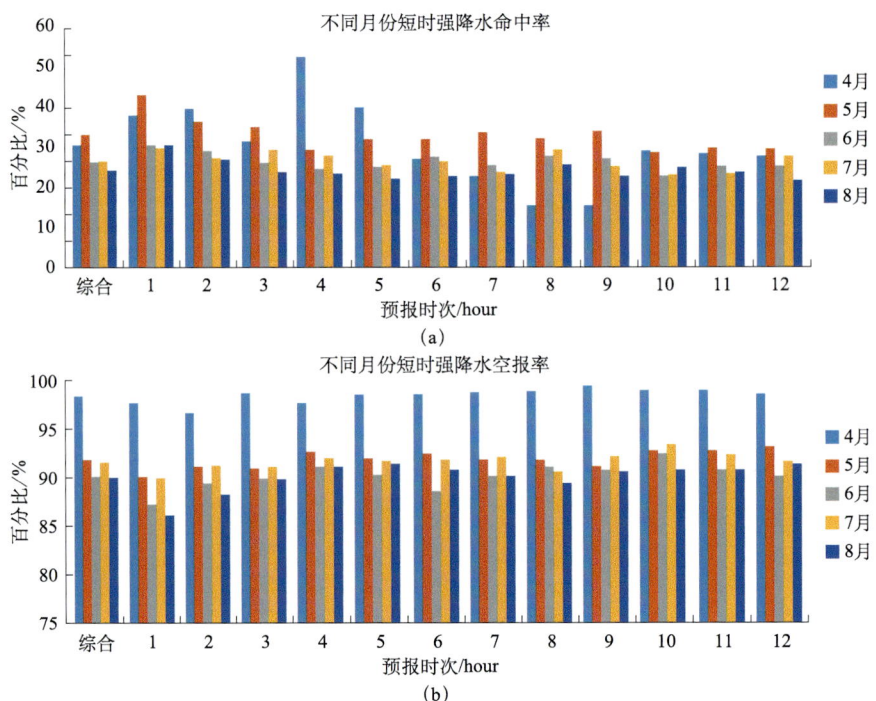

图 4-18　2021年不同月份湖南短时强降水客观预报产品命中率、空报率对比

对比分析基于深度学习方法的长沙站短时强降水客观预报与中央台指导报，结果显示，省台客观预报产品效果较优，相较于中央台命中率高、空报率低，见图 4-19。

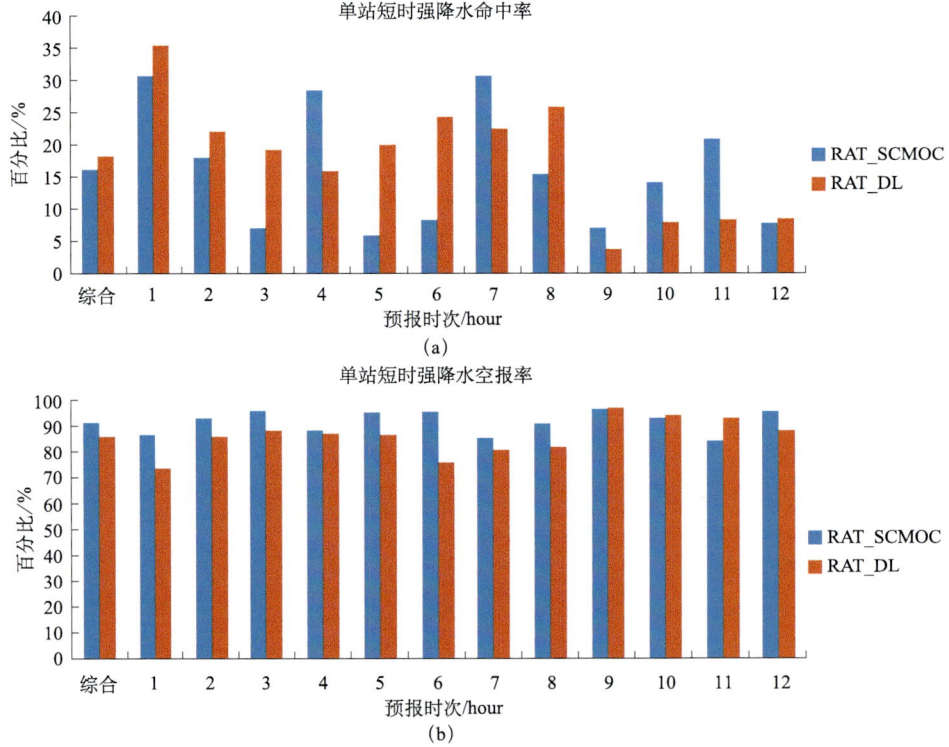

图 4-19　2021年4—8月长沙站短时强降水客观预报产品命中率、空报率对比

分析2021年4月1日一次短时强降水过程发现，短时强降水主要出现在湘北地区，自西向东发展，09时趋于结束，基于深度学习方法的短时强降水客观预报（RAT-DL）落区与实况较为一致，预报范围偏大，过程结束时仍存在明显空报，而RAT-Nowcast第1个预报时效与实况较为吻合，第2个预报时效范围明显偏小，RAT-TL预报落区位于湘西北，存在一定空报，中央台指导报（RAT-SCMOC）预报则略偏南偏东。分析4月12日一次局地短时强降水过程发现，RAT-DL有一定预报能力，预报范围偏大，湘西、湘南存在明显空报。分析4月27日一次短时强降水过程结束时RAT-TL存在明显空报情况的原因，从华南区域模式预报的925 hPa风场来看，湘南地区仍有明显的边界层辐合线，存在一定的对流有效位能，模式预报湘南局地仍有大雨以上量级降水，RAT-TL在模式预报有一定有利条件发生短时强降水的情况下，明显高估了短时强降水发生的概率，导致湘南出现明显空报。模式预报性能对RAT-TL预报效果有一定影响，见图4-20～图4-22。

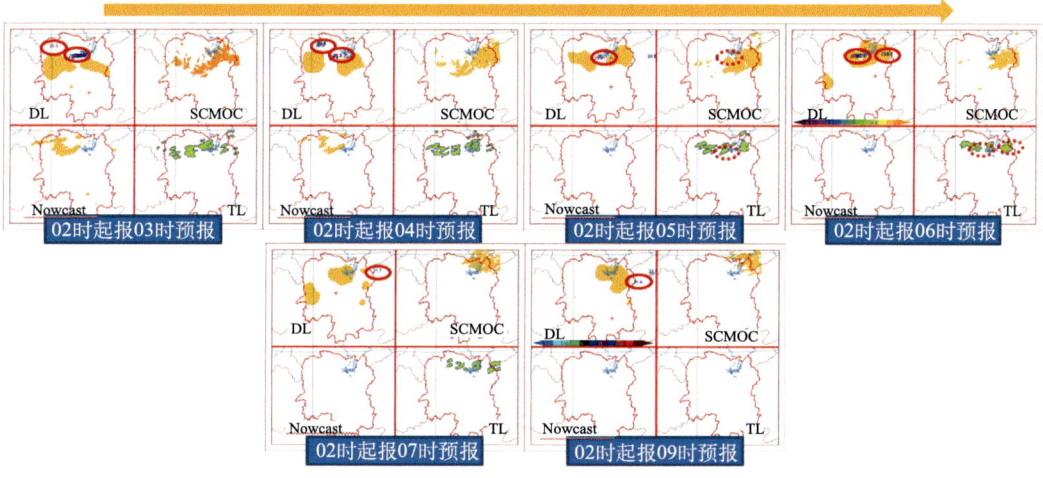

图4-20　2021年4月1日3—9时短时强降水实况与预报

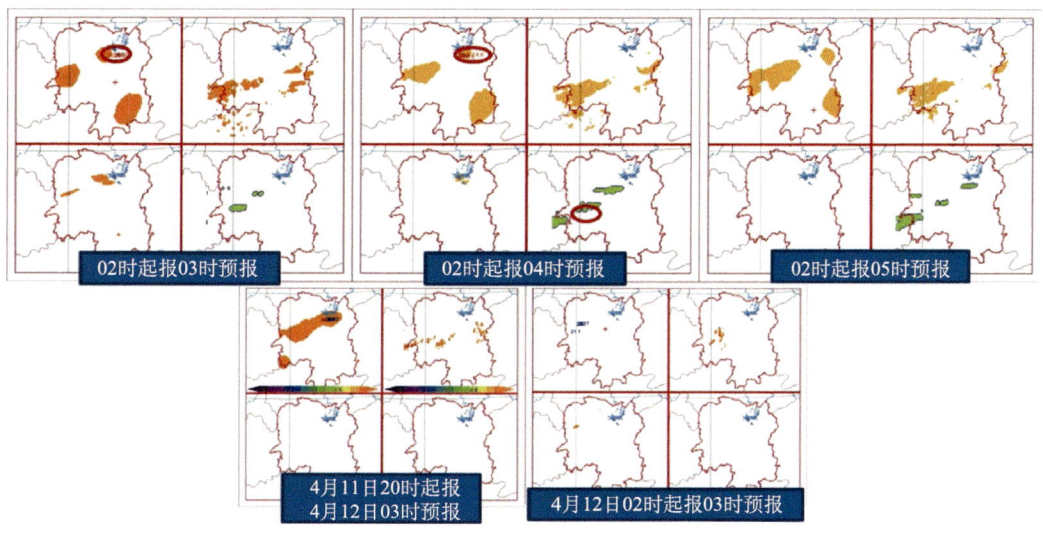

图4-21　2021年4月12日3—5时短时强降水实况与预报

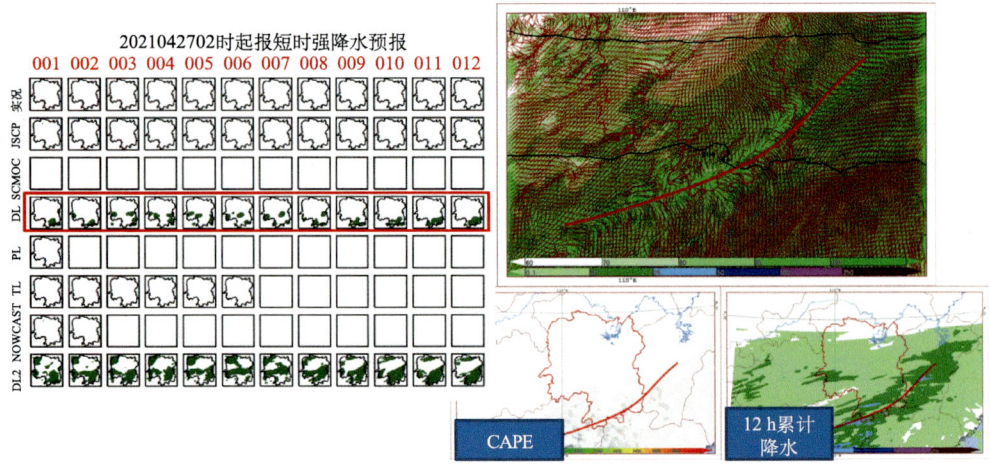

图 4-22　2021 年 4 月 27 日 08 时短时强降水实况与华南模式预报

分析 5 月 6 日的一次短时强降水过程发现，RAT-TL 对分散性对流降水也有一定的预报能力，但预报范围偏大，空报率偏高。分析 5 月 16 日的一次系统性短时强降水过程发现，短时强降水在湘中发展，逐渐南压，RAT-TL 较好表现出短时强降水发生发展、南压的过程，不同时次起报的 RAT-TL 在不断调整，临近时次预报效果更好，过程结束时仍存在明显空报，见图 4-23 和图 4-24。

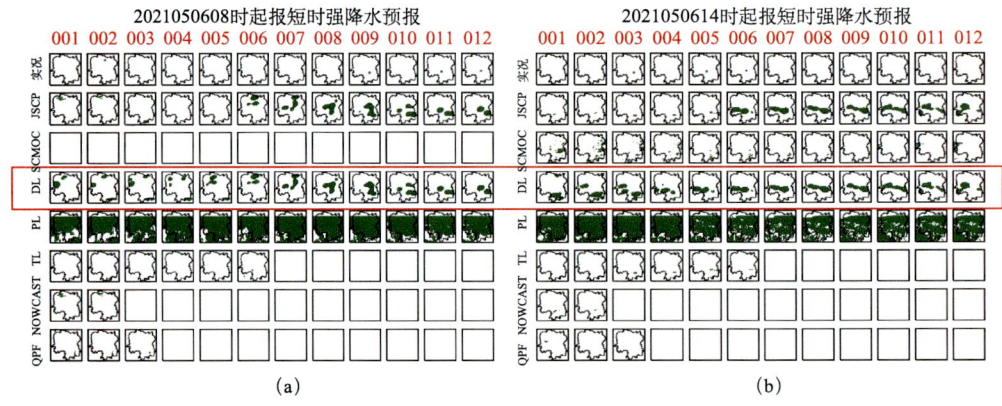

图 4-23　2021 年 5 月 6 日 08/14 时起报短时强降水实况与预报

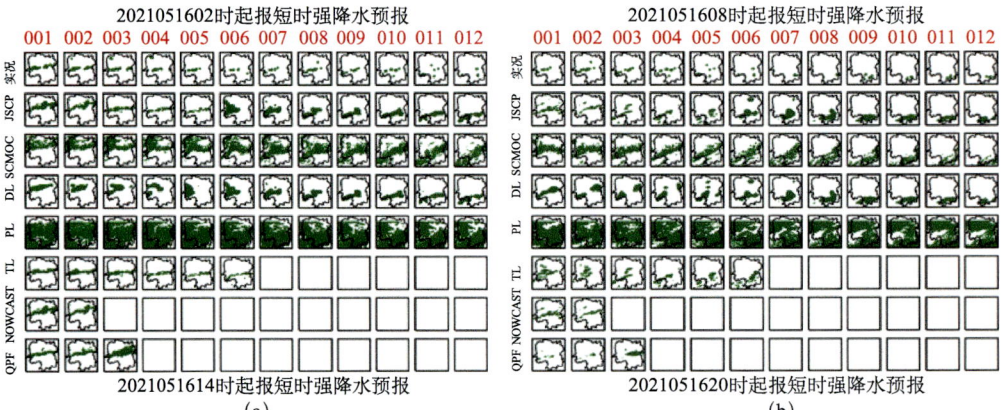

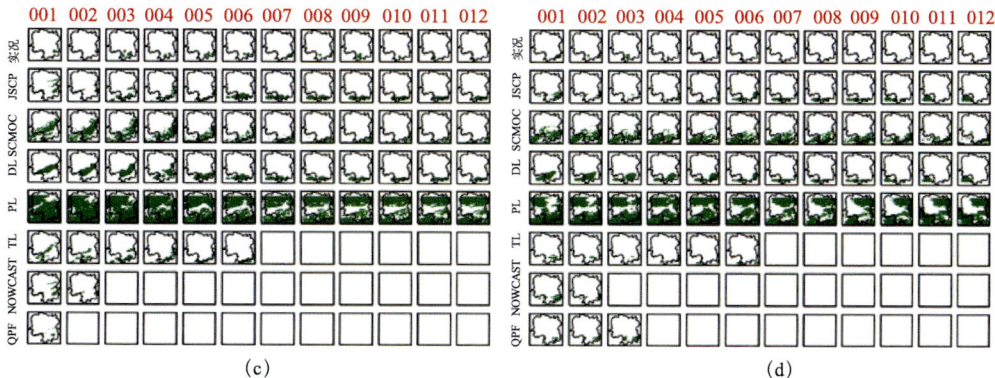

图 4-24　2021 年 5 月 16 日 02/08/14/20 时起报短时强降水实况与预报

综合来看，基于深度学习方法的短时强降水客观预报命中率表现较好，但是空报率偏高，不能完全表现出湖南短时强降水发生的月、日变化特征，对分散性对流降水、系统性强降水均有一定预报能力，临近时次预报效果更好，存在明显空报情况，初步分析模型对模式形势场预报变化较敏感，易出现高估短时强降水发生概率。

（5）雷暴大风（风雹）预报结果分析

湖南省气象台目前已研发了 0～2 h 基于改进光流法的雷暴大风（风雹）预报（SMG-Nowcast）、0～12 h 基于深度学习方法的雷暴大风（风雹）预报（SMG-DL）、0～12 h 基于集成算法的雷暴大风（风雹）预报（SMG-UPLOAD）产品。对数据进行预处理后，评分结果显示，2021 年 4—8 月 SMG-Nowcast 表现最优，综合命中率达 21%，中央台次之，SMG-DL 基本无预报能力，但采取集成算法技术的 SMG-UPLOAD 预报能力与中央台相当，见图 4-25。

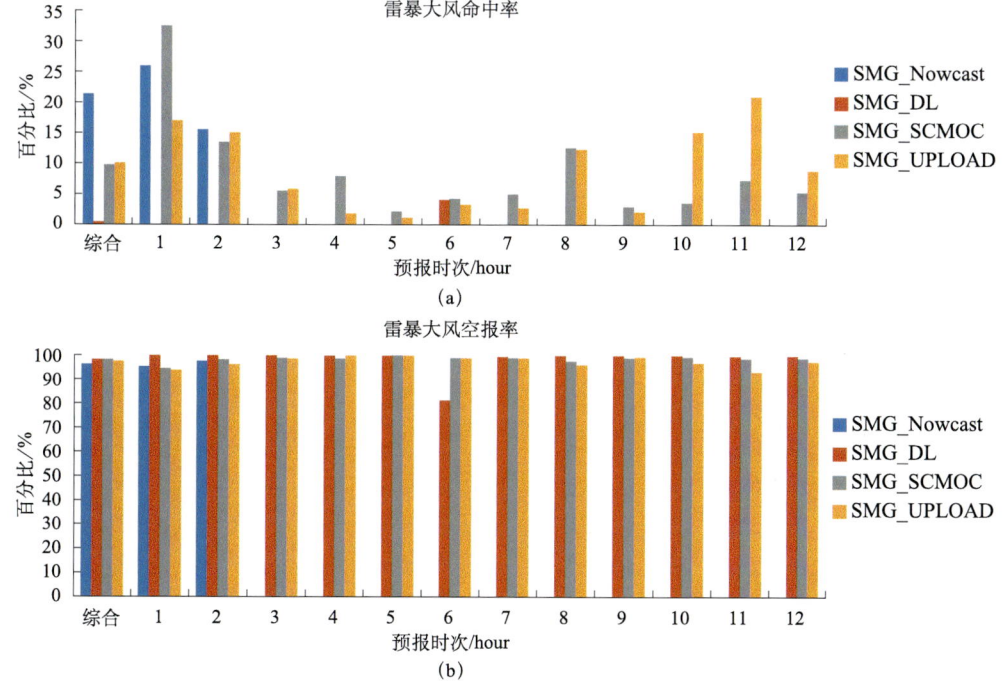

图 4-25　2021 年 4—8 月湖南雷暴大风（风雹）客观预报产品命中率、空报率对比

分析5月3日、5月15日两次雷暴大风（风雹）天气过程发现，SMG-DL无预报能力，SMG-Nowcast、中央台指导、SMG-UPLOAD（JSCP）均有一定预报能力，能较好地反映风雹的移动趋势，由于风雹天气的局地性强，各类预报产品均存在明显的空报情况，见图4-26和图4-27。

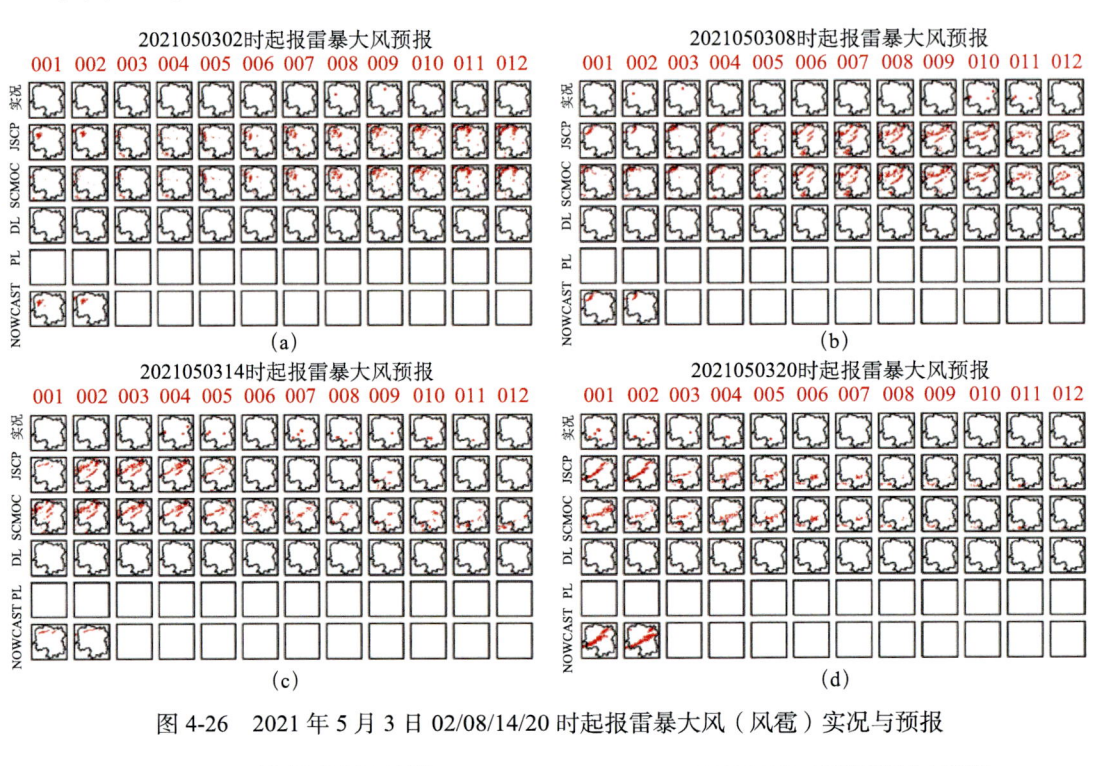

图4-26　2021年5月3日02/08/14/20时起报雷暴大风（风雹）实况与预报

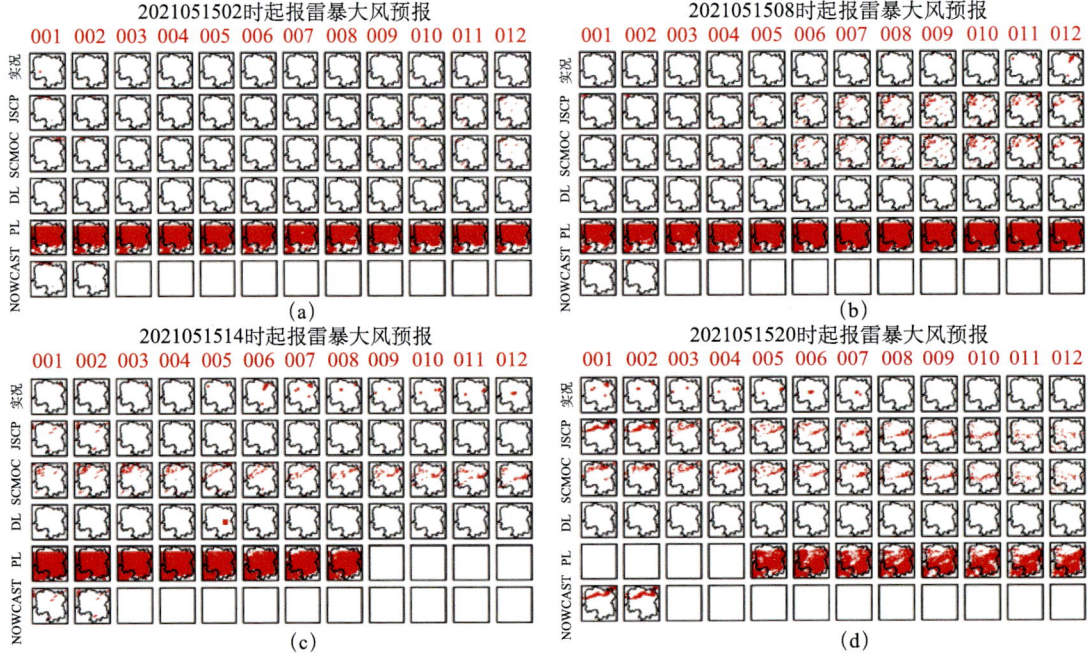

图4-27　2021年5月15日02/08/14/20时起报雷暴大风（风雹）实况与预报

4.1.4 湖南强对流预报预警发布平台

湖南省气象台自主开发的湖南省市县三级一体化智能网格预报业务系统集成了格点预报订正业务、模式预报及客观预报检验和城镇预报自动发布等，为数值模式预报解释应用、网格预报订正自动化、预报产品智能生成、多源产品实时检验等提供平台支撑，实现了网格预报智能编辑、多源资料智能分析、灾害天气智能报警、预报产品自动生成等功能。在湖南省市县三级一体化智能网格预报业务系统上的湖南强对流预报预警发布子系统的开发，完善了湖南强对流天气预报预警业务产品制作和发布。

4.1.4.1 湖南强对流预报子系统

在强对流预报子系统上可制作和发布包含雷暴、冰雹、雷雨大风和短时强降水四类强对流天气的未来 24 h 内逐 6 h 的强对流潜势预报。在智能网格预报平台的"预警"模块的弹出菜单中选择"落区预报"，"落区预报"界面选择预警时次、预警类型，通过"多边"的编辑工具，实现强对流落区预报的编辑，单击"生成"按钮，形成强对流天气预报落区 word 产品，单击"发布"按钮则将强对流天气预报落区 word 产品传输到省气象台预报产品服务器中，实现对全省预报员和气象服务对象的指导和使用，见图 4-28～图 4-31。

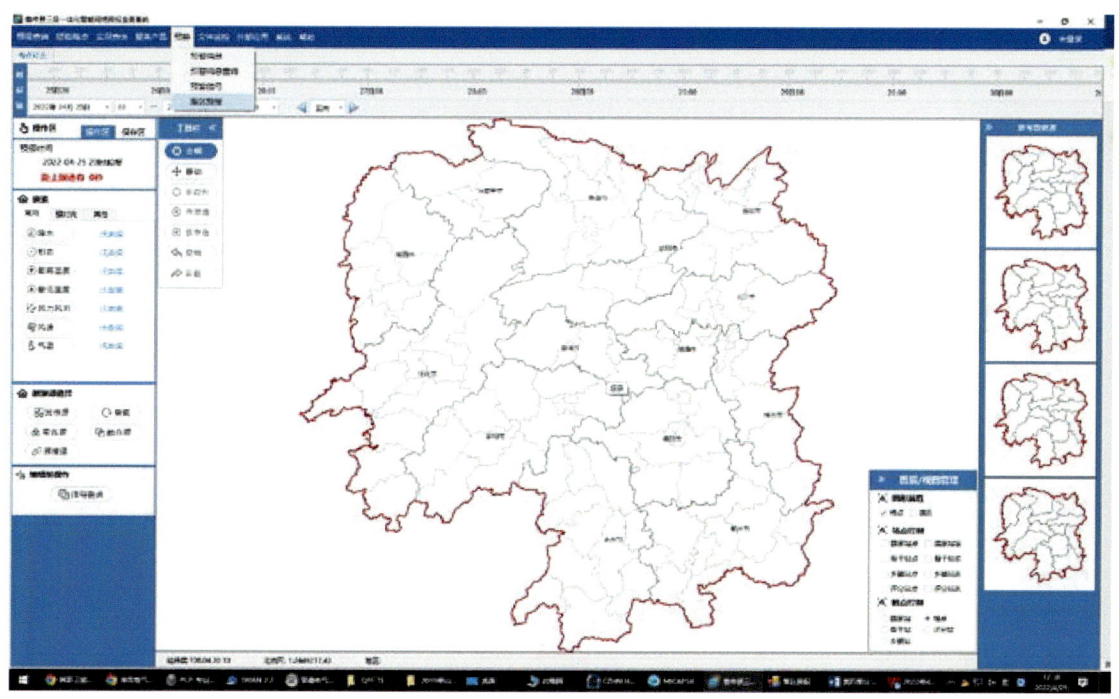

图 4-28 湖南省市县一体化智能网格预报平台中的强对流落区预报菜单

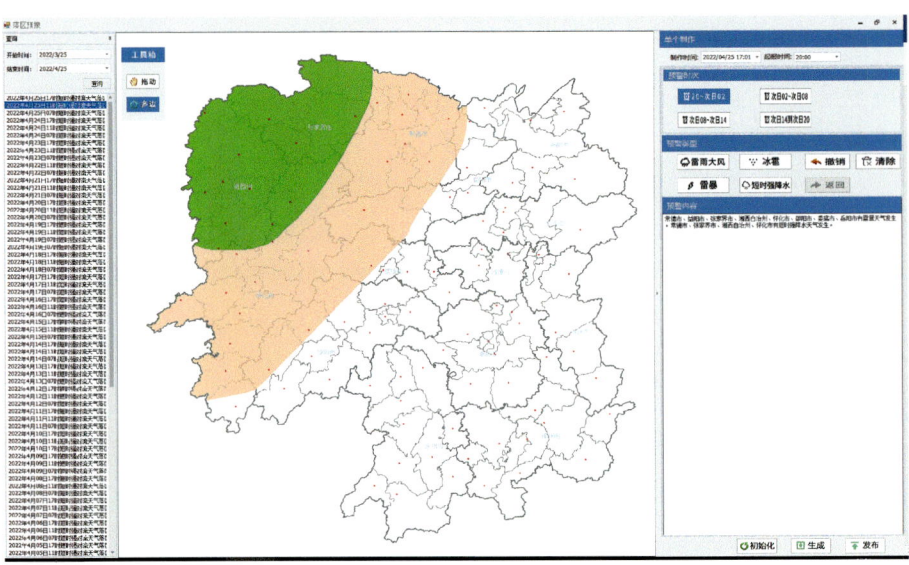

图 4-29　湖南省市县一体化智能网格预报平台中的强对流落区预报制作界面

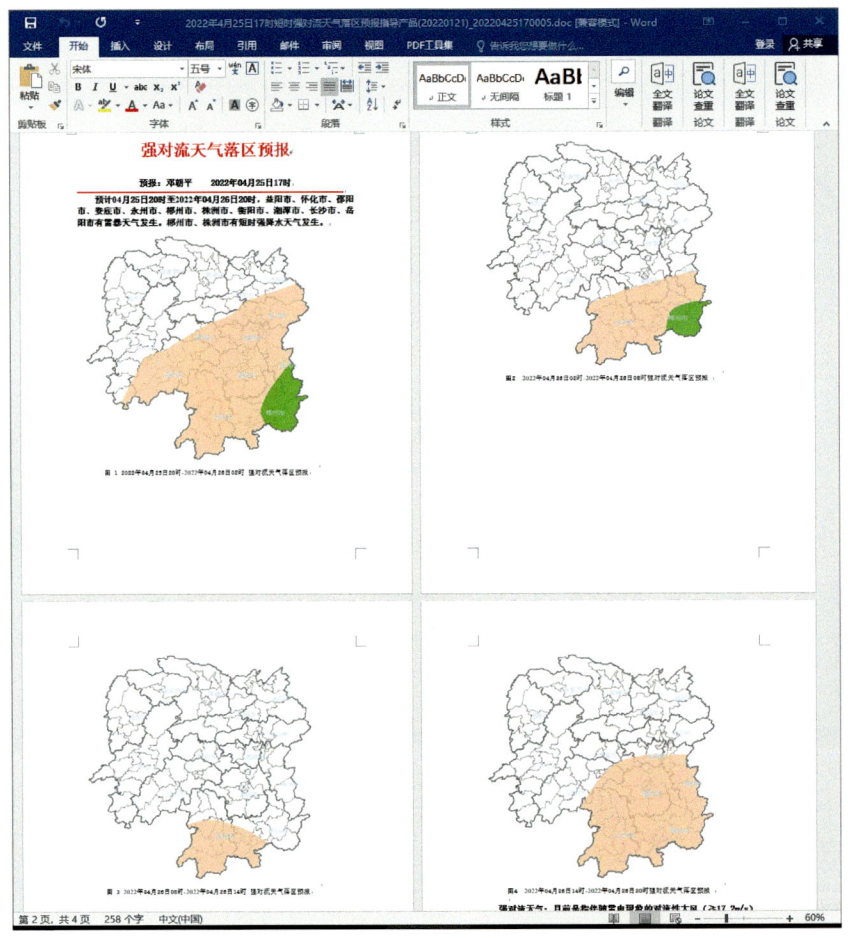

图 4-30　强对流落区预报 word 产品

第4章 强对流灾害天气的预报预警关键技术研究

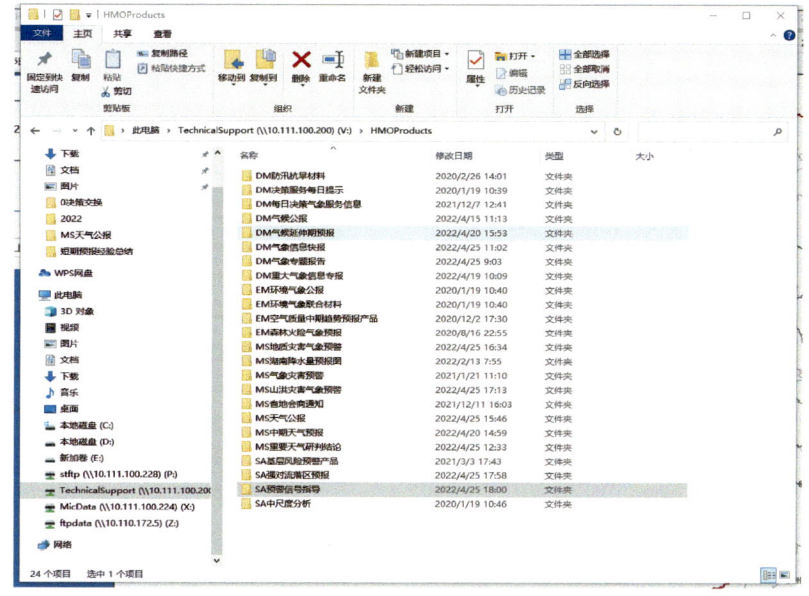

图 4-31 强对流落区预报 word 产品上传省气象台预报产品服务器

4.1.4.2 湖南强对流天气预警消息子系统

在预警子系统上可制作和发布全省强对流预警消息产品。在智能网格预报平台的"预警"模块的弹出菜单中选择"预警消息","预警消息"界面选择预警时次、预警类型,通过工具栏的"多边行"编辑工具,实现强对流落区预报的编辑,单击"生成"按钮,形成全省未来 24 h 内的强对流天气"预警消息"word 产品,单击"发布"按钮则将强对流天气预报落区 word 产品传输到省气象台预报产品服务器中,实现对全省预报员和气象服务对象的指导和使用,见图 4-32 和图 4-33。

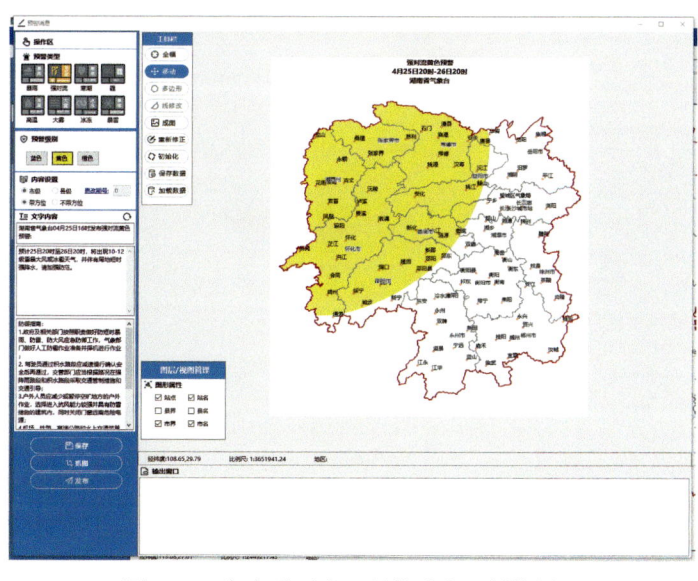

图 4-32 湖南强对流"预警消息"制作界面

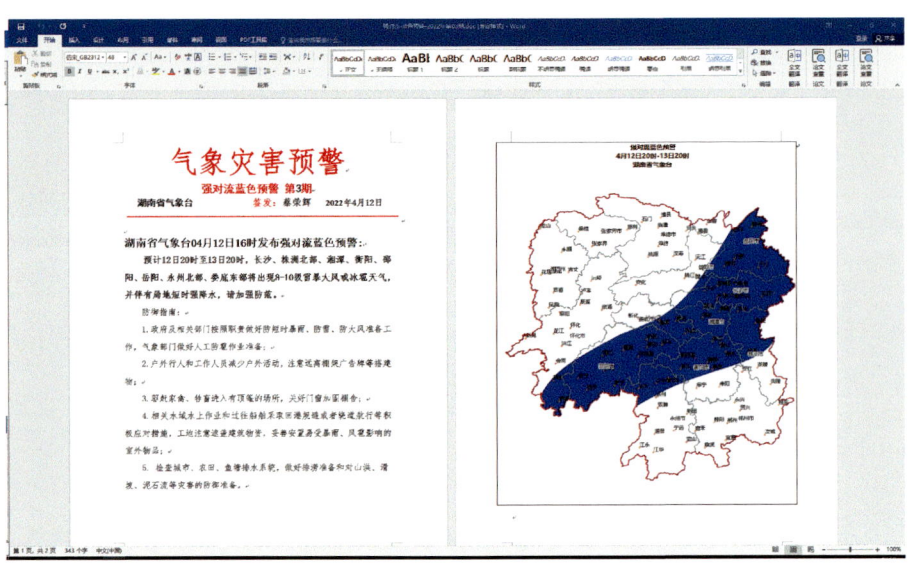

图 4-33　湖南强对流"预警消息"word 产品

4.1.4.3　湖南强对流天气预警信号指导子系统

在强对流天气预警信号指导子系统上可根据全省雷达和自动站降水实况，实时制作和发布全省各县的雷暴、冰雹、雷雨大风和短时强降水四类强对流天气预警信号指导产品。在智能网格预报平台的"预警"模块的弹出菜单中选择"指导预警"，"指导预警"界面选择预警时次、预警类型，通过工具栏的"市单选"或"县单选"编辑工具，实现强对流落区预报的编辑，单击"生成"按钮，形成全省未来 24 h 内的强对流天气预警消息 word 产品，单击"发布"按钮则将强对流天气预报落区 word 产品传输到省气象台预报产品服务器中，实现对全省预报员和气象服务对象的指导和使用，见图 4-34 和图 4-35。

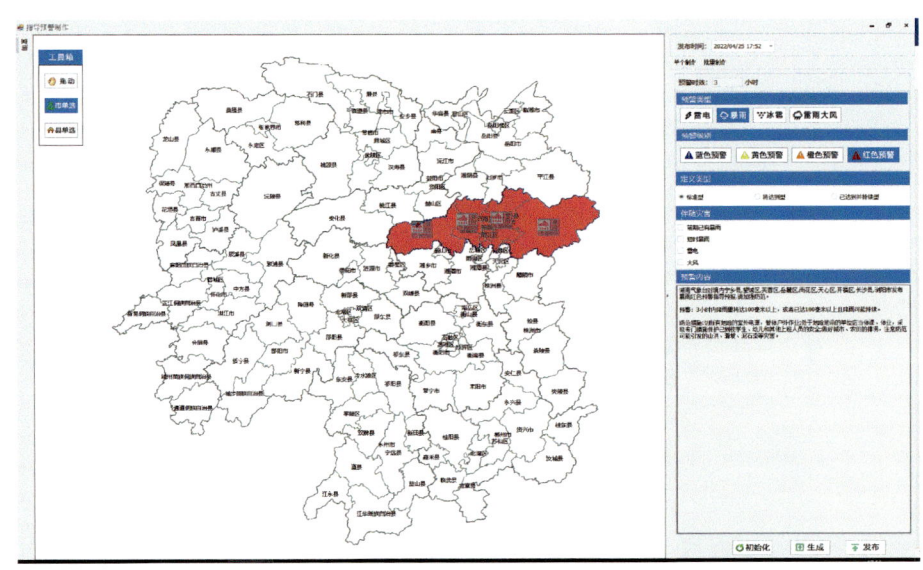

图 4-34　湖南强对流天气预警信号指导制作界面

第 4 章　强对流灾害天气的预报预警关键技术研究

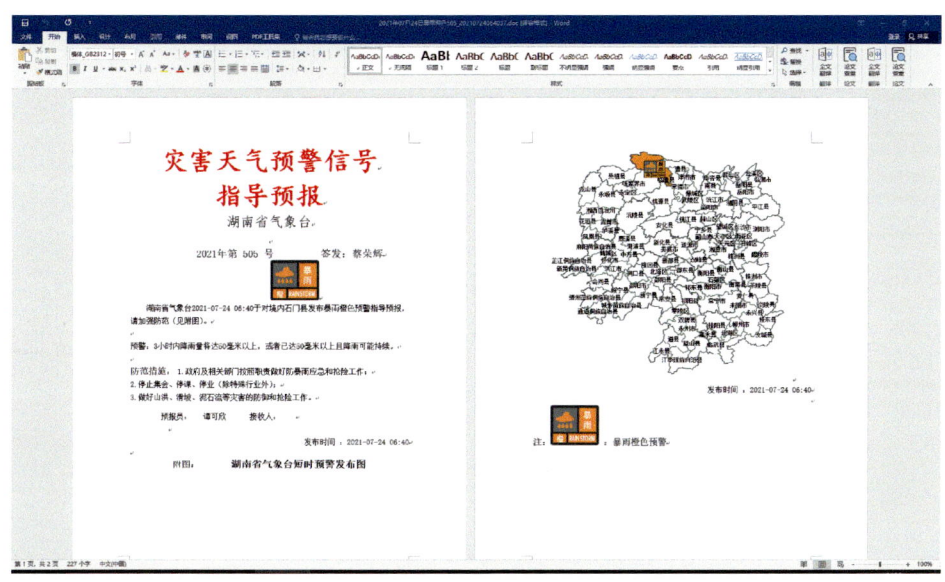

图 4-35　湖南强对流天气预警信号指导 word 产品

4.2　强天气分析系统的建立

强天气分析系统功能架构包括强天气综合监测、中尺度分析、强天气指数、潜势分析、交互分析、客观预报、统计分析 7 个模块。目前已基本完成中尺度分析、强天气指数、潜势分析、交互分析等模块，其他模块正在紧张地开发中，见图 4-36 和图 4-37。

图 4-36　强天气分析系统功能架构

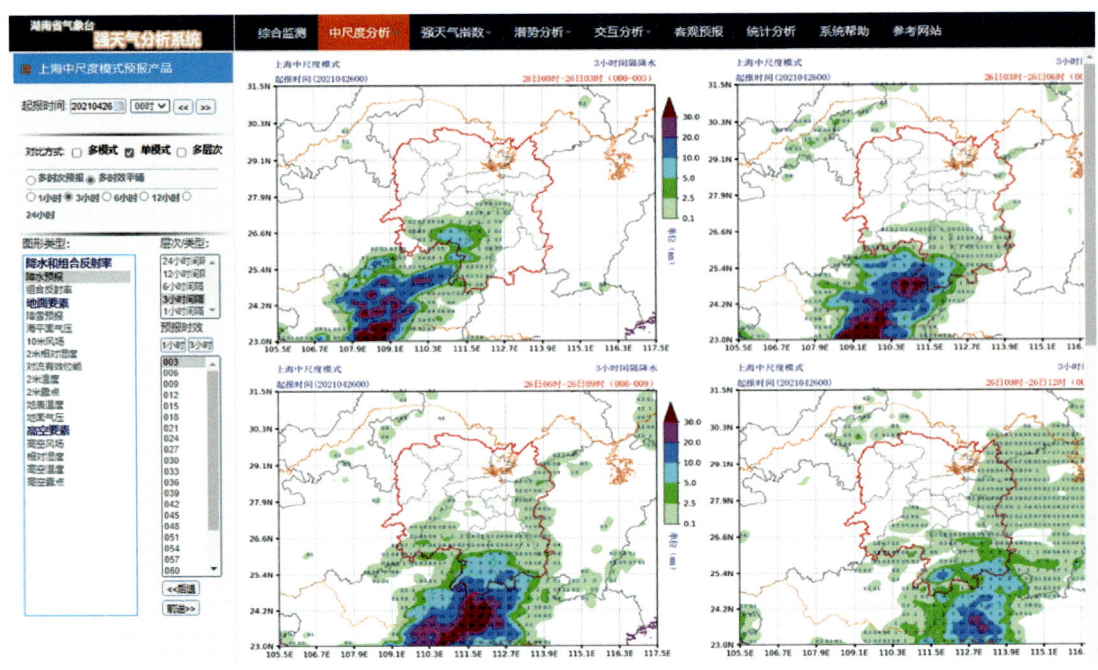

图 4-37　强天气分析系统功能模块

4.2.1　中尺度分析模块

地面要素：地面气压、地表温度、海平面气压、2 m 相对湿度、2 m 温度、2 m 露点、10 m 风场、对流有效位能等。

高空要素：高空风场、高空温度、高空露点、相对湿度等。

降水和组合反射率：降水预报、组合反射。

中尺度分析模块降水和组合反射率示意图见图 4-38。

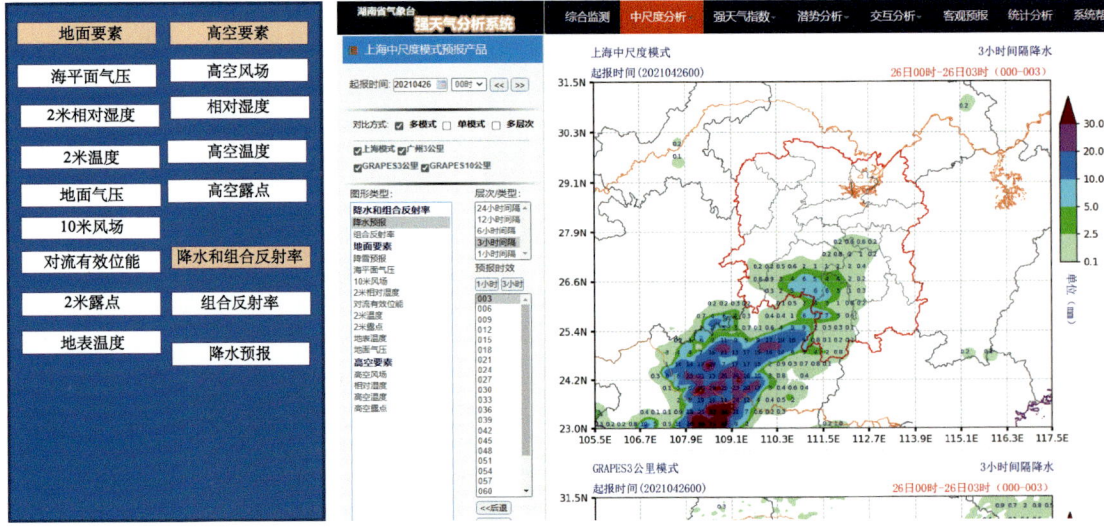

图 4-38　中尺度分析模块降水和组合反射率示意图

在功能设计上，考虑了单一模式的强对流要素查看和多模式对比查看。同时可以选择不同的起报时间、预报时效等。具体功能如图 4-39 所示。

图 4-39　强天气指数分析产品示意图

4.2.2　强天气指数模块

① A 指数、bli 指数、K 指数、沙氏指数、$\triangle T_{700-500}$、$\triangle T_{850-500}$、深对流指数、对流稳定度指数、强天气威胁指数等常用强对流潜势指数。

②雷暴指数、大风指数、冰雹指数等强对流类型指数，见图 4-40。

在功能设计上，同样考虑了单一模式的强对流指数查看和多模式对比查看。同时可以选择不同的起报时间、预报时效等。具体功能与中尺度分析模块相同，图 4-41 是具体的产品展示。

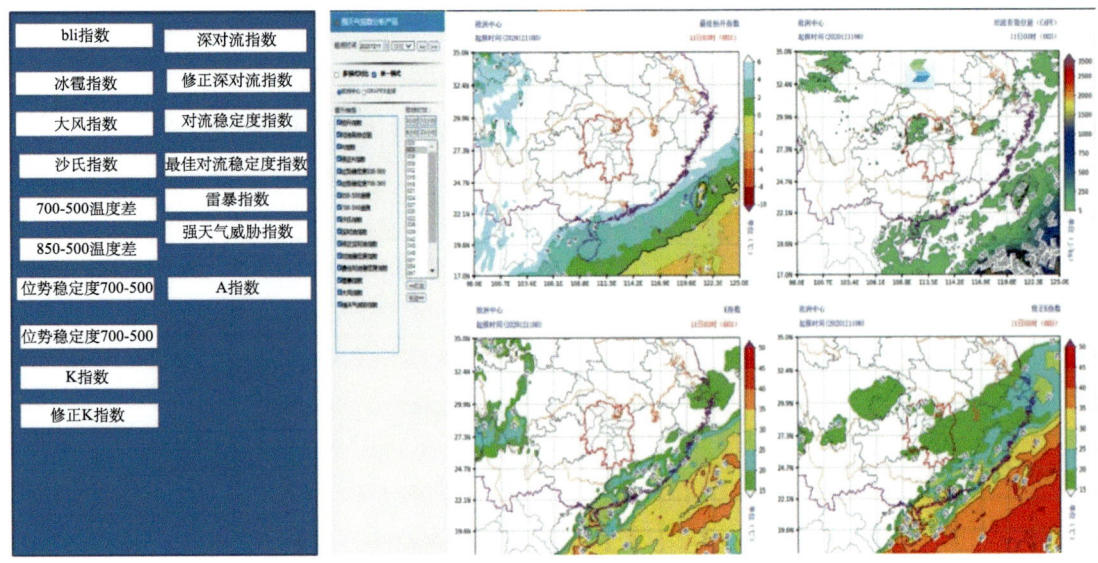

图 4-40　强天气指数模块

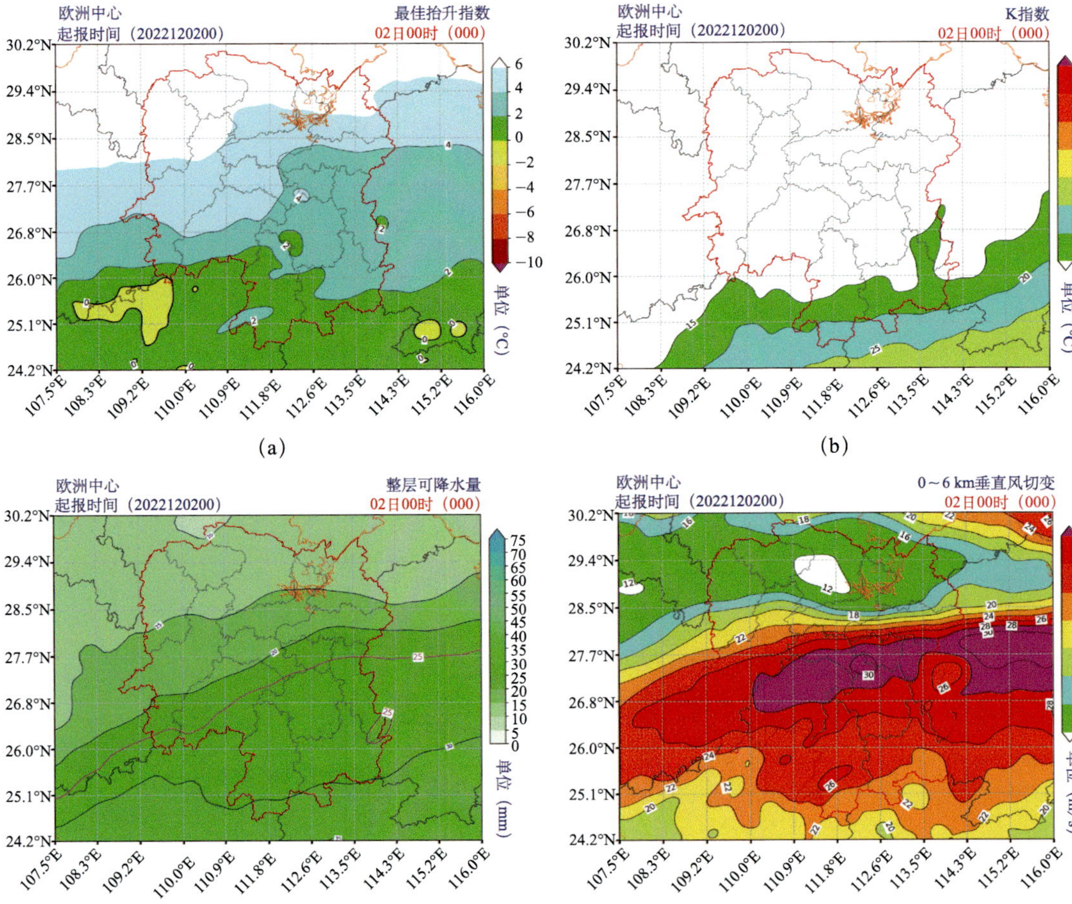

图 4-41　强天气指数模块具体产品示意图

4.2.3 潜势分析模块

强天气潜势分析主要利用欧洲数值天气预报中心、GRAPES 模式等全球和中尺度数值模式数据，采用预先生成及交互分析技术，提供强对流综合分析产品；抬升、水汽、能量场分析预报产品；提供短时强降水、雷暴、冰雹、大风等强对流天气分类预报数据及潜势分析产品，见图 4-42 和图 4-43。

4.2.4 交互分析模块

预先生成预报图形虽然速度快，但受制于存储空间和机器性能，不能制作大量的预报图形，预报资料的精细化显示和分析不够。

采用实时交互生成强对流天气分析产品，产品种类丰富，能制作任务区域、任务位置的预报图形，能对各种强对流天气进行精细化分析，见图 4-44。

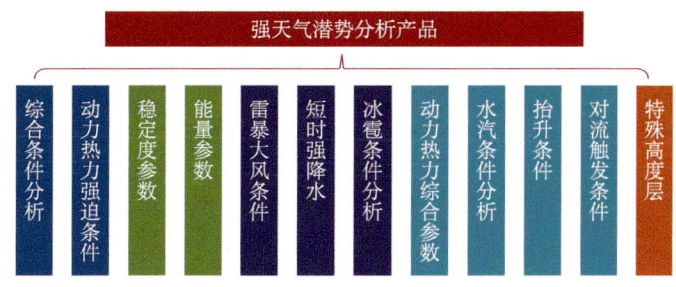

图 4-42 强天气潜势分析产品框架

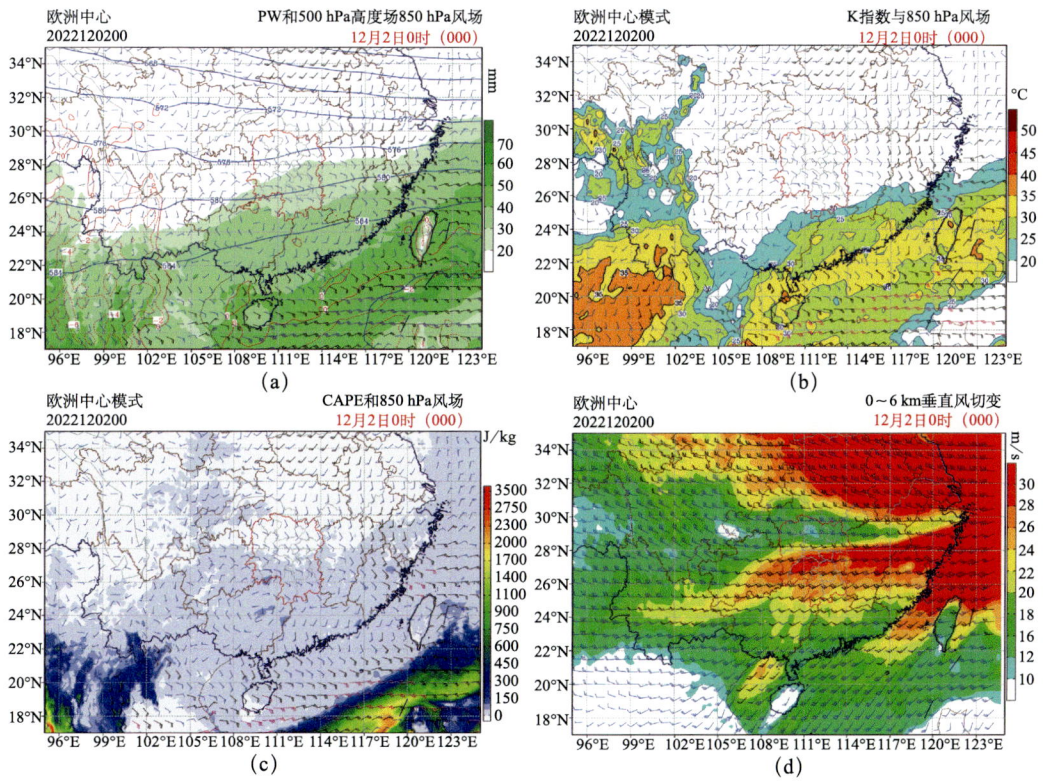

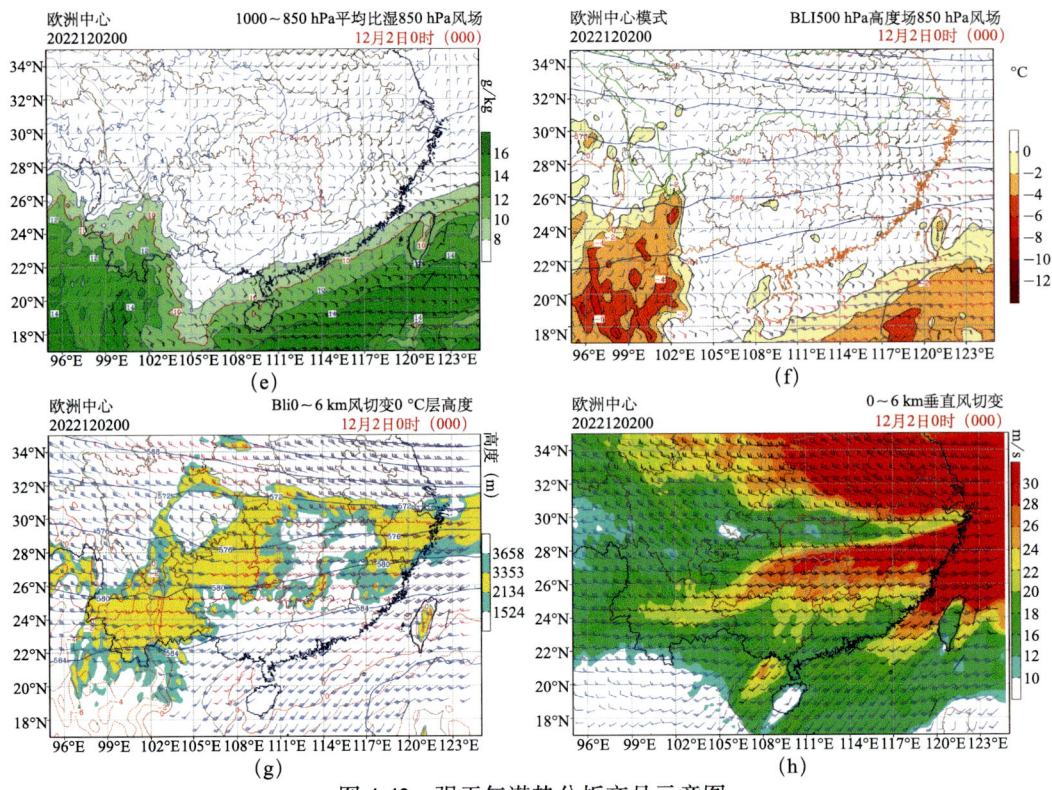

图 4-43　强天气潜势分析产品示意图

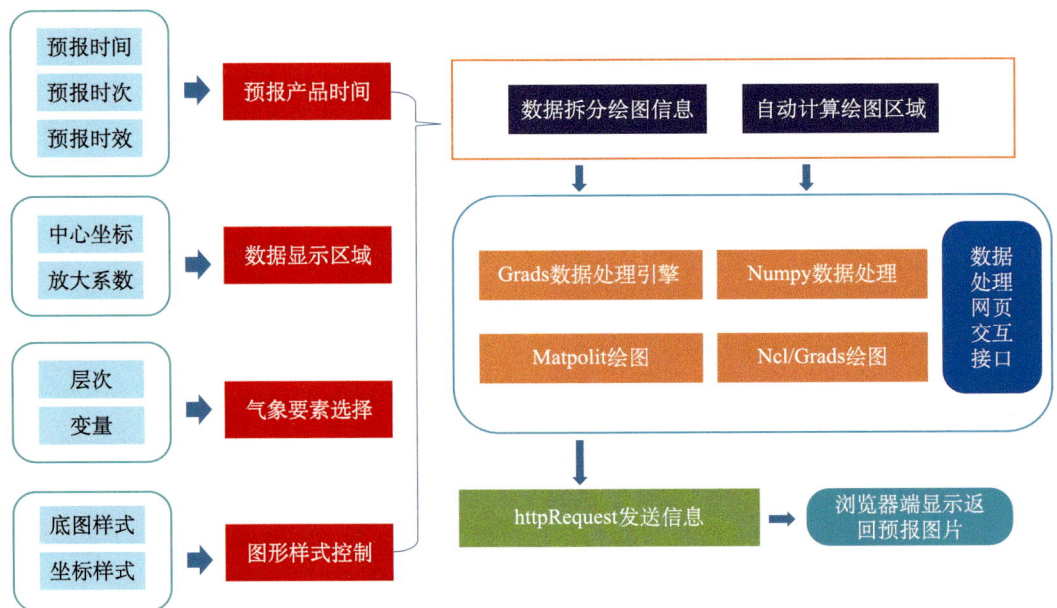

图 4-44　交互分析模块框架

交互分析模块主要产品基于欧洲中心模式和 GRAPES 模式，根据预报需要，实现常用综合分析图的快速制作分析和产品生成功能。如：bli+pw+ 风场 + 高度场，Cape+ 风场

+高度场，假相当位温+风场+高度场，温度场+风场+高度场，露点温度+风场+高度场，SLP+2 m 露点 +10 m 风场，RH+Q+ 风场 + 高度场等。另外，还可以实现动力热力强迫条件、短时强降水条件、雷暴大风条件、冰雹条件、能量参数、不稳定条件、动力热力综合参数、水汽条件分析、抬升条件分析、对流触发条件分析、特殊高度层等参数指数的快速查看，并可以实现任意单点位置的各种强对流参数时间序列图。

第 5 章　强对流灾害天气联防机制

5.1　联防预报预警发布机制

5.1.1　制定湖南省强对流天气监测技术标准

5.1.1.1　雷电监测技术标准

当天气雷达产品特征满足如下条件之一时，将可能产生雷电。
①组合反射率因子超过 35 dBZ；
②回波顶高在 10 月至次年 2 月达到 6 km 以上，3—10 月达到 9 km 以上；
③ VIL 值达到 10 kg/m² 以上；
④反射率因子超过 50 dBZ 或者出现了弓形回波、超级单体、飑线时。

5.1.1.2　短时强降水监测技术标准

0.5° 仰角反射率因子大于 40 dBZ，且天气雷达产品特征满足如下条件之一时，将可能产生短时强降水。
①反射率因子产品出现"列车效应"回波；
②低层（0.5° 或者 1.5° 仰角）径向速度出现"逆风区"现象；
③回波移动缓慢；
④上游存在大范围的积层混合性回波，注意不同类型降雨回波对应不同降水强度（根据新一代天气雷达的 Z-I 关系），一般有如下对应关系。

反射率因子	40 dBZ	45 dBZ	50 dBZ
大陆强对流降水型	12 mm/h	28 mm/h	62 mm/h
热带降水型	20 mm/h	50 mm/h	130 mm/h

5.1.1.3 冰雹监测技术标准

天气雷达产品特征满足如下条件之一时,将可能产生冰雹。
①组合反射率因子大于 55 dBZ;
②反射率因子出现"三体散射"特征;
③出现有界弱回波区或者悬垂回波;
④ 50 dBZ 回波高度超过 −20 ℃;
⑤ VIL 值达到 30 kg/m² 以上;
⑥强烈的风暴顶辐散。

5.1.1.4 雷雨大风监测技术标准

天气雷达产品特征满足如下条件之一时,将可能产生雷雨大风。
① 0.5° 仰角径向速度大于 17 m/s 或者出现速度模糊;
②出现"中气旋"特征;
③径向速度产品出现"中层径向辐合",中层径向辐合一般指距离地面 2～5 km 高度上,正负速度之间距离≤15 km,正负速度绝对值之和大于或等于 25 m/s;
④反射率因子出现"弓形回波"特征;
⑤反射率因子出现"飑线"或者多单体线状对流特征;
⑥反射率因子及径向速度出现"阵风锋";
⑦径向速度产品上出现"下击暴流"特征;
⑧风暴单体的移动速度≥60 km/h;
⑨最大反射率因子的高度快速下降,一个体扫下降≥0.7 km。

5.1.1.5 龙卷监测技术标准

天气雷达产品特征满足如下条件之一时,将可能产生龙卷。
①出现强中气旋并维持两个体扫以上;
②出现龙卷涡旋特征;
③出现钩状回波。

5.1.2 明确省、市、县三级强对流天气服务产品

5.1.2.1 省级气象灾害预警技术标准

强对流预警分三级,分别以蓝色、黄色、橙色表示。
1. 强对流(雷电、大风、冰雹)蓝色预警
未来 24 小时有 10 个及以上县(市、区)出现 8 级以上雷暴大风;直径 5 mm 以上冰雹伴有雷电或伴有短时强降水;上述任一类情况已经出现并可能持续。

2. 强对流（雷电、大风、冰雹）黄色预警

未来 24 小时有 15 个及以上县（市、区）将出现 10 级以上雷暴大风；直径 10 mm 以上冰雹伴有雷电或伴有短时强降水；上述任一类情况已经出现并可能持续。

3. 强对流（雷电、大风、冰雹）橙色预警

未来 24 小时可能出现下列条件之一或实况已达到下列条件之一并可能持续。

① 20 个及以上县（市、区）将出现 12 级以上雷暴大风；直径 15 mm 以上冰雹伴有雷电或伴有短时强降水。

② 1 个及以上县（市、区）将出现 EF1 级以上龙卷。

5.1.2.2 省、市、县三级强对流天气服务产品

1. 大风预警信号

大风（除雷雨大风外）预警信号分四级，分别以蓝色、黄色、橙色、红色表示。

（1）大风蓝色预警信号

图标：

发布标准：24 小时内可能受大风影响，平均风力可达 6 级以上，或者阵风 7 级以上；已经受大风影响，平均风力为 6~7 级，或者阵风 7~8 级并可能持续。

检验标准：24 小时内平均风力 6 级以上，或者极大风力 8 级以上评为正确。

服务用语：××气象台××××年××月××日××时发布大风蓝色预警信号，预计××县未来×小时平均风力可达 6~7 级，最大风力可达 8 级以上，请注意防范。

防御指南：

①政府及相关部门按照职责做好防大风工作；

②关好门窗，加固围板、棚架、广告牌等易被风吹动的搭建物，妥善安置易受大风影响的室外物品，遮盖建筑物资；

③相关水域水上作业和过往船舶采取积极的应对措施，如回港避风或者绕道航行等；

④行人注意尽量少骑自行车，刮风时不要在广告牌、临时搭建物等下面逗留；

⑤有关部门和单位注意森林、草原等防火。

（2）大风黄色预警信号

图标：

发布标准：24 小时内可能受大风影响，平均风力可达 8 级以上，或者阵风 9 级以上；已经受大风影响，平均风力为 8~9 级，或者阵风 9~10 级并可能持续。

检验标准：24 小时内平均风力 8 级以上，或者极大风力 10 级以上评为正确。

服务用语：××气象台××××年××月××日××时发布大风黄色预警信号，预计××县未来×小时平均风力可达 8~9 级，最大风力可达 10 级以上，请注意防范。

防御指南：

①政府及相关部门按照职责做好防大风工作；

②停止露天活动和高空等户外危险作业，危险地带人员和危房居民尽量转到避风场所避风；

③相关水域水上作业和过往船舶采取积极的应对措施，加固港口设施，防止船舶走锚、搁浅和碰撞；

④切断户外危险电源，妥善安置易受大风影响的室外物品，遮盖建筑物资；

⑤机场、高速公路等单位应当采取保障交通安全的措施，有关部门和单位注意森林、草原等防火。

（3）大风橙色预警信号

图标：

发布标准：24小时内可能受大风影响，平均风力可达10级以上，或者阵风11级以上；已经受大风影响，平均风力为10～11级，或者阵风11～12级并可能持续。

检验标准：24小时内平均风力10级以上，或者极大风力12级以上评为正确。

服务用语：××气象台××××年××月××日××时发布大风橙色预警信号，预计××县未来×小时平均风力可达10～11级，最大风力可达12级以上，请加强防范。

防御指南：

①政府及相关部门按照职责做好防大风应急工作；

②房屋抗风能力较弱的中小学校和单位应当停课、停业，人员减少外出；

③相关水域水上作业和过往船舶应当回港避风，加固港口设施，防止船舶走锚、搁浅和碰撞；

④切断危险电源，妥善安置易受大风影响的室外物品，遮盖建筑物资；

⑤机场、铁路、高速公路、水上交通等单位应当采取保障交通安全的措施，有关部门和单位注意森林、草原等防火。

（4）大风红色预警信号

图标：

发布标准：24小时内可能受大风影响，平均风力可达12级以上，或者阵风13级以上；已经受大风影响，平均风力为12级以上，或者阵风13级以上并可能持续。

检验标准：24小时内平均风力12级以上，或者极大风力13级以上评为正确。

服务用语：××气象台××××年××月××日××时发布大风红色预警信号，预计××县未来×小时平均风力可达12级，最大风力可达13级以上，请特别加强防范。

防御指南：

①政府及相关部门按照职责做好防大风应急和抢险工作；

②人员应当尽可能停留在防风安全的地方，不要随意外出；

③回港避风的船舶要视情况采取积极措施，妥善安排人员留守或者转移到安全地带；

④切断危险电源，妥善安置易受大风影响的室外物品，遮盖建筑物资；

⑤机场、铁路、高速公路、水上交通等单位应当采取保障交通安全的措施，有关部门和单位注意森林、草原等防火。

2. 雷电预警信号

图标：

发布标准：6小时内发生雷电活动的可能性大，或者已经有雷电活动发生，且可能持续，可能出现雷电灾害事故。

服务用语：××气象台××××年××月××日××时发布雷电预警信号，预计××县未来×小时将发生雷电活动，可能出现雷电灾害事故，请加强防范。

防御指南：

①政府及相关部门按照职责做好防雷应急抢险工作；

②人员应当尽量躲入有防雷设施的建筑物或者汽车内，关好门窗；

③切勿接触天线、水管、铁丝网、金属门窗、建筑物外墙，远离电线等带电设备和其他类似金属装置；

④尽量不要使用无防雷装置或者防雷装置不完备的电视、电话等电器；

⑤密切注意雷电预警信息的发布。

3. 雷雨大风预警信号

雷雨大风预警信号分四级，分别以蓝色、黄色、橙色、红色表示。

（1）雷雨大风蓝色预警信号

图标：

发布标准：6小时内可能受雷雨大风影响，平均风力可达6级以上，或阵风7级以上并伴有雷电；已经受雷雨大风影响，平均风力已达到6～7级，或阵风7～8级并伴有雷电且可能持续。

检验标准：6小时内平均风力6级以上，或极大风力7级以上并伴有雷电评为正确。

服务用语：××气象台××××年××月××日××时××分发布雷雨大风蓝色预警信号，预计××县未来×小时将出现7级以上阵风并伴有雷电，有致灾风险，请注意防范。

防御指南：

①做好防风、防雷电准备；

②注意有关媒体报道的雷雨大风最新消息和有关防风通知，学生停留在安全地方；

③把门窗、围板、棚架、临时搭建物等易被风吹动的搭建物固紧，人员应当尽快离开临时搭建物，妥善安置易受雷雨大风影响的室外物品。

（2）雷雨大风黄色预警信号

图标：

发布标准：6小时内可能受雷雨大风影响，平均风力可达8级以上，或阵风9级以上并伴有强雷电；已经受雷雨大风影响，平均风力达8~9级，或阵风9~10级并伴有强雷电且可能持续。

检验标准：6小时内平均风力8级以上，或极大风力9级以上并伴有雷电评为正确。

服务用语：××气象台××××年××月××日××时××分发布雷雨大风黄色预警信号，预计××县未来×小时将出现9级以上阵风并伴有强雷电，致灾风险较高，请注意防范。

防御指南：

①妥善保管易受雷击的贵重电器设备，断电后放到安全的地方；

②危险地带和危房居民以及船舶应到避风场所避风，千万不要在树下、电杆下、塔吊下避雨，出现雷电时应当关闭手机；

③切断霓虹灯招牌及危险的室外电源；

④停止露天集体活动，立即疏散人员；

⑤高空、水上等户外作业人员停止作业，危险地带人员撤离。

其他同雷雨大风蓝色预警信号。

（3）雷雨大风橙色预警信号

图标：

发布标准：6小时内可能受雷雨大风影响，平均风力可达10级以上，或阵风11级以上并伴有强雷电；已经受雷雨大风影响，平均风力为10~11级，或阵风11~12级并伴有强雷电且可能持续。

检验标准：6小时内平均风力10级以上，或极大风力11级以上并伴有雷电评为正确。

服务用语：××气象台××××年××月××日××时××分发布雷雨大风橙色预警信号，预计××县未来×小时将出现11级以上阵风并伴有强雷电，致灾风险高，请加强防范。

防御指南：

①人员切勿外出，确保留在最安全的地方；

②相关应急处置部门和抢险单位随时准备启动抢险应急方案；

③加固港口设施，防止船只走锚和碰撞；

其他同雷雨大风黄色预警信号。

（4）雷雨大风红色预警信号

图标：

发布标准：6小时内可能受雷雨大风影响，平均风力可达12级以上并伴有强雷电；已经受雷雨大风影响，平均风力为12级以上并伴有强雷电且可能持续。

检验标准：6小时内平均风力12级，或极大风力12级以上并伴有雷电评为正确。

服务用语：××气象台××××年××月××日××时××分发布雷雨大风红色预警信号，预计××县未来×小时将出现12级以上阵风并伴有强雷电，致灾风险极高，请特别加强防范。

防御指南：

①进入特别紧急防风状态；

②相关应急处置部门和抢险单位随时准备启动抢险应急方案；

其他同雷雨大风橙色预警信号。

4. 冰雹预警信号

冰雹预警信号分二级，分别以橙色、红色表示。

（1）冰雹橙色预警信号

图标：

发布标准：2小时内可能出现冰雹天气，可能造成雹灾。

服务用语：××气象台××××年××月××日××时××分发布冰雹橙色预警信号，预计××县未来×小时可能出现冰雹，致灾性高，请加强防范。

防御指南：

①政府及相关部门按照职责做好防冰雹的应急工作；

②气象部门做好人工防雹作业准备并择机进行作业；

③户外行人立即到安全的地方暂避；

④驱赶家禽、牲畜进入有顶棚的场所，妥善保护易受冰雹袭击的汽车等室外物品或者设备；

⑤注意防御冰雹天气伴随的雷电灾害。

（2）冰雹红色预警信号

图标：

发布标准：2小时内出现冰雹可能性极大，可能造成重雹灾。

服务用语：××气象台××××年××月××日××时××分发布冰雹红色预

警信号，预计××县未来×小时可能出现冰雹，致灾性极高，请特别加强防范。

防御指南：

①政府及相关部门按照职责做好防冰雹的应急和抢险工作；

②气象部门适时开展人工防雹作业；

③户外行人立即到安全的地方暂避；

④驱赶家禽、牲畜进入有顶棚的场所，妥善保护易受冰雹袭击的汽车等室外物品或者设备；

⑤注意防御冰雹天气伴随的雷电灾害。

5.1.2.3 省、市、县三级强对流天气服务产品

强对流天气落区短时临近预报产品主要是指0~12小时内逐6小时或逐3小时的雷暴大风、冰雹、短时强降水、雷暴等图形文字产品，包含强对流天气的类型、发生的时段和强度、影响区域等。

省气象台每天制作下发3次（08、14、20时）未来12小时全省强对流天气落区短时临近预报产品，空间分辨率精细到县，当预计即将发生或已经发生强对流天气时，发布0~3小时逐时滚动更新的强对流天气落区短时临近预报产品。

市、县级气象台根据省气象台发布的强对流天气落区短时临近预报产品开展相应的属地化气象服务。

省、市、县气象台按照"上下协调、分级发布、属地服务"的原则制作发布强对流预警产品。

省气象台制作和发布本省强对流预警，区域性或者高级别强对流预警信号指导产品，空间分辨率应当精细到县（市、区），并逐步精细到乡（镇、街道）。

市（州）气象台应当充分应用上级指导产品，及时制作发布本行政区的强对流预警信号（发布区域设有县气象机构的署名所属县气象台）以及不设气象机构的县级行政区强降水监测警报，空间分辨率应当精细到县（市、区）的某个方位或者乡（镇、街道）。

县（市、区）气象台应当充分应用上级指导产品开展本地化气象服务，加强强对流天气监测，及时制作发布本行政区的强降水监测警报等，空间分辨率应当精细到乡（镇、街道），见图5-1。

5.1.3 建立省、市、县三级强对流天气业务流程

省气象台负责本省强对流天气预报业务技术指导，跟踪监测本省和上游强对流天气，制作发布全省气象要素强对流格点预报、强对流天气短时临近落区预报、强对流预警、区域性或高级别强对流预警信号指导预报；组织强对流天气预报预警关键技术和相关技术标准的研发；组织开展本省强对流天气预报会商联防、质量检验和技术总结。

市（州）气象台负责本行政区和上游地区强对流天气的跟踪监测，制作发布本行政区强对流预警信号、所辖不设气象机构的县级行政区强降水监测警报，组织本行政区强对流天气预报会商联防和技术总结。

承担单位	产品名称	制作频次	预报时效	时间分辨率	空间分辨率	要素
省气象台 (4类)	气象要素短时临近格点预报产品	8	0~2小时 3~12小时	1小时 3小时	5千米	降水、气温
	灾害性天气落区预报产品	3	0~12小时	3小时或6小时	县	雷暴大风、冰雹、短时强降水、雷暴
	气象灾害预警	2	1天	24小时	县	暴雨、暴雪、寒潮等
	气象灾害预警信号指导产品	不限	0~24小时	参照标准	县	雷暴大风、冰雹、短时强降水、雷暴
市（州）气象台	气象灾害预警信号	不限	0~24小时	参照标准	县	暴雨、暴雪、寒潮等
	强降水监测警报 (不设气象台站的县（市、区）)	不限	0~12小时	参照标准	县或乡镇	降水
县（市、区）气象台	强降水监测警报	不限	0~12小时	参照标准	县或乡镇	降水

图 5-1 省、市、县三级强对流天气服务产品

县（市、区）气象台负责本行政区和上游地区强对流天气的跟踪监测，制作发布本行政区强降水监测警报；开展强对流天气预报会商联防，见图 5-2。

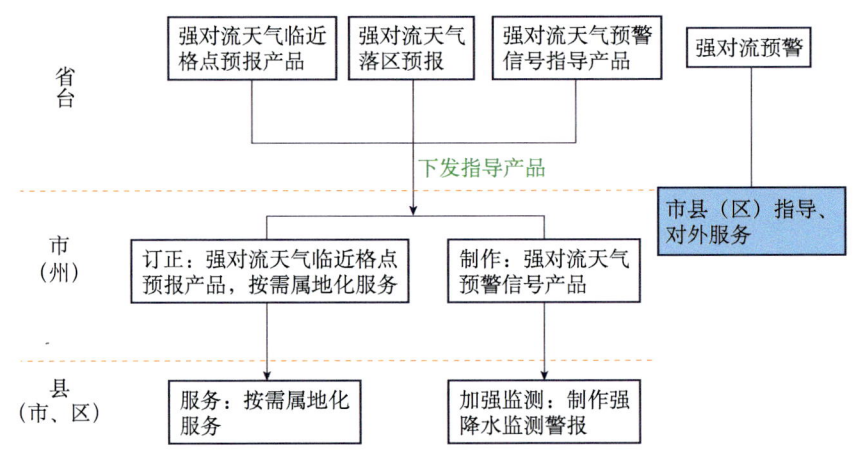

图 5-2 省、市、县三级强对流天气业务流程

5.1.4 建立省、市、县三级强对流天气联防机制

在特定环境下，通过一系列制度和体制安排以及规范、政策制定以达到各组成要素以有序、平衡、稳定状态运行的过程或方式。在应对强对流灾害天气的过程中，建立完整的联动联防机制非常重要。

省气象台建立"省、市、县强对流天气业务工作"沟通联系机制，开展全省强对流天气会商联防。省气象台依据短期预报产品，综合研判，组织可能受影响区域的市、县气象台开展强对流天气预报会商；市（州）气象台根据省气象台的会商意见，综合研判适时组织所辖县气象台开展强对流天气预报会商。预计可能发生或者已经发生灾害天气时，省、

市、县三级气象台充分利用工作群、电话、传真、互联网等，开展上下级和上下游气象台之间强对流天气联防，省气象台应当加强实时指导，参与联防的上下游气象台实时提醒和共享监测实况、灾情信息、服务情况等。

建立完整的应对强对流灾害天气的过程的联动联防机制：省台发布强对流灾害天气预报预警滚动产品；各市、县气象局根据所辖范围受影响的情况和本地实际，发布相关的预警信号；预警信息发布中心将预警信号以短信、微信、微博、网站等形式向外传播；相关责任人收到预警信号以后，视情况进行值守关注、巩固防御、转移群众等措施进行防范，以保障人民群众生命财产安全。

5.1.5 湖南省递进式气象预警服务

为认真贯彻落实习近平总书记对气象工作重要指示精神，综合考虑气象科技水平和防灾抗灾精准调度需求，创新开展递进式气象预警服务，通过时间上逐步推进、空间上不断精准，确保防灾减灾的措施上更具有针对性，切实发挥好气象防灾减灾第一道防线作用，结合湖南省实际，制定湖南省递进式气象预警服务业务规定。

5.1.5.1 预警分类

根据时效和空间精细程度，将递进式气象预警服务分为重要警示信息、预警、预警信号和临灾警报4类。

重要警示信息指一般提前1~3天发布的所辖行政区域内针对暴雨、强对流、低温雨雪冰冻等灾害天气过程，重大活动、突发事件等重要服务保障时段天气情况，未来一周、重要节假日等天气情况进行警示提醒的气象信息。

预警是指一般提前1天发布的影响湖南省较大范围的暴雨、暴雪、寒潮、高温、干旱、强对流、低温雨雪冰冻、大雾、霾9类气象灾害预警信息。精细到县。

预警信号是指一般提前3~6小时发布的影响湖南省某个区域的暴雨、冰雹、雷电、雷雨大风、大雾，提前12~24小时发布的影响湖南省某个区域的暴雪、寒潮、大风（不含雷雨大风）、高温、道路结冰、霾等11类气象灾害预警信息。精细到县（市、区）某个方位或乡镇。

临灾警报是指一般提前0~1小时发布的影响某个乡镇（社区）或街道的强降雨预警信息，包括乡镇强降雨警报和城市内涝风险警报2类。乡镇强降雨警报精细到乡镇，城市内涝风险警报精细到街道。

5.1.5.2 职责划分

1.重要警示信息

重要警示信息由省、市、县各级气象台根据服务需求制作并发布，署名为"湖南省气象台/×××市（州）气象台/×××县（市、区）气象台"。

重要警示信息应在重要天气研判后及时发布，一般应提前1~3天。在重大天气过程持续或气象服务保障期间，针对当地前期天气实况及后期天气趋势，根据各地服务需要滚动发布。

2. 预警

预警由省级业务单位制作并发布，统一署名为"湖南省气象台"。其中：暴雨、暴雪、寒潮、高温、强对流、低温雨雪冰冻、大雾、霾8种气象灾害预警由省气象台制作，干旱预警由省气候中心制作。

当天20时至第二天20时的气象灾害预警应在当天16时之前发布；当天08时至第二天08时的气象灾害预警应在当天08时之前发布。

3. 预警信号

预警信号由市（州）气象台制作并发布，其中主城区和没有设气象机构的县（市、区）署名为"×××市（州）气象台"，有气象机构的县（市、区）署名为"×××县（市、区）气象台"。

高温预警信号应在当天10时之前发布；其他预警信号应在灾害天气发生之前发布。

省气象台负责全省暴雨、暴雪、寒潮、大风（不含雷雨大风）、雷雨大风、高温、雷电、冰雹、大雾、霾、道路结冰11类气象灾害预警信号指导产品的制作，精细到县级。

4. 临灾警报

乡镇强降雨警报由县级气象机构制作并发布，署名为"×××县（市、区）气象台"，没有设气象机构的县（市、区）由市（州）气象台制作并发布，署名为"×××市（州）气象台"。

乡镇强降雨警报应当在强降雨发生之前发布或实况达到相应级别预警标准后及时发布。

城市内涝风险警报由市级气象台制作并发布，署名为"×××市（州）气象台"。县级城市主城区根据当地实际和服务需求，可参照执行。

城市内涝风险警报应当在造成城市内涝的强降雨发生之前发布。

5.1.5.3 发布标准及策略

1. 发布标准

重要警示信息、预警、预警信号、临灾警报的具体发布规定和标准如省局文件所示。

各市（州）气象局可以组织所辖县（市、区）气象局根据当地实际，修订本地临灾警报标准，报省局科技与预报处备案后执行。

2. 发布策略

气象灾害预警信息发布遵循属地化原则。

省、市、县各级气象台要加强灾害天气过程的监测预报预警，通过12379短信息服务方式做好气象灾害预警信息服务。

3. 预警信息精准靶向发布

预警信息精准靶向发布是指基于通信大数据平台，利用电子围栏技术，面向公众全网精准靶向发布高影响级别的气象灾害预警短信息。

市（州）气象台发布暴雨、冰雹红色预警信号，雷雨大风橙色及以上级别预警信号、城市内涝风险红色警报，县（市、区）气象局发布乡镇强降雨红色警报后，将以上预警信息，面向预警范围内的公众全网精准靶向发布。未设气象机构的县（市、区）由所属市（州）气象局代发。

根据地方政府需求，经地方政府领导批准，可以面向公众靶向发布重大自然灾害突发事件预警信息。

5.1.5.4 支撑系统

"湖南气象灾害预警服务一体化平台"作为全省气象灾害预警信息制作支撑系统，由省气象信息中心负责升级和运维。

"突发事件预警信息发布系统"和"湖南省应急预警信息精准靶向发布系统"作为全省气象灾害预警信息发布支撑系统，由省气象服务中心负责升级和运维。

"湖南省预报预警综合检验平台"作为全省气象灾害预警信息检验支撑系统，由省气象台负责升级和运维。

5.1.5.5 会商制度

气象灾害预警信息发布之前，应加强上下级气象台的会商沟通，保证上下级气象台预警信息发布的准确性和一致性。有意见分歧时，红、橙色预警信息应以上级气象台的预报意见为准。省气候中心发布干旱灾害预警之前，要与省气象台进行充分会商。

5.1.5.6 签发制度

气象灾害预警信息的发布（含变更）实行分级签发制。蓝色、黄色预警信息由各级气象台台长（气候中心主任）或者其授权人员签发，橙色、红色预警信息由分管局领导或者其授权人员签发。重要警示信息，县级由局长签发，省级、市级由分管局领导或气象台台长签发。靶向发布信息，与同类级别预警信息一并签发。制作人和签发人不得为同一人。

5.1.5.7 台账管理

气象灾害预警信息的制作、签发、发布、变更、持续、解除等工作实行留痕管理，由"湖南气象灾害预警服务一体化平台"自动实现。

精准靶向发布完成后，各单位及时开展用户回访、传播效益评估、宣传报道、总结反馈等，并上报省局应急与减灾处。

气象灾害过程结束后，各单位要做好递进式气象预警服务的复盘总结，及时报省局应急与减灾处、科技与预报处。省局科技与预报处组织开展气象灾害预警工作的质量评估，省气象台负责提供预警信息检验结果。

5.1.6 湖南省预警信息发布体系建设

湖南已经初步建成省、市、县三级，横向到边、纵向到底的突发事件预警信息发布体系。该体系已经接入25个厅局预警信息发布责任单位；建立14种信息发布渠道；管理近

40万预警责任人信息。整个体系如图5-3所示。

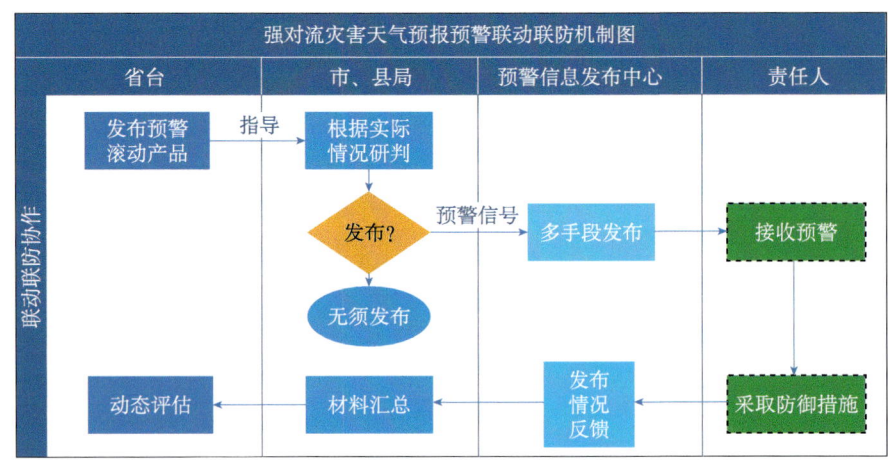

图5-3 湖南省预警信息发布体系

该体系与湖南气象灾害预警服务一体化平台进行了对接，可以直接操作一体化平台通过发布系统（12379）进行预警信息发布。

2020年开始开展了预警信息精准靶向发布应用，即在地图上指定一个区域，可以向该区域内所有手机进行短信发布；同时可以设置电子围栏，在一定时效范围内，进入该区域的手机也会收到指定的预警信息，见图5-4。

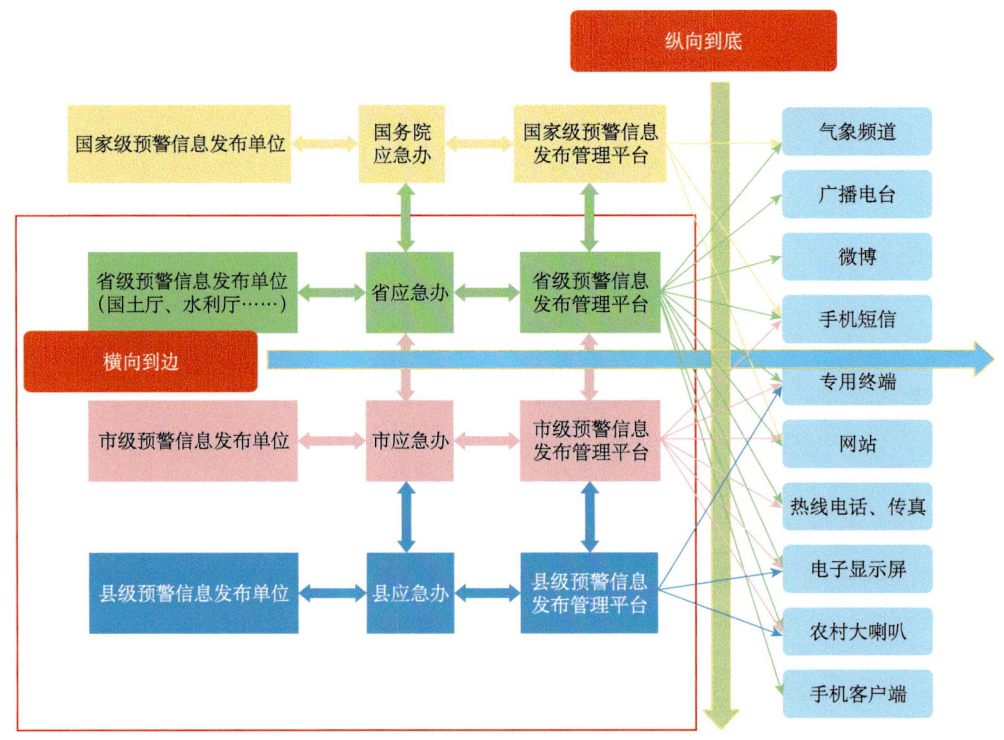

图5-4 预警信息精准靶向发布

5.1.7 强降雨叫应服务

为充分发挥气象防灾减灾第一道防线作用，进一步加强强降雨监测预警，最大限度减少强降雨引发的山洪、地质灾害、城市内涝等次生灾害可能造成的人员伤亡，增加了强降雨叫应服务。

5.1.7.1 叫应服务分类和原则

叫应服务是递进式气象预警服务的补充，主要目的是在强降雨发生时，电话提醒重点相关人员做好强降雨天气的协防和应急联动工作。根据叫应目的不同，分为协防叫应服务和决策叫应服务。其中：协防叫应服务是电话提醒气象部门业务人员，关注强降雨天气发生发展，做好相应监测预警服务工作；决策叫应服务是电话提醒单位领导，地方党政领导和重点涉灾部门，及时组织强降雨天气的防范应对工作。

——协防叫应服务坚持"上下联动、高效协同"的原则，省气象台业务值班人员向市气象台业务值班人员，市、县气象台业务值班人员相互之间开展叫应提醒，起到业务指导、信息共享和联动联防的作用。

——决策叫应服务坚持"属地责任、突出重点"的原则，各级业务值班人员监测到强降雨达到相应标准后，第一时间向本单位领导电话报告，同时向同级重点涉灾管理责任单位叫应提醒，本单位领导及时向同级党政分管领导或主要领导报告。

5.1.7.2 叫应服务标准和流程

1. 协防叫应服务

省气象台发布橙色、红色暴雨预警信号指导产品后，短时岗位值班人员要加强对市、县的业务指导，及时叫应提醒相关市（州）气象台发布相应级别暴雨预警信号。

市（州）气象台发布黄色及以上暴雨预警信号时，及时叫应提醒相关县（市、区）气象局。

县（市、区）气象台首次发布乡镇强降雨监测警报或者本辖区出现防汛险情时，叫应提醒市（州）气象台值班人员。

2. 决策叫应服务

（1）省级

① 6小时内先后有2个及以上县（市、区）3小时降雨达100毫米，或1个及以上县（市、区）1小时降雨达70毫米，且降雨仍将持续时，省气象台业务值班人员报告值班台长，值班台长向台长或减灾处主要负责人叫应报告；

6小时内先后有3个及以上县（市、区）3小时降雨达100毫米，或2个及以上县（市、区）1小时降雨达70毫米且其中有1个站点1小时降雨达100毫米，且降雨仍将持续时，省气象台台长向值班领导、分管局长、局长叫应报告。

② 6小时内先后有2个及以上县（市、区）3小时降雨达100毫米，或1个及以上县（市、区）1小时降雨达70毫米，且降雨仍将持续时，省气象台值班人员向防汛抗旱指挥

部、应急管理厅、自然资源厅、水利厅值班室叫应提醒。

③1个及以上县（市、区）出现1小时降雨达120毫米或3小时180毫米或6小时250毫米或24小时300毫米，且降雨仍将持续时，省气象局局长视情况向省政府分管领导叫应报告；1个及以上县（市、区）出现1小时降雨达150毫米或3小时250毫米或6小时350毫米或24小时450毫米，且降雨仍将持续时，省气象局局长视情况向省委省政府主要领导电话叫应报告。

（2）市、县级

①向本单位值班领导、分管副局长、局长叫应。

6小时内首次有站点降雨达到50毫米或12小时内首次有站点降雨达到100毫米时，气象台值班员向分管局长或值班领导叫应；6小时内首次有站点降雨达到100毫米向局长叫应；此后累积降雨每增加50毫米量级时再次叫应。

未监测到气象灾害数据，但接到气象信息员或县（市、区）局电话告知辖区内有强降雨天气实况发生，或在各工作群收集到以上信息（必须核实），或收集到辖区内已经出现冰雹、龙卷、雷雨大风等强对流天气信息，气象台值班员向分管副局长或值班领导叫应。

接到辖区内出现防汛险情通报时，气象台值班员向分管局长或值班领导叫应。

②向防汛抗旱指挥部、应急管理、自然资源、水利、住建（或城管）部门叫应。

当市（州）/县（市、区）气象台首次发布乡镇强降雨或城市内涝风险警报后，市/县级气象台值班人员向同级防汛抗旱指挥部、应急管理、自然资源、水利、住建（或城管）部门值班室叫应提醒，并及时通过传真、微信工作群、QQ工作群等渠道，滚动提供雨情、雷达监测图、预报预警等信息。

③向党政领导叫应。

当市（州）/县（市、区）气象台首次发布乡镇强降雨或城市内涝风险橙色警报，强降雨有可能导致较大灾害时，市（州）/县（市、区）气象局局长视情况向本级党委、政府分管领导电话报告。当首次发布乡镇强降雨或城市内涝风险红色警报，强降雨有可能导致重大灾害时，视情况向本级党委、政府主要领导电话报告。

当强降雨造成影响严重或当地出现防汛险情时，视情况应及时向省（或市）气象局领导电话报告。

以上所有叫应服务按6小时一段分别进行叫应，强降雨期间不同县域、不同时段达到标准时实行滚动多次叫应。值班人员认为需要报告的其他重要事项，可不受此标准和流程限制。

5.1.7.3 叫应服务内容和方式

叫应服务内容包含强降雨预警信息、实况及警报发布情况、未来天气趋势及可能诱发的气象灾害风险等内容。叫应方式可以是固定电话或移动电话。

5.2 强对流灾害天气预报预警联防发布情况

5.2.1 强对流预警信号发布次数和人数

根据表 5-1 和图 5-5 中 2017—2021 年强对流预警信号发布次数、人次可以看出，在湖南强对流灾害天气预警信号中，暴雨类的预警信号发布最多，尤其是暴雨橙色发布最为突出，2020 年全省发布超过 2000 次，冰雹预警信号最少，整体上来看，强对流灾害天气预警信号发布次数和发布人次均呈逐年增加的趋势。

表 5-1 2017—2021 年强对流预警信号发布次数和人数

类别	2017年		2018年		2019年		2020年		2021年	
	发布次数	发布人次	发布次数	发布人次	发布次数	发布人次	发布次数	发布人次	发布次数	发布人次
暴雨红色	134	222103	112	271690	149	581269	248	646007	260	813223
暴雨橙色	545	1098496	665	1560790	618	1713127	1044	2809694	1545	4573911
暴雨黄色	377	821392	360	789335	452	1317737	699	1759422	806	2172950
暴雨蓝色	56	254288	51	118849	86	404873	133	421684	128	474750
雷雨大风红色	0	0	0	0	0	0	0	0	1	1299
雷雨大风橙色	5	19249	3	6301	2	7969	5	14553	2	3379
雷雨大风黄色	22	87357	25	49875	19	75002	21	38458	35	79857
雷雨大风蓝色	111	420804	169	462541	196	646160	222	582597	283	896581
冰雹红色	8	17048	7	7378	5	39670	3	3362	22	51835
冰雹橙色	20	32932	40	36576	67	134162	138	199649	136	256704
合计	1278	2973669	1432	3303335	1594	4919969	2513	6475426	3218	9324489

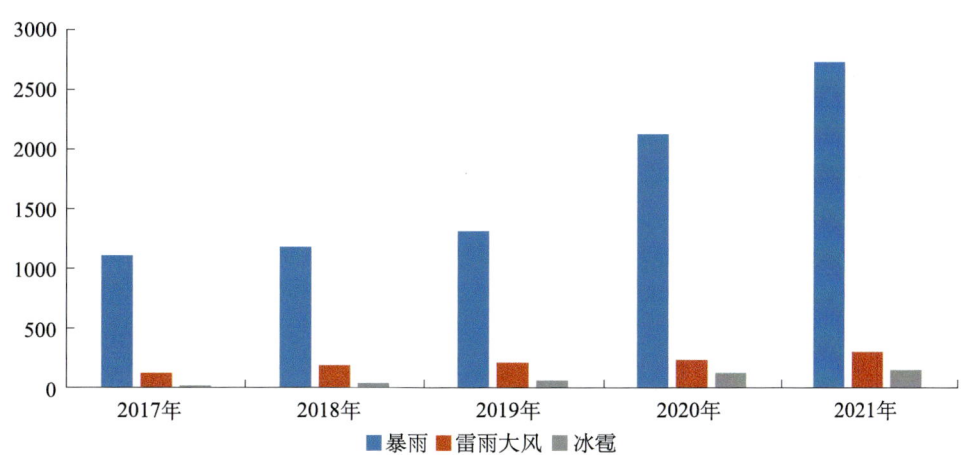

图 5-5 2017—2021 年强对流预警信号发布次数

5.2.2 强对流预警信号发布时空分布特征

从图 5-6 可以看出，2017—2021 年，强对流灾害天气预警信号总体上而言，怀化发布最多，湘潭和张家界发布最少。暴雨多发生在怀化、湘西州和邵阳；雷雨大风多发生在怀化和长沙；冰雹多发生在怀化和永州。怀化因地形复杂，地势高低悬殊，呈现出极其明显的气候垂直地域差异，导致强对流灾害天气排名靠前。

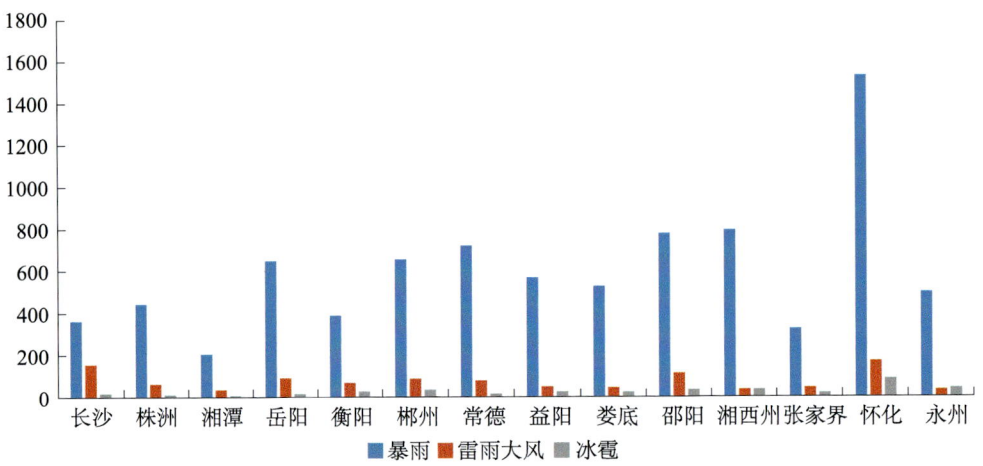

图 5-6　2017—2020 年强对流预警信号发布空间分布

从图 5-7 可知，2017—2021 年强对流预警信号发布次数整体呈正态分布，从 3—4 月开始上升趋势，6—8 月达到顶峰，9 月开始下降，10 月以后趋于 0。

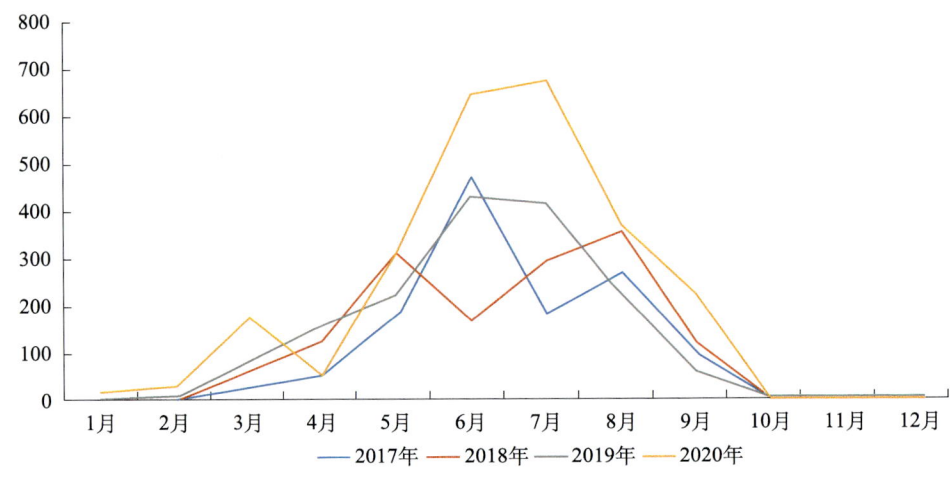

图 5-7　2017—2020 年强对流预警信号月发布数量

5.3　2020—2022 年强对流精准靶向服务情况

5.3.1　2020 年 5 月 20 日针对江永县的精准发布

2020 年 5 月 20 日 11:45 湖南省气象局对永州江永全县移动用户就 20—21 日的暴雨过

程进行了大数据精准发布,对江永县区域设置了地理围栏,时效 1 小时。对在该区域或者一小时内进入该区域的用户发布重要天气提示短信(不重复发布)。发布速度:500 条/秒,在该区域的人员 3 分钟内发送完毕,到 12:45(地理围栏失效时间),总共发布 71897 人。江永县千家峒瑶族乡小古源村的村民、游客和防汛责任人收到预警信息后,开展防范自救,一连串应急处置和防御措施快速落地,355 名群众成功地避开了泥石流。江永县副县长何福明连连称赞:"气象服务精准及时!"6 月 4 日的《中国气象报》以《靶向预警 355 名群众避开泥石流》为题报道了此事。

5.3.2 2021 年 3 月 30—31 日强对流天气过程

2021 年 3 月 30—31 日,湖南省出现一次强对流天气过程,强降水主要集中在湘西州、张家界、怀化北部、常德南部、益阳、岳阳、长沙等地,其中 131 站累计降雨量超过 50 毫米,6 站超过 100 毫米,最大 143.1 毫米(桃源县郑家驿站);期间有 58 站最大小时雨强超过 20 毫米,最大为 39.5 毫米(浏阳市大围山镇浏河源村,31 日 22 时)。30 日 16 时开始,怀化、湘西州、张家界、益阳、常德、岳阳、长沙、邵阳、衡阳等地的 17 县(市、区)先后出现冰雹(最大直径麻阳 5.5 厘米),岳阳出现 2 站雷暴大风。

针对本轮强对流过程,省气象局 26 日就发布《气象专题报告》(第 19 期),指出"30 日至 31 日湘中以北局地暴雨,并伴有短时强降雨、雷暴大风、冰雹等强对流性天气",重要警示信息提前量达 5 天之久,29 日又在发布的《重大气象信息专报》(第 2 期)中再次强调"30 日至 31 日为过程最强时段",对强对流落区和时间进行订正预报。过程期间,气象部门共发布冰雹预警信号 34 期 48 县次,大风预警信号 5 期 9 县次,暴雨 14 期 21 县次。

5.3.3 2021 年 5 月 10—13 日强对流天气过程

2021 年 5 月 10 日 08 时至 14 日 14 时,全省出现了一次强降雨、强对流天气过程,强降雨主要集中在怀化中南部、邵阳中南部、永州、衡阳南部、郴州、长沙东部、株洲东北部、常德北部等区域,其中 1393 站累计降雨量超过 50 毫米,215 站累计降雨量超过 100 毫米,最大 261.9 毫米(芷江冷水溪站),最大小时雨强 79.3 毫米(13 日 02 时,靖州艮山口镇)。另外,10 日至 11 日,怀化、邵阳、永州、衡阳、长沙、益阳、岳阳等 11 站出现了 8 级以上大风,洪江市洪江站最大 23.6 米/秒(9 级,10 日 22 时);10 日至 12 日,怀化(新晃、鹤城、靖州、沅陵、通道),长沙(浏阳、宁乡),衡阳(衡东),益阳(安化、赫山区、桃江),岳阳(平江),邵阳(绥宁),郴州(嘉禾、桂阳、汝城、北湖区、苏仙区、永兴县),永州(新田、江华)出现了冰雹,最大冰雹直径 8 厘米(长沙宁乡)。

针对本轮强降雨和强对流天气,5 月 8 日省气象局发布《重大气象信息专报》(2021 年第 3 期)指出:"5 月中旬湘中以北地区进入相对多雨时段。10 日至 12 日有一次暴雨大暴雨过程,并伴有短时强降水、风雹等强对流天气,预计本轮过程持续时间较长、影响范围广、累计雨量大、局地降雨强,需高度警惕和防御中小河流洪水、山洪地质灾害、城乡内涝及风雹等灾害。"11 日至 13 日,每天发布《气象信息快报》,报告最新实况监测和预报预警信息。5 月 10 日 14 时至 14 日 14 时,通过突发事件预警信息发布系统 12379,向全省五级防汛责任人发送预警3期、重要警示信息31期、预警信号325期、强降水临灾警报558期，累计发送103.44万人次。联合湖南省自然资源厅发布《湖南省地质灾害气象风险预警》4期，联合湖南省水利厅发布《湖南省山洪灾害气象风险预警》1期。

5.3.4　2021年5月15—16日强对流天气过程

5月15日8时至17日8时，全省出现了一次强降雨、强对流天气过程，全省14个市（州）共计1258站累计降雨量超过50毫米，强降雨落区主要在湘中及以北地区，其中洞口、临湘、新邵、隆回、衡山、北塔、邵东等31个县（市、区）共计131站累计降雨量超过100毫米，最大205.4毫米（邵阳洞口县醪田站），最大小时雨强70.2毫米（16日01时，溆浦两丫坪站）。另外，桑植、慈利、永定区、沅陵、临湘、岳阳县、永兴、苏仙区出现冰雹，最大冰雹直径3厘米（岳阳县）；全省大部分地区出现6级以上大风，其中102站出现了8级以上大风，岳阳县、南岳区、岳阳楼区、冷水江市、沅江市、涟源市、浏阳市、常德市区等地出现10级以上大风，最大36.9米/秒（岳阳县中洲乡，15日20时23分，12级，历史第2极值）。

针对本次强降雨、强对流的过程，省局早在5月8日发布《重大气象信息专报》（2021年第3期）1期，15、17日发布《气象专题报告》各1期，16日发布《气象信息快报》1期。联合自然资源厅发布《湖南省地质灾害气象风险预警》1期。共通过突发事件预警信息发布系统12379，向全省五级防汛责任人发送预警3期、重要警示信息76期、预警信号252期、强降水临灾警报587期，累计发送106.14万人次。与湖南省自然资源厅联合发布《湖南省地质灾害气象风险预警》1期。

5.3.5　2022年3月16日强对流天气过程

2022年3月16日，湖南出现一次强对流天气过程，强降水主要集中在湘西州、张家界、常德、岳阳等地，其中石门、澧县、临澧、津市、桃源、慈利、桑植、保靖、永顺、华容等14个县（市、区）共108站超过50毫米，石门2站超100毫米，最大降水量为124.1毫米（石门壶瓶山镇狮燕站），最大小时雨强47.7毫米（永顺石堤镇羊峰站，16日20时）；受飑线过境影响，永定区、南岳、北湖区、华容、平江、桃江、双牌、桑植、保靖、新宁等12个县（市、区）出现超过17.2米/秒的大风，最大为29.5米/秒（永定区桥头站，16日19时），龙山出现冰雹。针对本次强对流天气过程，省局在14日发布《气象专题报告》指出"15日晚至16日、19日晚至20日有两次较强降雨过程，并伴有强对流天气"，16日上午再次发布《气象专题报告》对16日强对流时段、类型和落区进行预报订正。共通过突发事件预警信息发布系统12379，向全省五级防汛责任人发送强对流预警1期、重要警示信息20期、预警信号93期、强降水临灾警报81期，累计发送106.14万人次。

参考文献

陈翔翔, 丁治英, 刘彩虹, 等, 2012. 2000—2009 年 5、6 月华南暖区暴雨形成系统统计分析 [J]. 热带气象学报, 28(5): 707-718.

刁秀广, 郭飞燕, 2021a. 2019 年 8 月 16 日诸城超级单体风暴双偏振参量结构特征分析 [J]. 气象学报, 79(2): 181-195.

刁秀广, 杨传凤, 张骞, 等, 2021b. 二次长寿命超级单体风暴参数与 Z_{DR} 柱演变特征分析 [J]. 高原气象, 40(3): 580-589.

冯晋勤, 俞小鼎, 蔡菁, 等, 2017. 福建春季西南急流暖湿强迫背景下的强对流天气流型配置及环境条件分析 [J]. 气象, 43(11): 1354-1363.

冯亮, 肖辉, 孙跃, 2018. X 波段双偏振雷达水凝物粒子相态识别应用研究 [J]. 气候与环境研究, 23(3): 366-386.

付炜, 唐明晖, 叶成志, 2020. 强西南急流背景下湘桂边界两次预报失败的暖区暴雨个例分析 [J]. 气象, 46(8):1001-1014.

龚佃利, 王洪, 许焕斌, 等, 2021. 2019 年 8 月 16 日山东诸城一次罕见强雹暴结构和大雹形成的观测分析 [J]. 气象学报, 79(4): 674-688.

韩颂雨, 罗昌荣, 魏鸣, 等, 2017. 三雷达、双雷达反演降雹超级单体风暴三维风场结构特征研究 [J]. 气象学报, 75(5):757-770.

何立富, 陈涛, 孔期, 2016. 华南暖区暴雨研究进展 [J]. 应用气象学报, 27(5): 559-569.

胡胜, 罗聪, 张羽, 等, 2015. 广东大冰雹风暴单体的多普勒天气雷达特征 [J]. 应用气象学报, 26(1): 57-65.

林文, 张深寿, 罗昌荣, 等, 2020. 不同强度强对流云系 S 波段双偏振雷达观测分析 [J]. 气象, 46(1): 63-72.

刘黎平, 2002. 双线偏振多普勒天气雷达估测混合区降雨和降雹方法的理论研究 [J]. 大气科学, 26(6): 761-772.

刘黎平, 张扬, 丁晗, 2021. Ka/Ku 双波段云雷达反演空气垂直运动速度和雨滴谱方法研究及初步应用 [J]. 大气科学, 45(5):1099-1113.

刘新伟, 黄武斌, 蒋盈沙, 等, 2021. 基于 LightGBM 算法的强对流天气分类识别研究 [J]. 高原气象, 40(4):909-918.

潘佳文, 魏鸣, 郭丽君, 等, 2020. 闽南地区大冰雹超级单体演变的双偏振特征分析 [J]. 气象, 46(12):1608-1620.

任星露, 张述文, 汪兰, 等, 2020. 不同云微物理方案对弱天气尺度强迫下一次强对流的模拟 [J]. 高原气象, 39(4): 750-761.

史朝, 何建新, 李学华, 等, 2013. X 波段天气雷达地物回波的双偏振参量特征分析及应用 [J]. 高原气象, 32(5): 1478-1484.

陶诗言, 丁一汇, 周晓平, 1979. 暴雨和强对流天气的研究 [J]. 大气科学, 3(3): 227-238.

王洪, 吴乃庚, 万齐林, 等, 2018. 一次华南超级单体风暴的 S 波段偏振雷达观测分析 [J]. 气象学报, 76(1): 92-103.

王建恒, 陈瑞敏, 胡志群, 等, 2020. 一次强雹云结构的双多普勒雷达观测分析 [J]. 气象学报, 78(5): 796-804.

汪玲瑶, 谌芸, 肖天贵, 等, 2018. 夏季江南地区暖区暴雨的统计分析 [J]. 气象, 44(6): 771-780.

徐珺, 杨舒楠, 孙军, 等, 2014. 北方一次暖区大暴雨强降水成因探讨 [J]. 气象, 40(12): 1455-1463.

叶爱芬, 伍志方, 肖伟军, 等, 2006. 对流有效位能在强对流预报中的应用研究 [J]. 热带气象学报, 22(5): 484-490.

俞小鼎, 王秀明, 李万莉, 等, 2020. 雷暴与强对流临近预报 [M]. 北京 : 气象出版社.

张红梅, 张深寿, 连晨方, 2021. 福建西南部一次特大暴雨的双偏振雷达特征分析［J］. 气象与环境科学, 44(2): 16-24.

张玲, 张艳玲, 陆汉城, 等, 2008. 不稳定能量参数在一次强对流天气数值模拟中的应用 [J]. 南京气象学院学报, 31(2): 192-199.

张萍萍, 董良鹏, 钟敏, 等, 2019. 湖北省西南急流型暖区暴雨相关特征分析 [J]. 沙漠与绿洲气象, 13(6): 13-19.

曾智琳, 谌芸, 朱克云, 等, 2019. 广东省大冰雹事件的层结特征与融化效应 [J]. 大气科学, 43(3): 598-617.

朱君鉴, 王令, 黄秀韶, 等, 2007. 中气旋产品与强对流天气 [J]. 气象, 31(2): 38-42.

KUMJIAN M R, RYZHKOV A V, 2008. Polarimetric signatures in supercell thunderstorms [J]. J Appl Meteor Climatol(47):1940-1961.

KUMJIAN M R, RYZHKOV A V, MELNIKOV V M,et al, 2010. Rapid-scan super-resolution observations of a cyclic supercell with a dual-polarization WSR-88D [J]. Mon Wea Rev, 138(10): 3762-3786.

MCANELLY R L, COTTON W R, 1986. Meso-beta-scale characteristics of an episode of meso-alpha-scale convective complexes[J]. Mon Wea Rev(114):1740-1770.

SHI X J, CHEN Z R, WANG H, et al, 2015. Convolutional LSTM network: a machine learning approach for precipitation nowcasting[C]// Proceedings of the 28th International Conference on Neural Information Processing Systems, Cambridge: MIT Press: 802-810.

WANG P, LV W, WANG C, et al, 2018. Hail storms recognition based on convolutional neural network[C]// 2018 13th World Congress on Intelligent Control and Automation (WCICA). IEEE. Changsha, China: 1703-1708.

WANG Y B, LONG M S, WANG J M, et al, 2017. Predrnn: recurrent neural networks for predictive learning using spatiotemporal LSTMs [C]//In Advances in Neural Information Processing Systems: 879-888.

WITT A, NELSON S P, 1991. The use of single-doppler radar for estimating maximum hailstone size [J]. J Appl Meteor,30(4):425-431.

WU H, YAO Z, WANG J, et al, 2017. MotionRNN: a flexible mosel for video prediction with spacetime-varying motions[C]. Proceedings of the IEEE/CVF.

WYSS J, EMANUEL K A, 1988. The prestorm environment of midlatitude prefrontal squall lines [J]. Mon Wea Rev，116(3)：790-794.